"十三五"国家重点研发计划项目

既有居住建筑宜居改造及功能提升关键技术系列丛书

既有居住建筑宜居改造及功能提升技术指南

王建军　赵　伟　李东彬　等　编著

中国建筑工业出版社

图书在版编目(CIP)数据

既有居住建筑宜居改造及功能提升技术指南 / 王建军等编著. — 北京:中国建筑工业出版社,2021.11

(既有居住建筑宜居改造及功能提升关键技术系列丛书)

ISBN 978-7-112-26885-6

Ⅰ. ①既… Ⅱ. ①王… Ⅲ. ①居住建筑—旧房改造—中国—指南 Ⅳ. ①TU746.3—62

中国版本图书馆 CIP 数据核字(2021)第 247799 号

本书不仅系统、全面地介绍了既有居住建筑宜居改造及功能提升常用技术,还吸纳了"十三五"国家重点研发计划项目"既有居住建筑宜居改造及功能提升关键技术"其他课题的改造关键技术研发的最新成果,本书内容共 11 章,第 1 章 绪论,第 2 章 安全性提升技术,第 3 章 耐久性提升技术,第 4 章 节能改造技术,第 5 章 户型空间改造技术,第 6 章 适老化改造技术,第 7 章 加装电梯技术,第 8 章 增建停车设施,第 9 章 公共设施改造技术,第 10 章 室内环境改造技术,第 11 章 室外环境改造技术。

本书可供既有建筑改造工程技术人员、大专院校师生和有关管理人员参考使用。

责任编辑:王华月　范业庶

责任校对:赵听雨

既有居住建筑宜居改造及功能提升关键技术系列丛书

既有居住建筑宜居改造及功能提升

技 术 指 南

王建军　赵　伟　李东彬　等　编著

*

中国建筑工业出版社出版、发行(北京海淀三里河路 9 号)

各地新华书店、建筑书店经销

北京红光制版公司制版

北京建筑工业印刷厂印刷

*

开本:787 毫米×1092 毫米　1/16　印张:19¾　字数:431 千字

2021 年 11 月第一版　　2021 年 11 月第一次印刷

定价:**79.00** 元

ISBN 978-7-112-26885-6

(38735)

总　序

中华人民共和国成立后，特别是改革开放以来，我国建筑业房屋建设能力大幅提高，住宅建设规模连年增加，住宅品质明显提升，我国住房发展向住有所居的目标大步迈进。据国家统计局发布的数据，1981 年全社会竣工住宅面积 6.9 亿 m^2，2017 年达到 15.5 亿 m^2。1981～2017 年，全社会竣工住宅面积 473.5 亿多平方米。人民居住条件得到明显改善，有效地满足了人民群众日益增长的基本居住需求。

随着我国经济社会的快速发展和城镇化进程的不断加速，2019 年我国常住人口城镇化率 60.6％，已经步入城镇化较快发展的中后期，我国城镇化发展已由大规模增量建设转为存量提质改造和增量结构调整并重，进入了从"有没有"转向"好不好"的城市更新时期。党的十九大报告指出，我国社会主要矛盾已经转化为人民日益增长的美好生活需要和不平衡不充分的发展之间的矛盾。与新建建筑相比，既有居住建筑改造受到条件限制，改造难度较大。相关政策、机制、标准、技术、产品等方面都还有待进一步完善，与人民群众日益增长的多样化美好居住需求尚有差距。解决好住房、城乡人居环境等人民群众的操心事、烦心事、揪心事，着力推动存量巨大的既有建筑从满足基本居住功能向绿色、健康、智慧、宜居的方向迈进，实现高质量、可持续发展是住房城乡建设领域的一项重要任务，是满足人民群众美好生活需要的重大民生工程和发展工程。

天下之大，民生为最。党的十八大以来，以习近平同志为核心的党中央坚持以人民为中心的发展思想，以不断改善民生为发展的根本目的。推进老旧小区改造，既是民生工程也是民心工程，事关城市长远发展和百姓福祉，国家高度重视。近年来，国家陆续出台了一系列政策推进老旧小区改造：2014 年 3 月，中共中央、国务院印发《国家新型城镇化规划（2014—2020 年）》提出，有序推进旧住宅小区综合整治、危旧住房和非成套住房改造，全面改善人居环境。2019 年 3 月，《政府工作报告》指出，城镇老旧小区量大面广，要大力进行改造提升，更新水电路气等配套设施，支持加装电梯和无障碍环境建设。2020 年 7 月，国务院办公厅印发的《关于全面推进城镇老旧小区改造工作的指导意见》要求，全面推进城镇老旧小区改造工作。2020 年 10 月，党的十九届五中全会通过的《中共中央关于制定国民经济和社会发展第十四个五年规划和二〇三五年远景目标的建议》指出，推进以人为核心的新型城镇化，实施城市更新行动，加强城镇老旧小区改造和社区建设，不断增强人民群众获得感、幸福感、安全感。这对既有居住建筑改造提出了更新、更高的要求，也为新时代我国既有居住建筑改造事业的发展指明了新方向。

我国经济社会发展和民生改善离不开科技解决方案，而科研是科技进步的源泉和动力。在既有居住建筑改造的科研领域，国家科学技术部早在"十一五"时期，立项了国家科技支撑计划项目"既有建筑综合改造关键技术研究与示范"；在"十二五"时期，立项了国家科技支撑计划项目"既有建筑绿色化改造关键技术研究与示范"；在"十三五"时期，立项了国家重点研发计划项目"既有居住建筑宜居改造及功能提升关键技术""既有城市住区功能提升与改造技术"。从"十一五"至"十三五"期间，既有居住建筑改造逐步转变为基于更高目标为导向的功能、性能提升改造，这对满足人民群众美好生活需要，推进城市更新和开发建设方式转型，促进经济高质量发展起到了积极的促进作用。

2017 年 7 月，中国建筑科学研究院有限公司作为项目牵头单位，承担了"十三五"国家重点研发计划项目"既有居住建筑宜居改造及功能提升关键技术"（项目编号：2017YFC0702900）。该项目基于"安全、宜居、适老、低能耗、功能提升"的改造目标，结合社会经济、设计新理念和技术水平发展新形势，依次按照"顶层设计与标准规范、关键技术与部品装备、技术体系与集成示范"三个递进层面进行研究。重点针对政策机制与标准规范、防灾改造与寿命提升、室内外环境宜居改善、低能耗改造、适老化宜居改造、设施功能提升与设备研发等方向进行攻关，形成了技术集成体系并进行推广应用。通过项目的实施，将形成关键技术、标准规范、部品装备等系列成果，为改善人民群众居住条件和生活环境提供科技引领和技术支撑。

"利民之事，丝发必兴"。在谋划"十四五"规划的关键之年，项目组特将攻关研究成果及其实施应用经验组织编撰成册，即《既有居住建筑宜居改造及功能提升关键技术系列丛书》。本系列丛书内容涵盖政策机制研究、标准规范对比、关键技术研发、应用案例汇编等，并根据项目的实施进度陆续出版。希望本系列丛书的出版能对相关从业人员的工作有所裨益，为进一步推动我国既有居住建筑改造事业的高质量、可持续发展发挥重要的积极作用，为不断增强人民群众的获得感、幸福感、安全感贡献力量。

中国建筑科学研究院有限公司　　　　　　董事长

前　言

居住建筑是供人们居住使用的建筑。我国既有居住建筑规模巨大，受建造时期经济、技术、标准、体制等因素影响，经过多年使用后，其功能、性能和环境方面不同程度地存在一些问题。20世纪80年代之前建成的建筑，抗震设防标准低，户型和室内空间较小，设备设施管线老化较严重；2000年之前建成的既有建筑，大部分没有节能措施，建筑能耗高。2010年之前建成的住宅小区，机动停车位及无障碍设施不足，随着近年来机动车保有量大幅增加，以及人口老龄化问题日趋严重，停车难、适老设施不足等问题更加严峻。既有居住建筑的功能、性能、环境、设施已不再能满足人们对美好生活的向往。

推进老旧小区改造，是民生工程也是民心工程，国家高度重视。2020年7月，国务院办公厅印发的《关于全面推进城镇老旧小区改造工作的指导意见》要求全面推进城镇老旧小区改造工作。2021年3月，《中华人民共和国国民经济和社会发展第十四个五年规划和2035年远景目标纲要》指出，加快推进城市更新，改造提升老旧小区、老旧厂区、老旧街区和城中村等存量片区功能，推进老旧楼宇改造，积极扩建新建停车场、充电桩。到"十四五"末，完成2000年底建成的21.9万个城镇老旧小区改造，不断增强人民群众获得感、幸福感、安全感。这对既有居住建筑改造提出了更新、更高的要求，也为新时代我国既有居住建筑改造事业的发展指明了新方向。

2017年7月，中国建筑技术集团有限公司作为课题牵头单位，承担了"十三五"国家重点研发计划项目"既有居住建筑宜居改造及功能提升关键技术"（项目编号：2017YFC0702900）中课题九"既有居住建筑宜居改造及功能提升技术体系与集成示范"。基于"安全、宜居、适老、低能耗、功能提升"的改造目标，结合社会经济、设计新理念和技术水平发展新形势，课题组对既有居住建筑宜居改造及功能提升技术体系进行了全面系统的研究。为了将研究成果更好地推广应用，为我国城市更新和既有建筑改造提供参考，决定组织编写《既有居住建筑宜居改造及功能提升技术指南》。

全书共分技术体系篇、性能提升篇、功能改造篇、环境改造篇4篇，第一篇　技术体系篇包括绪论，在系统总结我国既有居住建筑现状、存在问题和既有建筑改造历程的基础上，通过对宜居改造相关概念的解析，提出了宜居改造与功能提升的需求，构建了既有居住建筑宜居改造与功能提升技术体系。第二篇　性能提升篇包括安全性提升技术、耐久性提升技术、节能改造技术等3章内容；第三篇　功能改造篇包括户型空间改造技术、适老化改造技术、加装电梯技术、增建停车设施、公共设施改造技术等5章内容；第四篇　环境改造包括室内环境改造技术、室外环境改造技术等2章内容。第2~11章，每章一个改造专题，从实用性出发，在广泛调研、梳理国内外既有居住建筑常规改造专项技术的基础上，整合近年来在既有居住建筑改造领域内的最新成果，从背景、概念、改造内容、改造前评估以及改造技术等方面进行编写，并提供了相关技术的改造案例。本书不仅系统、全面地介绍了既有居住建筑宜居改造及功能提升常用技术，还吸纳了"十三五"国家科技支撑计划项目"既有居住建筑宜居改造及功能提升关键技术"其他课题的改造关键技术研发的最新成果，可供既有居住建筑改造工程技术人员、大专院校师生和有关管理人员参考。

本书撰写大致分工如下：第 1 章 绪论由中国建筑技术集团有限公司王建军、赵伟、李东彬编写；第 2 章 安全性提升技术、第 3 章 耐久性提升技术、第 6 章 适老化改造技术和第 7 章 加装电梯技术由中国建筑技术集团有限公司王建军、熊珍珍、郭向勇、袁骥、李焕坤编写；第 4 章 节能改造技术和第 10 章 室内环境改造技术由北京住总集团有限责任公司鲍宇清、蔡倩、陈斌编写；第 5 章 户型空间改造技术和第 11 章 室外环境改造技术由中国建筑科学研究院有限公司范乐、张蕊、许鹏鹏、丁宏研编写；第 8 章 增建停车设施和第 9 章 公共设施改造技术由哈尔滨圣明节能技术有限责任公司孙洪磊、陈昭明、穆晓冬编写。全书由王建军、赵伟、李东彬、熊珍珍统稿。

为保证书稿质量，编委会邀请了住房和城乡建设部标准定额司原副司长韩爱兴高级工程师、住房和城乡建部科技与产业化发展中心田灵江教授级高级工程师、天津大学朱能教授、中土大地国际建筑设计有限公司罗宝阁教授级高级建筑师、北京筑福建筑科学研究院有限责任公司吴保光教授级高级工程师、北京建筑大学梁佳高级建筑师、北京市建设工程质量第一检测所有限责任公司郭俊平高级工程师、中国建筑技术集团有限公司李慧高级规划师、建研防火科技有限公司肖泽南研究员、大连理工大学李翥彬讲师等专家对书稿内容进行了审查，并根据专家们提出的宝贵意见和建议，对书稿内容进行了补充和完善，在此向他们表示衷心的感谢。

既有居住建筑宜居改造及功能提升技术涉及内容多、专业全、范围广，限于篇幅，本书仅选用适用于既有居住建筑宜居改造及功能提升的技术，其他技术未能面面俱到，敬请广大读者予以理解。

本书凝聚了所有参与编写人员和审查专家的集体智慧，由于编者经验和水平有限，书中难免会有一些疏漏及不足之处，恳请广大读者朋友批评指正。

本书编委会

2021 年 9 月

目　　录

第一篇　技术体系篇 ·· 1

第1章　绪论 ··· 2

  1.1　我国既有居住建筑现状 ··· 2

    1.1.1　基本情况 ··· 2

    1.1.2　老旧小区现状 ··· 2

  1.2　我国既有建筑改造历程 ··· 3

    1.2.1　加固改造 ··· 3

    1.2.2　节能改造 ··· 5

    1.2.3　综合改造 ··· 6

    1.2.4　绿色改造 ··· 7

  1.3　宜居改造概念解析与需求分析 ··································· 8

    1.3.1　相关概念解析 ··· 8

    1.3.2　宜居改造需求分析 ··· 9

  1.4　既有居住建筑宜居改造及功能提升技术体系 ······················ 10

    1.4.1　体系构建思路和原则 ······································· 10

    1.4.2　技术体系框架搭建 ··· 11

    1.4.3　既有住宅建筑宜居改造技术体系 ······························ 11

    1.4.4　既有非住宅居住建筑宜居改造技术体系 ························· 17

  本章参考文献 ··· 19

第二篇　性能提升篇 ··· 21

第2章　安全性提升技术 ··· 22

  2.1　概述 ··· 22

  2.2　安全诊断与评估 ··· 22

    2.2.1　结构安全评估 ··· 22

    2.2.2　消防安全评估 ··· 24

    2.2.3　燃气、电气设备安全评估 ··································· 27

    2.2.4　安防评估 ··· 28

2.3 结构加固技术 …………………………………… 28

2.3.1 概况 …………………………………… 28

2.3.2 常用加固技术简介 …………………………………… 29

2.3.3 减震隔震技术简介 …………………………………… 30

2.3.4 加固新技术 …………………………………… 31

2.3.5 应用案例 …………………………………… 33

2.4 消防系统改造技术 …………………………………… 38

2.4.1 概况 …………………………………… 38

2.4.2 优化消防通道与消防场地 …………………………………… 38

2.4.3 火灾报警系统改造 …………………………………… 39

2.4.4 室内消火栓改造 …………………………………… 40

2.4.5 应急广播及照明系统改造 …………………………………… 40

2.4.6 应用案例 …………………………………… 41

2.5 燃气、电气设备管线更新技术 …………………………………… 41

2.5.1 概况 …………………………………… 41

2.5.2 电气线路更换 …………………………………… 42

2.5.3 燃气管道更换 …………………………………… 42

2.5.4 加装燃气泄漏报警装置 …………………………………… 42

2.5.5 防雷接地改造 …………………………………… 43

2.5.6 应用案例 …………………………………… 43

2.6 安防系统改造技术 …………………………………… 44

2.6.1 概况 …………………………………… 44

2.6.2 社区周界防范与报警系统改造 …………………………………… 45

2.6.3 社区电子巡更系统改造 …………………………………… 45

2.6.4 视频监控系统改造 …………………………………… 45

2.6.5 门禁及对讲系统改造 …………………………………… 46

2.6.6 应用案例 …………………………………… 47

本章参考文献 …………………………………… 48

第3章 耐久性提升技术 …………………………………… 50

3.1 概述 …………………………………… 50

3.2 耐久性诊断与评估 …………………………………… 50

3.2.1 混凝土结构耐久性评估 …………………………………… 50

3.2.2 砌体结构耐久性评估 …………………………………… 52

3.2.3 外墙外保温系统耐久性评估 …………………………………… 54

  3.2.4 房屋防水耐久性评估 ························ 56

3.3 混凝土结构耐久性提升技术 ····················· 57

  3.3.1 概况 ································· 57

  3.3.2 修复材料要求 ························· 58

  3.3.3 混凝土表面修复技术 ····················· 59

  3.3.4 混凝土裂缝修复技术 ····················· 59

  3.3.5 钢筋阻锈技术 ························· 60

  3.3.6 补强修复技术 ························· 60

  3.3.7 应用案例 ··························· 61

3.4 砌体结构耐久性提升技术 ······················· 62

  3.4.1 概况 ································· 62

  3.4.2 砌体结构耐久性影响因素 ·················· 62

  3.4.3 砌体结构耐久性修复技术 ·················· 63

  3.4.4 应用案例 ··························· 65

3.5 外墙外保温系统修复技术 ······················· 66

  3.5.1 概况 ································· 66

  3.5.2 局部修复技术 ························· 66

  3.5.3 单元墙体修复技术 ······················ 67

  3.5.4 应用案例 ··························· 68

3.6 房屋渗漏修复技术 ··························· 68

  3.6.1 概况 ································· 68

  3.6.2 屋面渗漏修复技术 ······················ 69

  3.6.3 厨卫渗漏修复技术 ······················ 71

  3.6.4 外墙渗漏修复技术 ······················ 74

  3.6.5 地下室渗漏修复技术 ····················· 75

本章参考文献 ································· 76

第4章 节能改造技术 ···························· 77

4.1 概述 ································· 77

4.2 节能诊断 ······························· 78

  4.2.1 室内热环境和建筑能耗的现状诊断 ·············· 78

  4.2.2 建筑围护结构的现状诊断 ·················· 78

  4.2.3 集中供暖系统的现状诊断 ·················· 79

4.3 围护结构节能改造技术 ························ 79

  4.3.1 概况 ································· 79

4.3.2 外墙外保温技术 ··· 80

4.3.3 屋面保温技术 ··· 87

4.3.4 节能窗技术 ··· 88

4.3.5 遮阳技术 ··· 90

4.3.6 反射隔热技术 ··· 91

4.3.7 屋面隔热技术 ··· 92

4.3.8 应用案例 ··· 92

4.4 供暖系统节能改造技术 ······································· 94

4.4.1 概况 ··· 94

4.4.2 水泵改造技术 ··· 94

4.4.3 热力站改造技术 ··· 95

4.4.4 供热系统改造技术 ······································· 95

4.4.5 应用案例 ··· 98

4.5 公共照明节能改造技术 ······································· 98

4.5.1 概况 ··· 98

4.5.2 室内公共空间照明改造技术 ······························· 99

4.5.3 室外照明改造技术 ······································· 99

4.5.4 应用案例 ··· 100

4.6 公共设备节能改造技术 ······································· 101

4.6.1 概况 ··· 101

4.6.2 电梯节能技术 ··· 101

4.6.3 空调系统节能技术 ······································· 102

4.6.4 给水排水系统节能技术 ····································· 102

4.6.5 应用案例 ··· 103

4.7 可再生能源利用技术 ··· 103

4.7.1 概况 ··· 103

4.7.2 太阳能热水技术 ··· 104

4.7.3 太阳能光伏技术 ··· 105

4.7.4 应用案例 ··· 106

本章参考文献 ··· 107

第三篇 功能改造篇 ··· 109

第5章 户型空间改造技术 ··· 110

5.1 概述 ··· 110

5.2 水平空间改造技术 ……………………………………… 111

   5.2.1 概况 ……………………………………………… 111

   5.2.2 水平扩建技术 …………………………………… 112

   5.2.3 水平合并技术 …………………………………… 113

   5.2.4 室内管线敷设 …………………………………… 114

   5.2.5 应用案例 ………………………………………… 116

5.3 竖向空间改造技术 ……………………………………… 120

   5.3.1 概况 ……………………………………………… 120

   5.3.2 加设夹层技术 …………………………………… 120

   5.3.3 竖向合并技术 …………………………………… 121

   5.3.4 竖向加建技术 …………………………………… 123

   5.3.5 下沉式拓展技术 ………………………………… 123

   5.3.6 应用案例 ………………………………………… 125

5.4 局部空间改造技术 ……………………………………… 129

   5.4.1 概况 ……………………………………………… 129

   5.4.2 分区合理化 ……………………………………… 129

   5.4.3 空间集约化 ……………………………………… 130

   5.4.4 空间多义化 ……………………………………… 134

   5.4.5 应用案例 ………………………………………… 136

   本章参考文献 ………………………………………… 143

第6章 适老化改造技术 …………………………………… 144

6.1 概述 ……………………………………………………… 144

6.2 适老化改造评估 ………………………………………… 145

   6.2.1 评估原则 ………………………………………… 145

   6.2.2 评估要点 ………………………………………… 145

6.3 套内空间适老化改造技术 ……………………………… 147

   6.3.1 概况 ……………………………………………… 147

   6.3.2 室内空间改造 …………………………………… 147

   6.3.3 室内设施改造 …………………………………… 150

6.4 公共空间适老化改造技术 ……………………………… 151

   6.4.1 概况 ……………………………………………… 151

   6.4.2 入口无障碍改造 ………………………………… 152

   6.4.3 首层门厅改造 …………………………………… 153

   6.4.4 楼梯间改造 ……………………………………… 153

6.4.5 电梯厅改造 ･･････････････････････････････････････ 155

6.4.6 走道改造 ･･･ 155

6.5 养老服务设施增设 ･････････････････････････････････････ 156

6.5.1 概况 ･･ 156

6.5.2 养老医疗服务设施 ･･････････････････････････････ 157

6.5.3 户外活动适老设施 ･･････････････････････････････ 159

6.6 应用案例 ･･･ 161

6.6.1 某居民楼适老化改造 ･･･････････････････････････ 161

6.6.2 某高校教职工住宅小区适老化改造 ･･････････ 165

本章参考文献 ･･ 167

第7章 加装电梯技术 ･･ 169

7.1 概述 ･･･ 169

7.2 加装电梯可行性评估 ･･･････････････････････････････････ 169

7.2.1 影响加装电梯的因素 ･･･････････････････････････ 169

7.2.2 规划评估 ･･ 171

7.2.3 建筑评估 ･･ 173

7.2.4 结构评估 ･･ 174

7.2.5 地下管线评估 ･･･････････････････････････････････ 176

7.3 加装电梯建筑方案 ･････････････････････････････････････ 176

7.3.1 电梯入户方式 ･･･････････････････････････････････ 176

7.3.2 电梯布置方案 ･･･････････････････････････････････ 177

7.4 加装电梯结构方案 ･････････････････････････････････････ 181

7.4.1 电梯井道结构及其围护 ･････････････････････････ 181

7.4.2 电梯井道结构与既有结构连接 ･･････････････････ 185

7.4.3 电梯井道基础 ･･･････････････････････････････････ 186

7.5 电梯选型 ･･･ 189

7.5.1 普通电梯 ･･ 189

7.5.2 模块化钢结构电梯 ･･････････････････････････････ 190

7.5.3 小型化电梯 ･･･････････････････････････････････････ 191

7.6 加装电梯施工 ･･･ 192

7.6.1 基础施工 ･･ 192

7.6.2 井道结构施工 ･･･････････････････････････････････ 193

7.6.3 围护系统施工 ･･･････････････････････････････････ 194

7.6.4 电梯安装 ･･･ 195

7.7 电梯运维 196

   7.7.1 电梯 IC 卡管理系统 196

   7.7.2 电梯维保新模式 197

7.8 应用案例 198

   7.8.1 大连某干休所加装电梯工程 198

   7.8.2 北京某小区加装电梯工程 200

   本章参考文献 202

第 8 章 增建停车设施 203

8.1 概述 203

8.2 增设停车设施可行性评估 203

   8.2.1 影响增设停车设施的因素 203

   8.2.2 增设地面停车设施评估 204

   8.2.3 增设地下停车设施评估 205

   8.2.4 评估结果应用 206

8.3 地上平层停车 206

   8.3.1 路面停车 206

   8.3.2 宅间绿化停车 213

   8.3.3 应用案例 215

8.4 地上立体停车 217

   8.4.1 机械停车类型 217

   8.4.2 立体机械停车设计 218

   8.4.3 应用案例 221

8.5 地下停车 223

   8.5.1 既有地下车库增设车位 223

   8.5.2 异地建设地下车库 224

   8.5.3 应用案例 228

8.6 交通流线组织优化 229

   8.6.1 优化小区出入口流线 229

   8.6.2 完善小区道路系统 229

   8.6.3 优化车库内部流线组织 229

8.7 停车管理 230

   8.7.1 交通组织管理 230

   8.7.2 停车秩序管理 230

   8.7.3 错峰停车管理 231

8.7.4　智慧停车管理 ·································· 231

8.7.5　应用案例 ··· 232

本章参考文献 ··· 233

第9章　公共设施改造技术 ······························ 234

9.1　概述 ··· 234

9.2　便民设施改造技术 ································ 234

9.2.1　概况 ··· 234

9.2.2　自助快递存取一体机 ························ 234

9.2.3　电子显示屏 ···································· 236

9.2.4　电动汽车充电桩 ····························· 236

9.2.5　净水机 ··· 238

9.3　休憩健身设施改造技术 ······················ 238

9.3.1　概况 ··· 238

9.3.2　休息座椅 ·· 238

9.3.3　健身器材 ·· 241

9.3.4　健康步道 ·· 244

9.3.5　儿童活动设施 ·································· 245

9.3.6　应用案例 ·· 247

9.4　环保设施改造技术 ································ 248

9.4.1　概况 ··· 248

9.4.2　垃圾分类与回收 ····························· 248

9.4.3　再生资源回收利用 ·························· 249

9.4.4　应用案例 ·· 249

本章参考文献 ··· 251

第四篇　环境改造篇 ······································ 253

第10章　室内环境改造技术 ···························· 254

10.1　概述 ·· 254

10.2　声环境改造技术 ································· 254

10.2.1　概况 ·· 254

10.2.2　更换高性能外窗 ····························· 254

10.2.3　墙体隔声技术 ································· 255

10.2.4　楼板降噪技术 ································· 256

10.2.5　暖通空调降噪技术 ·························· 258

　　10.2.6　电梯降噪技术 ……………………………………… 258

　　10.2.7　排水降噪技术 ……………………………………… 259

　　10.2.8　应用案例 …………………………………………… 260

10.3　光环境改造技术 ……………………………………………… 263

　　10.3.1　概况 ………………………………………………… 263

　　10.3.2　自然光 ……………………………………………… 263

　　10.3.3　反射光 ……………………………………………… 265

　　10.3.4　局部照明 …………………………………………… 266

　　10.3.5　室内眩光控制 ……………………………………… 266

　　10.3.6　应用案例 …………………………………………… 266

10.4　湿热环境改造技术 …………………………………………… 268

　　10.4.1　概况 ………………………………………………… 268

　　10.4.2　外保温及断桥技术 ………………………………… 268

　　10.4.3　增加改善湿热环境的设施 ………………………… 270

　　10.4.4　应用案例 …………………………………………… 271

10.5　改善空气质量措施 …………………………………………… 272

　　10.5.1　概况 ………………………………………………… 272

　　10.5.2　绿色建材 …………………………………………… 272

　　10.5.3　新风系统 …………………………………………… 273

　　10.5.4　空气净化器 ………………………………………… 274

　　10.5.5　应用案例 …………………………………………… 274

10.6　楼内公共空间环境改造技术 ………………………………… 275

　　10.6.1　概况 ………………………………………………… 275

　　10.6.2　整洁性改造 ………………………………………… 275

　　10.6.3　舒适性改造 ………………………………………… 276

　　10.6.4　应用案例 …………………………………………… 276

　　本章参考文献 ……………………………………………… 276

第11章　室外环境改造技术 ……………………………………… 278

11.1　概述 …………………………………………………………… 278

11.2　道路规划及铺地改造 ………………………………………… 278

　　11.2.1　概况 ………………………………………………… 278

　　11.2.2　道路路线移改 ……………………………………… 278

　　11.2.3　道路铺地改造 ……………………………………… 280

　　11.2.4　应用案例 …………………………………………… 283

11.3 园林景观改造技术 ･･････････････････････････････････ 283

    11.3.1 概况 ･･ 283

    11.3.2 园林绿化改造 ･･････････････････････････････････ 284

    11.3.3 园林水景改造 ･･････････････････････････････････ 286

    11.3.4 景观小品改造 ･･････････････････････････････････ 286

    11.3.5 应用案例 ･･････････････････････････････････････ 288

11.4 建筑外立面改造技术 ･･････････････････････････････ 290

    11.4.1 概况 ･･ 290

    11.4.2 屋顶改造 ･･････････････････････････････････････ 290

    11.4.3 外墙改造 ･･････････････････････････････････････ 292

    11.4.4 外窗及阳台改造 ････････････････････････････････ 293

    11.4.5 应用案例 ･･････････････････････････････････････ 295

11.5 室外管线改造技术 ････････････････････････････････ 296

    11.5.1 概况 ･･ 296

    11.5.2 强弱电管线改造 ････････････････････････････････ 296

    11.5.3 雨落管与空调冷凝管改造 ･･････････････････････ 299

    本章参考文献 ･･････････････････････････････････････ 300

第一篇

技术体系篇

第1章　绪　论

1.1　我国既有居住建筑现状

1.1.1　基本情况

改革开放以来，随着我国经济的持续快速发展，城乡居民的居住条件和居住环境得到了很大提高。据统计[1]，2018年，城镇居民人均住房建筑面积39m²，比1978年增加32.3m²；农村居民人均住房建筑面积47.3m²，比1978年增加39.2m²。我国既有居住建筑存量巨大，据初步测算[2]，总量约有500亿m²，其中，城镇既有居住建筑约290亿m²，2000年以前建成的居住小区总面积约为40亿m²。从建成年代看，据全国第六次人口普查的10%抽样调查数据，2000年以前建成的城镇住房中，1949年以前建成的占1.1%，1949～1979年建成的占9.2%，1980～1989年建成的占28.0%，1990～1999年建成的占61.7%。从地域分布看，严寒和寒冷地区（东北、华北、西北和部分华东地区）占43.3%，夏热冬冷地区（长江流域为主）占46.3%，其他地区（华南地区等）占10.4%。

1.1.2　老旧小区现状

2000年以前，城镇建成的居住小区基本上是以福利性住房为主，由于建设时期的经济、技术、标准和体制等制约，住宅建设标准较低，住宅的功能、性能、环境、设施及工程质量等不能满足全面建成小康社会的要求。

1. 房屋破旧且功能缺失，性能不高

由于房龄长、失修失养，大部分老旧小区住房不同程度地存在着地基沉降、墙体开裂、屋顶和墙面渗水漏水等问题。部分住房功能不全，无独立厨房和卫生间。老旧小区中，49%的住房尚未达到建筑节能50%的标准要求，在实行强制节能之前的建筑，基本没有采用节能保温措施，能耗高。部分老旧小区高层建筑电梯维护保养不到位，故障频发，甚至导致人员伤亡。多层建筑普遍缺少电梯和无障碍设施等，不能满足老龄化社会需求。

2. 基础设施配套设施不足，老化失修严重

由于建设标准低，多数老旧小区电力容量不足，部分缺乏燃气等基础设施。不少老旧小区的水、热、气等管线老化、破损，难以保持稳定供应。这些老旧小区普遍存在无封闭围墙、无门岗、无电子防盗装置、无路灯照明等问题，安保措施不到位。物业服务等配套用房、文化娱乐和健身设施及养老服务设施也普遍配备不足，超过55.5%的老旧小区没有无障碍设施。小区道路年久失修、破损严重，机动车和非机动车停车设施严重不足，停

车秩序混乱。消防设备配备不足，损坏、破坏、丢失现象较为严重。

3. 居住环境质量差，私搭乱建严重

据统计，约 63.6％ 的老旧小区环境卫生脏乱差，绿化较少养护或处于无人养护状态。不少老旧小区雨污混流，有些小区的垃圾、化粪池得不到及时清理。大部分老旧小区私搭乱建普遍，楼道杂物随意堆放，公共部位失修失养。

4. 建筑抗震等级低，安全隐患较大

2000 年以前建成的老旧小区执行的《工业与民用建筑抗震设计规范》TJ 11—78 和《建筑抗震设计规范》GBJ 11—89，与 2016 版《建筑抗震设计规范》GB 50011 相比，抗震设防标准要求较低。由于不同年代设计和施工标准的差异，大部分建筑抗震性能难以满足现行抗震设防要求。1980 年前建成的住房（占比超过 10％）普遍没有抗震设防。2015版《中国地震动参数区划图》发布后，全国有超过 25％ 的城镇房屋抗震设防标准被大幅提高。据初步估算，我国城镇未进行抗震设防或设防烈度与现行标准相差一度及以上的住房约有近百亿平方米，大部分是老旧住宅建筑。

1.2　我国既有建筑改造历程

自 20 世纪 70 年代后期，我国开始了既有居住建筑改造工作，既有居住建筑改造逐步由单项技术改造向绿色综合改造方向发展。20 世纪 70 年代后期，我国既有居住建筑改造以结构抗震加固为主，"九五"启动了以严寒、寒冷地区为主的既有建筑节能改造，"十二五"后逐步由单项技术改造向绿色综合改造发展。既有建筑改造历程见图 1.2-1。

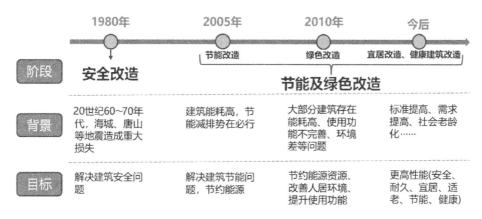

图 1.2-1　既有建筑改造历程示意

1.2.1　加固改造

1. 发展概述

1966～1976 年，邢台、河间、海城和唐山相继发生地震，造成大量人员伤亡和财产损失。从 20 世纪 70 年代末，在总结唐山大地震震害基础上，开展了对房屋完损等级评定、修缮范围界定、旧城改造开发、房屋拆迁和维修技术管理等政策标准研究和实施。

1985 年完成的第一次全国城镇房屋普查，首次查明了城市住宅规模数量、类型构成及使用状况，为制订完善城市老旧住宅更新改造政策与可行性途径提供了决策依据。20 世纪 80 年代重点对危房进行抗震加固，20 世纪 90 年代对重要建筑进行抗震加固；2008 年汶川地震后，抗震设防标准有所提高，对学校建筑和医院建筑进行抗震加固。2016 年，抗震设防标准进一步提高，按新标准有大量的既有居住建筑需要进行抗震加固。

2. 改造技术

目前，国内常用的结构加固方法有增大截面法、外粘型钢加固法、粘贴钢板法、粘贴纤维复合材料法、增设支点加固法、预应力加固法、置换混凝土法、绕丝加固法、钢绞线网片—聚合物砂浆加固法、结构体系加固法、增设拉结体系加固法等，每种方法都有其适用性，针对具体的需求选择合适的加固方法至关重要。相对于既有公共建筑，既有居住建筑改造时，居民通常不搬出，确定结构加固方案时，应尽可能选择不扰民、少扰民、工期短、不用进入户内的加固方法。

针对不同的既有建筑结构类型，采用不同的改造技术，如砖混结构可采用钢筋混凝土面层加固法、钢筋网水泥砂浆面层加固法、外加预应力撑杆加固法、粘贴纤维复合材加固法、钢丝绳网—聚合物改性水泥砂浆面层加固法、增设扶壁柱加固法、增设圈梁构造柱等加固方法；混凝土结构可采用增大截面加固法、外包型钢加固法、粘贴纤维复合材加固法、预应力碳纤维复合板加固法、增设支点加固法等加固方法；钢结构可采用增大截面加固法、连接加固等方法。

3. 相关标准

1967 年，编制了《京津地区抗震鉴定标准（草案）和抗震措施要点》；1975 年，编制了《京津地区工业与民用建筑抗震鉴定标准（试行）》；1977 年，颁布《工业与民用建筑抗震鉴定标准》TJ 23－77、《工业建筑抗震加固参考图集》GC－01 和《民用建筑抗震加固参考图集》GC－02；1985 年，颁布了《工业与民用建筑抗震加固技术措施》；1990 年，发布了中国工程建设标准化协会标准《混凝土结构加固技术规范》CECS 25，该标准在 2006 年升级为国家标准《混凝土结构加固设计规范》GB 50367，2013 年又对该规范进一步修订，形成规范 2013 版。1996 年，发布了中国工程建设标准化协会标准《钢结构加固技术规范》CECS 77；1998 年，发布了行业标准《建筑抗震加固技术规程》JGJ 116，2009 年对其进行修编，形成规程 2009 版；2003 年，发布了中国工程建设标准化协会标准《碳纤维片材加固混凝土结构技术规程》CECS 146—2003；2011 年，发布了国家标准《砌体结构加固设计规范》GB 50702—2011。至此，形成了包括混凝土结构、钢结构和砌体结构的加固设计标准体系。2012 年后，伴随着加固新技术的发展，颁布了很多加固专项新技术标准，如行业标准《建筑结构体外预应力加固技术规程》JGJ/T 279—2012、《预应力高强钢丝绳加固混凝土结构技术规程》JGJ/T 325—2014、《钢绞线网片聚合物砂浆加固技术规程》JGJ 337—2015 和《纤维片材加固砌体结构技术规范》JGJ/T 381—2016。

1.2.2 节能改造

1. 发展概述

我国建筑能耗比重大，约占社会总能耗的三分之一；单位建筑面积能耗高，不符合现行节能标准的既有建筑数量巨大，要实现 2030 年碳达峰 2060 碳中和的节能减排目标，迫切需要对既有建筑进行节能改造。

中国建筑节能工作始于 20 世纪 80 年代初，从宣传介绍发达国家的建筑节能状况、制订《采暖居住建筑节能设计标准》起步。1985 年，第一个建筑节能标准用于采暖居住建筑，节能率为在 1980～1981 当年通用设计能耗水平的基础上节能 30％（一步节能）；1996 年，第二阶段开始推行节能 50％新标准（二步节能），发布《建设部建筑节能"九五"计划和 2010 年规划》以及《建筑节能技术政策》；1998 年，开始实施《中华人民共和国节约能源法》；2005 年，发布《民用建筑节能管理规定》，开始推行节能 65％新标准（三步节能）；2007 年，修订《中华人民共和国节约能源法》，发布了《关于节能减排综合性工作方案的通知》（国发〔2007〕15 号）、《北方采暖区既有居住建筑供热计量及节能改造奖励资金管理暂行办法》（财建〔2007〕957 号）等文件；2008 年，颁布了《民用建筑节能条例》《关于推进北方采暖地区既有居住建筑供热计量及节能改造工作的实施意见》（建科〔2008〕95 号）；2011 年，民政部和住建部联合发布《关于进一步推进公共建筑节能工作的通知》，要求"十二五"期间公建能耗下降 10％，大型公建能耗降低 15％。目前，天津、河北、山东、江苏、青海、新疆等地居住建筑执行节能 75％标准（四步节能）。随着北京市《居住建筑节能设计标准》DB11/891－2020 的实施，北京居住建筑节能率由 75％提升至 80％以上，标志着建筑节能向更高水平迈进。从发展历程可以看出，我国建筑节能标准不断提高，从 20 世纪 80 年代的 30％，逐步提高到 50％、65％，到目前的 75％、80％，今后将进一步向低能耗、近零能耗、零能耗建筑的目标迈进。

2. 改造技术

既有居住建筑节能改造已有配套的国家及行业标准，改造技术主要包括以下几个方面：

围护系统节能改造：外墙、屋面、门窗、幕墙、外遮阳等改造；

供暖空调系统改造：热源及热力站节能改造、室外管网改造、热回收、高效空调末端、变频技术、热计量改造等；

照明系统改造：采用高效照明灯具、电子镇流器、LED 等节能灯具和智能照明控制；

可再生能源利用：太阳能利用、地源热泵系统、空气源热泵系统；

其他节能措施：合同能源管理、回馈型电梯、节能灶具等。

3. 相关标准

节能标准较多，形成了包括节能设计、节能改造、能效检测等标准体系。按类别和年代，汇总如下：

1）居住建筑

1986 年：《民用建筑节能设计标准（采暖居住建筑部分）》JGJ 26 （节能 30%）

1995 年：《民用建筑节能设计标准》JGJ 26 （节能 50%）

2010 年：《严寒和寒冷地区居住建筑节能设计标准》JGJ 26 （节能 65%）

2018 年：《严寒和寒冷地区居住建筑节能设计标准》JGJ 26 （节能 75%）

2001 年：《夏热冬冷地区居住建筑节能设计标准》JGJ 134 （节能 50%）

2010 年：《夏热冬冷地区居住建筑节能设计标准》JGJ 134 （节能 65%）

2003 年：《夏热冬暖地区居住建筑节能设计标准》JGJ 75 （节能 50%）

2012 年：《夏热冬暖地区居住建筑节能设计标准》JGJ 75 （节能 65%）

2000 年：《既有采暖居住建筑节能改造技术规程》JGJ 129 （节能 50%）

2012 年：《既有居住建筑节能改造技术规程》JGJ/T 129 （节能 65%）

2014 年：《既有采暖居住建筑节能改造能效测评方法》JG/T 448

2）公共建筑

2005 年：《公共建筑节能设计标准》GB 50189 （节能 50%）

2015 年：《公共建筑节能设计标准》GB 50189 （节能 65%）

2009 年：《公共建筑节能改造技术规范》JGJ 176

2009 年：《公共建筑节能检测标准》JGJ/T 177

3）农村建筑

2013 年：《农村居住建筑节能设计标准》GB/T 50824

根据以上梳理，我国既有建筑节能标准从采暖居住区建筑的节能设计开始，逐渐发展到覆盖不同气候区的居住建筑节能设计标准，且节能率不断提高；从建筑类别角度，从居住建筑发展到公共建筑，进一步覆盖到农村建筑；从新建建筑节能设计发展到既有建筑的节能改造。

1.2.3 综合改造

1. 发展概述

随着时代的发展进步，特别是为了应对能源危机和可持续发展的战略要求，人们对既有建筑改造的范围和方法逐渐突破了结构加固改造的概念，而提升为一种"综合性改造"。既有建筑改造不仅仅是从结构的安全性出发，还对建筑物乃至整个建筑区域从空间、功能和效能上进行改造，改造后可以实现建筑空间的扩展、使用功能的提高、能耗的降低和使用舒适度的提升。

2006 年，对多个省市的既有居住建筑基本情况进行调查后发现，目前大多数既有居住建筑都普遍存在安全储备小、使用功能不完善、能耗高等问题，此外，既有居住建筑的耐久性、室内外环境等问题也逐渐引起了人们的高度重视。正确对待和处理这些既有居住建筑，在检测和评定的基础上对其进行综合性改造是最好途径之一。2007 年，国务院相继颁布了《国务院关于印发节能减排综合性工作方案的通知》（国发〔2007〕15 号）等指导性文件，为我国既有建筑综合改造的顺利开展和推广提供了良好的基础。

2. 改造技术

除了安全性提升（结构、消防、燃气电气、安防等）和节能改造（围护系统、照明系统、空调供暖系统、公共设备、新能源利用等），改造还包括以下主要内容：

节水改造：给水和排水系统改造、更换节水器具。

功能改造：使用功能改造、建筑空间改造、适老化改造、增加电梯、增设停车设施和公共设施等。

环境改造：绿化景观、小区道路等。

3. 相关标准

节水改造：《民用建筑节水设计标准》GB 50555—2010

功能改造：《既有住宅建筑功能改造技术规范》JGJ/T 390—2016

1.2.4 绿色改造

1. 发展概述

绿色建筑是将可持续发展理念引入建筑领域的结果。21 世纪以来，在国际上，生态建筑、可持续建筑、零耗能建筑等技术开始兴起，并逐步演化为绿色建筑，许多国家和组织都在绿色建筑方面制定了相关政策和评价体系。21 世纪初，我国政府从基本国情出发，从人与自然和谐发展、节约能源、有效利用资源和保护环境角度，提出发展"节能省地型住宅和公共建筑"，主要内容是节能、节地、节材、节水与环境保护。2006 年，国家标准《绿色建筑评价标准》GB/T 50378—2006 发布实施，明确了绿色建筑的定义，首次提出了中国绿色建筑评价体系，该标准推动了我国新建绿色建筑的快速发展。

我国既有建筑存量巨大，绝大部分都是非绿色建筑，存在资源消耗水平偏高、环境影响偏大、工作生活环境亟需改善、使用功能有待提升等方面的问题。推进既有建筑绿色改造，可以节约能源资源，提高建筑的安全性、舒适性和环境友好性，对转变城乡发展模式，破解能源资源约束，具有重要的意义。

"十二五"期间，科技部组织实施了国家科技支撑计划项目"既有建筑绿色化改造关键技术研究与示范"，针对不同类型、不同气候区的既有建筑绿色改造开展研究。2015 年12 月，由住房和城乡建设部、国家质检总局联合发布了国家标准《既有建筑绿色改造评价标准》GB/T 51141—2015，自 2016 年 8 月 1 日起实施，该标准填补了我国既有建筑改造领域绿色评价标准的空白。

2. 改造技术

在安全、节能、节水等综合性改造基础上，突出了全寿命周期和四节一环保的理念，增加以下内容：

节材：高性能加固材料、环保材料。

节地：平面拓展、竖向拓展、停车设施。

室内环境：声、光、湿热、空气质量。

3. 相关标准

我国绿色建筑方面的标准较多，涵盖已形成了绿色建筑标准体系，其中与改造相关的标准有国家标准《既有建筑绿色改造评价标准》GB/T 51141—2015、团体标准《既有建筑绿色改造技术规程》T/CECS 465—2016，这两部标准为既有建筑绿色改造的评价和实施提供了支撑。

1.3 宜居改造概念解析与需求分析

1.3.1 相关概念解析

1. 既有建筑

从字面上可理解为"既存建筑"，泛指迄今存在着的一切建筑。一般理解为已建成并投入使用的建筑。由于建造年代不同，受建造时期经济、技术、标准、体制等因素影响，具有不同的特点。从改造的角度来看，不同时代的既有建筑的改造重点有所不同。如：我国 20 世纪 80 年代之前建成的既有建筑，均没有抗震设计，建设标准较低，户型和室内空间较小，设备设施管线老化较严重；2000 年之前的既有建筑，大部分没有执行节能标准，外墙没有保温层，也没有采用节能窗，建筑能耗较高。2010 年之前的小区，停车位及无障碍设施欠缺，伴随着近年来汽车保有量大幅增加，以及人口老龄化日趋严重，停车难、适老化设施少等问题更加严峻。

2. 居住建筑

现行国家标准《民用建筑设计统一标准》GB 50352 和《民用建筑设计术语标准》GB/T 50504 对"居住建筑"的定义是：居住建筑是供人们居住使用的建筑。居住建筑可分为住宅和非住宅类居住建筑两大类。非住宅类居住建筑又可分为宿舍类、旅馆类和照料设施类居住建筑。住宅、宿舍、旅馆和养老建筑既有共同的属性，又有不同的特点。住宅建筑是供家庭居住使用的建筑；宿舍建筑是有集中管理且供单身人士使用的居住建筑，由居室、盥洗、卫生间、晾晒、储藏、管理、公共活动等基本功能空间组成。旅馆建筑是为客人提供住宿及餐饮、会议、健身和娱乐等全部或部分服务的建筑，由客房、公共、辅助部分等基本功能空间组成；照料设施类建筑是为老年人提供长期居住、生活照料、文化娱乐、医疗康复等方面专项或综合的集中照料服务的功能的居住建筑。居住建筑相关术语定义对比见表 1.3-1。

居住建筑相关术语定义对比　　　　　　　　　　　　　　　表 1.3-1

序号	术语	定义	来源
1	居住建筑	供人们居住使用的建筑	《民用建筑设计术语标准》GB/T 50504 《民用建筑设计统一标准》GB 50352

序号	术语	定义	来源
2	住宅	供家庭居住使用的建筑	《民用建筑设计术语标准》GB/T 50504 《住宅设计规范》GB 50096
3	宿舍	有集中管理且供单身人士使用的居住建筑	《民用建筑设计术语标准》GB/T 50504 《宿舍建筑设计规范》JGJ 36
4	别墅	一般指带有私家花园的低层独立式住宅	《民用建筑设计术语标准》GB/T 50504
5	老年人住宅	供老年人居住使用的，并配置无障碍设施的专用住宅	《民用建筑设计术语标准》GB/T 50504
		供以老年人为核心的家庭居住使用的专用住宅	《老年人居住建筑设计规范》GB 50340 《住宅建设规范》GB 50368
6	老年人公寓	供老年夫妇或单身老人居家养老使用的专用建筑	《老年人居住建筑设计规范》GB 50340
7	酒店式公寓	提供酒店式管理服务的住宅	《民用建筑设计术语标准》GB/T 50504

3. 宜居改造

宜居，如绿色、健康、可持续之类的概念一样，是一个描述词，因所处的社会环境和发展阶段不同，以及不同人的理解差异，目前尚没有严格的定义和统一的标准。从字面意思理解，宜居就是适宜居住。

1996 年，联合国第二次人居大会提出了城市应当是适宜居住的人类居住地的概念。2005 年，在国务院批复的《北京城市总体规划》中首次出现"宜居城市"概念。宜居城市具有良好的居住空间环境、人文社会环境、生态与自然环境和清洁高效的生产环境的宜居性比较强的城市居住地。宜居城市的特征可概括为环境优美，社会安全，文明进步，生活舒适，经济和谐，美誉度高。即经济持续繁荣、社会和谐稳定、文化丰富厚重、生活舒适便捷、景观优美怡人且具有公共安全的城市。

参考"宜居城市"的内涵和"绿色改造"的定义，结合居住建筑改造特点，既有居住建筑宜居改造可以概括为：以提高既有居住建筑的性能、功能和环境为目标的改造活动，将既有居住建筑改造成安全耐久、绿色节能、空间合理、功能完善、设施齐备、环境舒适、生活便利的建筑。"宜居改造"改造内容包括既有居住建筑楼本体的安全、耐久、节能、适老性改造，以及住区布局优化、功能提升、设施完善、环境改造等方面。

1.3.2　宜居改造需求分析

根据不同建造年代建筑的特点，以实现建筑宜居为目标，并参考绿色建筑、健康建筑等理念，宜居改造需求如下：

1. 安全

安全是最基本的需求，要满足结构安全、消防安全、电气燃气管线设备安全以及安防设施配备、减少安全隐患等要求。

2. 耐久

耐久性与房屋质量、使用寿命直接关联，是建筑安全性的重要保证，对老旧建筑进行耐久性提升可延长建筑年限，提高可靠度。

3. 节能

节约能源和资源是基本国策，建筑节能对化解能源紧缺、改善大气环境和居住环境、降低能耗具有重要意义，特别是在实现 2030 碳达峰、2060 碳中和目标的背景下，对既有建筑进行节能改造显得更为重要。

4. 舒适健康

舒适健康主要是对建筑室内环境声、光、热、温湿度以及空气质量等环境的要求，通过改造实现室内恒温恒湿、新风换气、健康宜居等目标。

5. 环境优美

环境优美主要是对道路铺装、园林景观、建筑外立面等小区环境方面的要求，创造安全、舒适、优美的环境，有益身心健康，更好地满足人们对美好生活向往的需求。

6. 生活便利

生活便利主要是对小区设施和配套服务设施的需求，如便民设施、休憩健身设施、环保设施，以及增加电梯和停车设施，提高居民生活便利性。

7. 适老化及无障碍

适老化是针对老年人对健康生活的需求，通过改造更有利于老年人日常生活、出行和活动，增强老年人居家生活的安全性和便利性，为老年人提供更安全、舒适、便捷的生活环境。

8. 户型空间

户型空间主要是通过优化调整室内空间布局，满足住户家庭结构和生活方式的需求，改善居住空间质量，提高居住空间使用率。

1.4 既有居住建筑宜居改造及功能提升技术体系

1.4.1 体系构建思路和原则

在既有建筑抗震加固、节能改造等单一改造技术基础上，参考《老旧小区有机更新改造技术导则》[3]，北京、上海、广州、哈尔滨等地老旧小区综合改造技术清单的内容，并充分考虑既有建筑安全、耐久、节能等性能提升，通过加装电梯、增设停车位，改善小区环境，提高既有建筑老旧小区适老、宜居品质，满足新时代人们对美好生活向往的更高需求，以提升性能、提升功能、改善环境为目标，构建层次清晰、重点突出、科学适用、结构合理的既有居住建筑宜居改造技术体系。

体系构建遵循以下基本原则：

1）系统性

宜居改造和功能提升是一个包含众多要素的系统，宜居改造和功能提升技术体系的内容应全面反映宜居改造涉及的多个方面，其层次结构要有横向联系，反映不同侧面的互补关系，也要有纵向关系，反映不同层次之间的包含关系。

2）适用性

遴选改造技术时，应充分考虑居住建筑的特点和宜居的内涵，技术分类合理，名称表述简练，以满足其适用性需求。

3）共性与个性相结合

住宅、宿舍、旅馆和照料设施类等不同类型居住建筑，既有共同特征，又有个性差异，技术体系构建时应考虑共性技术与个性技术的差异化需求。

1.4.2　技术体系框架搭建

根据对既有建筑宜居改造的需求分析、体系构建的思路和原则，构建了既有居住建筑宜居改造技术体系框架（图 1.4-1）。宜居改造技术体系可分为性能提升、功能改造、环境改善 3 个一级指标和 10 个二级指标。首先针对量大面广的住宅建筑为对象构建技术体系总框架，然后针对宿舍、旅馆、照料设施类居住建筑的特殊性，在住宅建筑改造技术体系基础上进行调整和补充。

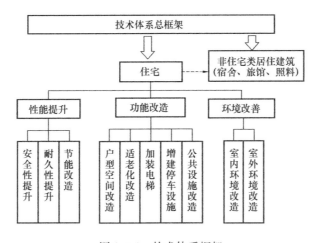

图 1.4-1　技术体系框架

1.4.3　既有住宅建筑宜居改造技术体系

1. 性能提升

性能提升是为提高既有建筑安全性、降低建筑能耗、提升既有建筑使用寿命等，对既有建筑进行改造，包括安全性提升、耐久性提升和节能改造等 3 个子体系。

1）安全性提升

安全性提升是针对既有建筑的结构承载力不足、消防设施破损或缺失、电气线路和燃气等管道老化、安防设施不足等安全隐患，对既有居住建筑的结构加固、消防系统改造，燃气电气管线更新和安防系统改造，达到消除安全隐患、提高建筑安全性等目的。在改造前，一般需要对现状进行检测、评估，从而判定是否需要进行改造，为改造方案制定提供依据。从改造内容上，分为结构加固、消防系统改造、燃气电气管线更新和安防系统改造（图 1.4-2）。

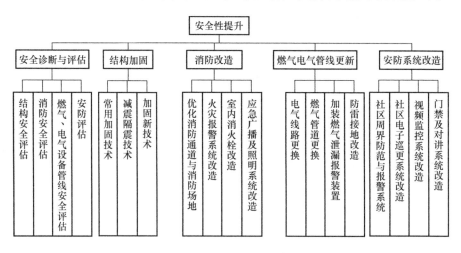

图 1.4-2 安全性提升子体系

2）耐久性提升

耐久性提升是针对既有建筑受自然环境或人为影响导致材料性能劣化、部分区域出现损伤等问题，对混凝土结构（钢筋锈蚀、混凝土冻融损伤、碱骨料反应损伤、混凝土裂缝）、砌体结构（砌体材料劣化、灰缝钢筋锈蚀、砌体裂缝）、外墙外保温（局部损坏、单元墙体损坏）和房屋防水（屋面、厨卫、外墙、地下室）等进行的修复和改造，达到降低材料劣化程度、提升既有建筑寿命等目的。既有居住建筑特别是老旧小区的住宅采用钢结构的很少，针对结构耐久性提升技术暂不考虑钢结构。耐久性提升改造修复前，一般需要对现状进行评估，以便有的放矢地制订修缮方案。从改造内容上，分为混凝土结构耐久性提升、砌体结构耐久性提升、外墙外保温系统修复和房屋渗漏修复（图 1.4-3）。

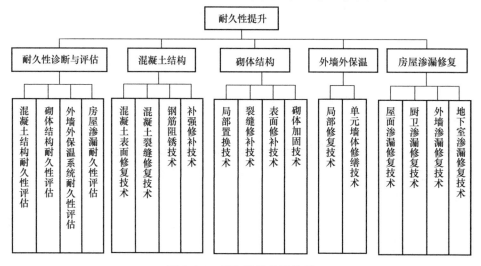

图 1.4-3 耐久性提升子体系

3）节能改造

节能改造是针对既有建筑能耗高、效率低、保温隔热性能差等问题，对围护系统（外墙保温、屋面保温、外窗、外遮阳系统）、供暖系统（水泵、热力站、供热管网、水力系统、室内供暖系统）、可再生能源（太阳能热水、太阳能光伏）、照明（公共空间照明、室外照明）以及设备（电梯、空调系统、水泵）等进行节能改造，达到有效降低建筑能耗、节约能源、改善室内居住热环境、提高居住热舒适性的目的。节能改造前，一般首先进行节能诊断。从改造内容上，节能改造分为围护系统改造、供暖系统改造、可再生能源改造、照明改造和设备改造（图1.4-4）。

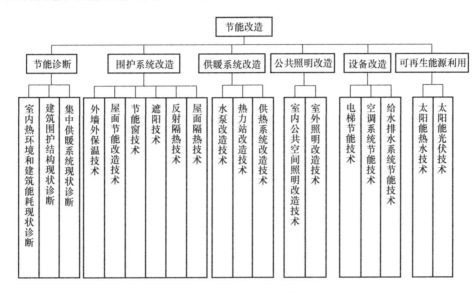

图1.4-4 节能改造子体系

2. 功能改造

功能改造主要是为了满足人们对美好生活的向往和追求，在既有建筑现有功能基础上的提升或增加的一些新功能，包括户型空间改造、适老化改造、加装电梯、增建停车设施和公共设施改造等5个子体系。

1）户型空间改造

户型空间改造是针对既有居住建筑的户型老旧、布局不合理，不能满足当前的用户需求以及家庭结构衍变所产生的需求变化等问题，对既有建筑的水平空间（水平扩建、水平合并）、竖向空间（加设夹层、竖向合并、竖向加建、下沉式拓展）和局部空间（分区合理化、空间集约化、空间多义化）等户型空间进行功能提升与优化改造，达到改善居住空间生活环境，提高居住空间使用率等目的。从改造空间及内容上，分为水平空间改造、竖向空间改造和局部空间改造（图1.4-5）。

2）适老化改造

适老化改造是针对我国老龄化日趋严重、既有居住建筑不适老的问题，对老年人生活的套内空间（室内空间、室内设施）、公共空间（入口、首层门厅、楼梯间、电梯厅、走道）以及配套养老服务设施（养老医疗服务设施、适老生活服务设施、适老户外活动设施）等进行改造升级，达到便于老年人日常生活和活动、缓解老年人因生理机能变化导致的不适应、避免老年人受到人身伤害、增强老年人居家生活的安全性和便利性等目的的改造活动。按改造空间不同分为套内空间改造、公共空间改造和配套服务设施改造（图1.4-6）。

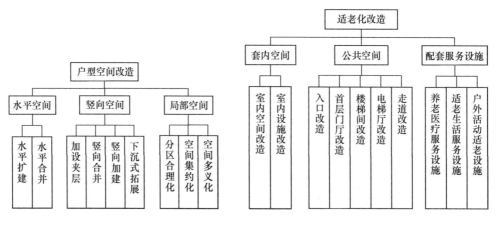

图1.4-5　户型空间改造子体系　　　　图1.4-6　适老化改造子体系

3）加装电梯

加装电梯是针对我国人口老龄化现象日益凸显，居民特别是老年人上下楼不便的问题，对增设电梯从可行性评估（规划评估、建筑评估、结构评估、地下管线评估）、建筑方案（入户方式、电梯布置方案）、结构方案（电梯井道结构及其围护、电梯与既有结构连接方式、加装电梯基础）、电梯选型（常规电梯、钢结构一体化电梯、小型化电梯）、加装电梯施工（井道基础施工、井道结构施工、围护系统施工）、电梯安装和电梯运维，提供加梯的解决方案，解决老年人上下楼出行难题，提升居民幸福感和获得感。由于既有建筑及周边环境的复杂性，并非每栋建筑都适合进行加梯，加梯前首先对加梯的可行性进行评估。从改造内容上，增设电梯分为加装电梯建筑方案、结构方案、电梯选型、电梯安装和电梯运维等（图1.4-7）。

4）增建停车设施

增建停车设施是针对既有居住小区停车位不足、停车配套设施老旧、停车管理不规范等问题，对地面平层停车（路旁停车、宅间绿化停车）、地上立体停车、地下停车（停车设施布局、停车设施景观设计）、交通流线组织优化、停车管理（智慧停车管理、错峰停车管理、秩序停车管理、交通组织管理）等进行优化升级改造，达到增加停车位数量、缓解停车难的目的。在改造内容上，分为地面平层停车、地上立体停车、地下停车、交通组织优化和停车管理等（图1.4-8）。

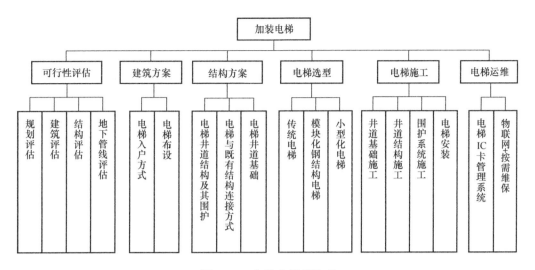

图 1.4-7 加装电梯子体系

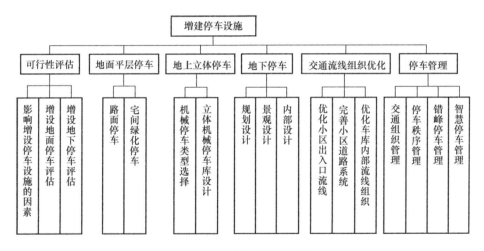

图 1.4-8 增建停车设施子体系

5）公共设施改造

公共设施改造是针对目前老旧小区普遍存在的公共设施破旧缺失，不能满足人们对美好生活的需求等问题，对既有居住小区的便民设施（自助快件收件柜、电子显示屏及普通展板、电动汽车充电桩、小区净水机）、休憩健身设施（休息座椅、健康步道、健身器材、儿童设施）、环保设施（垃圾分类与回收、再生资源回收利用）等公共服务设施进行补充和修复，为居民生活提供便利，提高居民生活质量，并提升老旧住区的公共空间生机和活力。从改造内容上，分为便民设施改造、休憩健身设施改造和环保设施改造等三方面（图 1.4-9）。

3. 环境改造

环境改造是为达到舒适、健康、安全、优美、和谐、文明的宜居需求，对人们居住环境的改善和提升，包括室内环境改造和室外环境改造两个子体系。

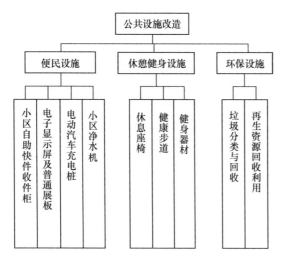

图 1.4-9　公共设施改造子体系

1）室内环境改造

室内环境改造是针对室内空气污染、噪声污染、光污染等问题，对室内的声环境（更换高性能窗、墙体隔声、楼板降噪、电梯降噪、排水管降噪）、光环境（自然光、反射光、局部照明）、湿热环境（外保温、新风系统、除湿机、外遮阳）、空气质量（绿色建材、新风系统、空气净化器）以及楼内公共空间环境（楼梯间温度舒适性、楼梯间环境整洁性、楼梯间光环境）进行改造，达到改善室内环境、提升居住舒适度、促进人体身体健康等目的。从改造内容上，分为声环境改造、光环境改造、湿热环境改造、空气质量改造和楼内公共空间改造（图 1.4-10）。

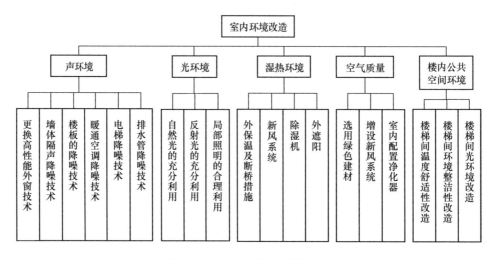

图 1.4-10　室内环境改造子体系

2）室外环境改造

室外环境改造是针对既有居住建筑室外交通系统紊乱、环境品质低下、外观破旧杂乱等问题，对既有居住小区室外的道路规划及铺地（人车分流道路、道路铺地、道路海绵化、规划消防车道及停车位）、园林景观（园林绿化、园林水景、园林小品）、建筑外立面（清洗与涂饰、修缮与改造、室外空调机位布置合理化、防盗窗及封阳台）、室外管线（强弱电入地、老旧管线归槽、雨落管、空调冷凝管）等进行综合整治和优化提升，使交通组织更加合理，达到舒适宜居、环境优美、空间整洁等目的。从改造内容上，分为道路规划及铺地改造、园林景观改造、建筑外立面改造和室外管线改造（图 1.4-11）。

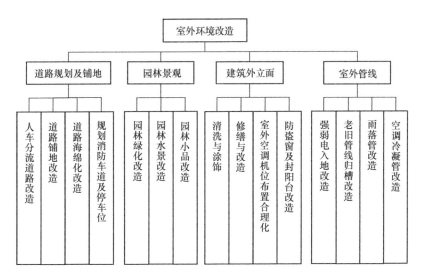

图 1.4-11 室外环境改造子体系

1.4.4 既有非住宅居住建筑宜居改造技术体系

前文宜居改造及功能提升技术体系是以老旧小区既有住宅建筑为对象构建的，与住宅建筑相比，宿舍、旅馆、照料等非住宅类居住建筑在建筑功能、居住人群、日常管理等方面具有不同程度的个性化需求，还应充分考虑这些非住宅类居住建筑的特点，对改造技术体系进行调整和补充。

1. 宿舍建筑

宿舍建筑是指有集中管理、通常供单身人士居住的建筑，一般有居室、盥洗、厕所、晾晒、储藏、管理、公共活动等基本功能空间。与住宅相比，宿舍建筑具有以下特点：集中管理；没有厨房或设有公共厨房；需要设置无障碍房间；需要配备公共使用空间；附近有室外活动场地、自行车及电动车存放处，而对机动车停车位的需求相对较低。

针对宿舍建筑的特点和改造需求，宜居改造时，应对技术体系进行以下调整：

1）安全性提升

需要增加消防安全疏散示意图、安全疏散标识、疏散照明和疏散指示标志。

2）室外环境改造

主要出入口要有集散场地，保障日常和紧急情况下的快速疏散。

3）其他改造

走廊、盥洗室、卫生间地面采用防滑地砖；夏热冬暖地区宿舍内通常设置淋浴设施，其他地区应根据实际条件，分散或集中设置淋浴设施；入口层应设置至少一间无障碍居室和无障碍卫生间，以满足行动不便人员居住；每层宜设置开水设施或开水间、公共洗衣房。

2. 旅馆建筑

旅馆建筑是指提供住宿、餐饮、会议、健身、娱乐等全部或部分服务的建筑，也称为酒店、饭店、宾馆、度假村。旅馆类居住建筑应具有客房、公共、辅助等基本功能空间。与住宅建筑相比，旅馆建筑具有以下特点：客房部分要符合公共建筑防火规范相关规定；供暖、空调和生活热水用热源，宜统一考虑；旅馆特别是四五星级酒店的隔声性能要求较高；需要设置一定比例的无障碍客房；有较为充裕的停车场地；安防系统要求比较完善；有集中的洗衣房、厨房。

针对旅馆建筑的特点和改造需求，进行宜居改造时对技术体系应进行以下调整：

1）安全性提升

旅馆建筑按照公建的要求，内部空间设置喷淋、烟感、温感等消防设施，并增加火灾自动报警系统和消防联动控制系统；客房层走廊设置安全监控设施；设置入侵报警及出入口控制系统，安全疏散通道上的出入口控制系统与火灾自动报警系统联动。

2）增建停车设施

利用现有空间增建停车位；通常不涉及停车收费管理。

3）室内环境改造

电梯井道贴邻客房布置时，采取隔声减振措施；相邻房间的电气插座错位布置，不应贯通；相邻房间的壁柜之间设置满足隔声要求的隔墙。

4）其他改造

三星级以上旅馆建筑的空调系统可设置集中冷源系统；增加无障碍客房改造，供有障碍人士专用的客房应设紧急呼叫装置。

3. 照料类建筑

老年人照料设施是为老年人提供集中照料服务的设施，分为全日照料设施（养老院、老人院、福利院、敬老院等）和日间照料设施（托老所、日托站、日间照料室、日间照料中心等），属于公共建筑。除了照料单元或生活单元用房，还有文娱与健身用房、康复与医疗用房、管理服务用房等。与住宅相比，照料类建筑具有以下特点：生活单元用房有居室、就餐、卫生间、盥洗、洗浴、厨房或电气化炊事用房；有专门的文娱与健身设施；有康复与医疗设施；对失能老人护理照料还有护理站、药存、清洁间等。

针对照料建筑的特点和改造需求，进行宜居改造时对技术体系应进行以下调整：

1）安全性提升

建筑室内外活动场所设置视频安防监控系统，各出入口、走廊、起居室、餐厅、文娱与健身用房、各楼层的电梯厅、电梯轿厢和楼梯间设置安全监控设施；起居室、餐厅、卫浴、盥洗室、文娱与健身用房、康复与医疗用房设置紧急呼叫装置，信号传输至护理站或值班室。

2）适老化和无障碍改造

交通空间标识清晰、易于识别；失能老年人使用的交通空间，线路组织便捷连贯；出入口采用平坡出入口，严禁采用旋转门；出入口的地面、台阶、踏步、坡道等采用防滑材料铺装，防积水防结冰措施；室内空间应考虑康复辅助器具的收纳、使用；室内色彩以暖色调为主，部品和家具布置应安全稳固；居室、盥洗及卫浴室的门应选用内外均可开启的锁具以及方便老年人使用的把手；卧室至卫生间的过道设置脚灯。卫生间洗面台、厨房操作台、洗涤池设置局部照明。

3）增设电梯

照料类建筑须加装电梯，电梯轿厢尺寸能容纳担架。

4）公共设施

增设符合老年人生活习惯和生理特点的座椅、健康步道及健身器材。

5）室外环境

坡道、拐角及台阶处设置照明设施；增加愈疗景观。

本章参考文献

[1] 建筑业持续快速发展 城乡面貌显著改善——新中国成立 70 周年经济社会发展成就系列报告之十 http：//www. stats. gov. cn/tjsj/zxfb/201907/t20190731_1683002. html.

[2] 田灵江. 我国既有建筑改造现状与发展[J]. 住宅科技，2018，4.

[3] 住房和城乡建设部科技与产业化发展中心，住房和城乡建设部住宅产业化促进中心. 老旧小区有机更新改造技术导则[S]. 北京：中国建筑工业出版社，2018.

第二篇

性 能 提 升 篇

第 2 章　安全性提升技术

2.1　概述

我国既有居住建筑由于可能存在的设计和施工缺陷等建筑内在因素，抗震设防标准提高、经济水平提高等外部因素，以及使用功能变化等诸多原因，导致既有建筑结构的安全性能降低；部分老旧建筑消防设施老化、设施配备不足或者建筑使用功能发生改变，导致建筑防火性能降低；老旧建筑的电气线路和燃气管道存在老化现象，需要进行更换；部分老旧小区没有安防系统，有的安防设施老化，有的配置不足。以上情况都与建筑安全相关，处理不当将影响居民的正常生活[1]。

为了提升既有居住建筑的安全性能，需对既有居住建筑结构进行检测鉴定，对消防设施、电气管线进行评估，对安全性能不足的结构进行加固补强，对消防设施、电气管线及设备以及安防设施等进行维修或更新。

2.2　安全诊断与评估

2.2.1　结构安全评估

1. 总体要求

1）需要评估鉴定的情况

根据国家标准《民用建筑可靠性鉴定标准》GB 50292—2015 相关规定，建筑物大修前，建筑改造或增容、改建或扩建前，建筑物改变用途活荷载增大或抗震设防类别提高的，达到设计使用年限拟继续使用前，原设计未考虑抗震设防或抗震设防要求提高的，拟进行结构改造影响结构安全和抗震性能的，存在较严重的质量缺陷或出现较严重的腐蚀、损伤、变形的，因事故导致结构整体损伤或房屋建筑灾害损伤修复前，应进行结构安全性鉴定。

2）鉴定工作程序

安全性鉴定的主要工作程序包括：受理委托→核查房屋建设资料，现场查勘→制订安全性鉴定方案→现场调查与检测→对构件进行试验，对检测数据进行计算分析，并对结构安全性与抗震承载力进行分析，必要时进行补充调查与检测→对结构安全性与抗震能力评级和综合性安全性鉴定→出具报告。

3）基本工作内容

（1）初步调查包括查阅图纸资料、查询建筑历史、考察现场、填写初步调查表，制订详细调查计划及检测大纲。

（2）详细调查宜根据实际需要选择下列工作：结构基本情况勘查、结构使用条件调查核实、地基基础的调查与检测、材料性能检测分析、承重结构检查、围护系统安全状况和使用功能调查、易受结构位移、变形影响的管道系统调查等。

（3）按房屋建筑初步检测划分的类别进行综合安全性的检测鉴定，并根据检测结果判断是否需要按相关要求进行补充抽样或进行结构安全和抗震承载力的验算。安全性鉴定中，应检查作用在鉴定对象上的实际荷载超过原设计或现行设计规范所规定的荷载标准值的情况，出现超载，应进行按实际荷载作用下的结构安全性验算。

4）结构安全性鉴定评级

结构安全性的鉴定评级，分为构件（含节点、连接）、子单元、整体鉴定单元三个层次评定。每一层次分为四个安全性等级，按构件、子单元、鉴定单元逐层进行。根据构件检查项目评定结构，确定单个构件的安全性等级；根据子单元各检查项目及典型楼层各构件集的评定结果，确定子单元的安全性等级；根据各子单元的评定结果，确定鉴定单元安全性等级。

建筑结构抗震性能鉴定应符合现行国家标准《建筑抗震鉴定标准》GB 50023 的规定。

2. 砌体结构安全性鉴定

1）多层砌体房屋结构综合安全性鉴定的检查与检测，应重点检查房屋的高度和层数、抗震墙的厚度和间距、墙体砌筑砂浆实际强度和砌筑质量、墙体交接处的连接以及女儿墙和出屋面烟囱等易引起倒塌伤人的部位；还应检查墙体布置的规则性，检查楼（屋）盖处的圈梁，检查楼（屋）盖与墙体的连接构造、构造柱的设置部位以及楼梯间的布置与构造，检查房屋建筑变形与损伤以及结构主体的改造变动情况。

2）砌体结构构件承载力计算包括墙体受压、墙体局部受压、墙体抗震和承重梁、楼（屋）盖的计算；当过梁构件出现缺陷与损伤时，也应计算其承载力。承载力计算应计入变形、缺陷、损伤或修补措施的影响。

3）在砌体房屋结构综合安全性鉴定中，砌体结构构件的安全性鉴定可依据砌体墙、承重梁和楼（屋）盖的承载力验算结果和变形与损伤项目进行构件安全性评级。

4）对于多层砌体房屋应结合实际结构体系、结构布置与有效设计图纸资料符合程度以及结构变动情况进行检查。

5）砌体结构构件的安全性鉴定，应按承载能力、构造和连接，变形与损伤三个项目评定，并取其中较低一级作为该构件的安全性等级。

6）砌体房屋的抗震鉴定，应按房屋高度和层数、结构体系的合理性、墙体材料的实际强度、结构与构件变形与损伤、房屋整体性连接构造的可靠性、局部易倒塌部位构件自身及其主体结构连接构造的可靠性以及墙体抗震承载力的综合分析，对鉴定单元的抗震性能进行鉴定。

砌体结构检查、检测、安全性鉴定和抗震鉴定的具体要求应符合现行国家标准《建筑结构检测技术标准》GB/T 50344、《民用建筑可靠性鉴定标准》GB 50292、《建筑抗震鉴定标准》GB 50023 的相关规定。

3. 混凝土结构安全性鉴定

1）混凝土结构综合安全性鉴定重点检查结构体系的合理性，包括检查不同结构体系之间的连接构造；结构配筋，材料强度，各构件间的连接，结构构件布置的平面、竖向的规则性，短柱分布，使用荷载的大小和分布等；局部易引起倒塌伤人的构件、部件以及楼梯间的非结构构件的连接构造。

2）混凝土结构构件截面的承载力应按现行国家标准《混凝土结构设计规范》GB 50010、《建筑抗震鉴定标准》GB 50023 的规定计算；构件截面尺寸、混凝土保护层厚度与设计值偏差较大时应取实测值；实测混凝土材料强度高于原设计强度等级时，对构造措施符合原设计要求的构件，混凝土强度可取实测值，否则宜取原设计值；实测混凝土材料强度低于原设计值或无设计图纸时应取实测值；实测钢筋力学性能符合原图纸设计要求或建筑建造时执行的设计规范时，钢筋强度设计值可根据钢筋种类按有关规范确定。

3）建筑结构安全性和抗震鉴定中的构件承载力验算，计入构件变形、缺陷、损伤或修复对承载力的影响。

4）混凝土结构构件的安全性鉴定可仅对楼板的承载力验算结果和变形与损伤项目进行构件安全性评级，框架柱、梁、抗震墙和连梁等构件承载力应按抗震承载力构件进行评级。

5）混凝土结构构件的安全性鉴定应按承载能力、构造、不适于承载的位移或变形、裂缝或其他损伤等四个检查项目，分别评定每一受检构件的等级，并取其中最低一级作为该构件安全性等级。

6）混凝土结构房屋的抗震鉴定，应按结构体系的合理性、结构材料的实际强度、结构构件的钢筋配置和构件连接的可靠性、填充墙与主体结构的拉结构造的可靠性、结构与构件变形与损伤以及构件集抗震承载力的综合分析，对鉴定单元的抗震能力进行鉴定。

混凝土结构检查、检测、安全性鉴定和抗震鉴定的具体要求应符合现行国家标准《建筑结构检测技术标准》GB/T 50344、《民用建筑可靠性鉴定标准》GB 50292、《建筑抗震鉴定标准》GB 50023 的相关规定。

2.2.2 消防安全评估

对存在消防安全隐患的既有居住建筑进行消防改造，首先应该摸清楚既有居住建筑存在的消防安全问题和目前的消防安全状态，建筑火灾风险评估是完成上述工作的有效手段，通过评估，辨识火灾风险和消防安全水平，并根据评估结果制订合理的改造措施[3]。

1. 评估程序和方法

1）前期准备

收集评估所需的各种资料，主要包括建筑功能、可燃物分布、周边环境、消防设备及运行管理制度，火灾事故应急救援预案、消防器材检验报告等。对既有居住建筑安全出口、消防车通道、疏散走道的通畅状况进行检查；对火灾自动报警系统、灭火系统和其他联动控制设备处于正常工作状态评估。

2）消防安全隐患识别

采用科学合理的评估方法，进行消防隐患识别和危险性分析。

3）定性定量评估

定性评估方法包括安全检查表法、预先危险分析法、层次分析法；半定量评估方法包括 NFPA101M 火灾安全评估系统、SIA81 法、试验模拟法、火灾风险指数法、古斯塔夫法等；定量评估方法包括建筑火灾安全工程法、消防评估 Crisp Ⅱ模型；火灾风险评估方法 FIRECAM、事件树方法、数值模拟分析法等。

4）消防管理现状评估

主要包括检查消防管理制度、火灾应急预案、消防演练计划及落实情况等。

5）确定对策、措施和建议

根据火灾风险评估结果，提出对应的措施和改造建议，并按照风险程度的高低进行改造内容的排序，列出存在的消防隐患及改造迫切程度，针对消防隐患提出改进措施及建议。

6）确定评估结论

给出火灾风险状态水平。

7）完成评估报告

提出消防隐患整改方案和实施计划，完成评估报告。

2. 危险源识别

消防安全评估的一个重要环节是危险源识别，对于既有居住建筑来说，许多建筑功能老化，许多装修材料是可燃、易燃材料，楼道、楼梯等堆积杂物，可燃物分布复杂。单元式防盗门、窗户防护栏阻碍消防人员灭火，延误灭火时间。消防设施老化、配备不足，公众防火意识薄弱，消防安全管理困难等都是导致火灾的因素。

3. 防火系统性能检查

建筑防火性能的体现是以工程质量为前提，若消防某一系统达不到设计或施工规范要求，则无法发挥其性能，因此应对防火系统性能进行检查和评估。内容包括图纸资料审查、系统施工安装情况检查等。图纸资料审查主要是对设计图纸、设计变更和竣工图纸、消防设备和性能指标，消防用电设备的运转记录等进行审查。系统施工安装检查，以消火栓系统为例，主要检查消防水泵、水泵结合器、消防水池取水口、消火栓箱及闸阀等主要设备是否与图纸相符，有无外观损坏及明显缺陷。

4. 现场核查内容

1）建筑方面

（1）核查建筑高度、建筑面积、使用功能是否发生变化，若有变化应按照现行建筑防火规范进行核对并分类。

（2）消防改造工程与相邻既有建筑之间的防火间距不满足现行消防技术标准要求时，建筑相邻外墙的耐火极限之和不应低于3h。当建筑外墙上需开设门、窗洞口时，应设置不可开启或火灾时能自动关闭的甲级防火门、窗。

2）安全疏散方面

除老年人照料设施外，当每层仅有一个安全出口或疏散楼梯且难以改造时，可维持既有建筑安全出口和疏散楼梯数量，但应满足以下要求：

（1）建筑耐火等级应为一级或二级；

（2）建筑层数不大于3层，每层最大建筑面积不大于500m²；

（3）第二层和第三层使用人数之和不超过50人；

（4）直通疏散走道的房间门至最近安全出口的直线距离或房间直通安全出口的直线距离不大于22m；

（5）疏散楼梯应采用封闭楼梯间或室外疏散楼梯；

（6）走道等公共区域或每个有人员活动的房间应设置不小于0.8m×0.8m的可开启外窗或设置室外阳台。

3）消防车道方面

老旧居民区消防车道内各项设施相关参数必须满足下列需求[4]，如不满足，应进行改造使其满足。

（1）消防车道的净宽度和净高度均不应小于4m；

（2）转弯半径应满足消防车转弯的要求；

（3）消防车道与建筑之间不应有妨碍消防车操作的树木、架空管线等障碍物；

（4）居住小区内消防车道至少应有2个出入口，至少应有2个方向与外围市政道路相连。建筑物沿街部分长度超过150m或总长度超过220m时，均应设置穿过建筑物的消防车通道；

（5）居住区内消防车道与城市道路相接时，其交角不宜小于75°，居住区内尽端式道路长度不宜大于120m；

4）消防设施方面[5]

部分老旧居住建筑存在消防设施陈旧、破损或缺失的现象，应根据防火规范要求进行维修、更换，具体要求如下：

（1）消火栓系统

体积大于5000m³、不超过10000m³的多层民用建筑，当局部改为旅馆、老年人照料设施等功能时，应增设室内消火栓系统。当非改造区域因继续使用等原因暂时无法增设时，允许仅在改造区域内增设，但应为其他区域后续增设室内消火栓系统预留条件。

建筑高度大于21m的住宅建筑或场所应设置室内消火栓系统。建筑高度不大于27m的住宅建筑，设置室内消火栓系统确有困难时，可只设置干式消防竖管和不带消火栓箱的

DN65 的室内消火栓。

（2）灭火系统

① 高层住宅建筑的公共部位应设置灭火器，其他住宅建筑的公共部位宜设置灭火器。高层建筑的火灾危险性较高、扑救难度大，设置自动灭火系统可提高其自防、自救能力，建筑高度大于 100m 的住宅建筑应设置自动灭火系统，且需要在住宅建筑的公共部位、套内各房间设置自动喷水灭火系统。

② 保留使用的消防水池，其有效储水容积可不按现行消防技术标准核算，原有效储水容积不变。

③ 高水位箱的位置当受土建条件限制无法高于所服务的水灭火设施时，应设置气压水罐及稳压泵等设施，保证水灭火设施最不利点处静水压力满足现行消防技术标准。

④ 消防给水系统改造中，当消防用水量、水压均不增加时，原消防水泵可保留使用，增加时应对原消防水泵流量、扬程进行校核，不满足要求的消防水泵应予以更换。

⑤ 消防给水系统宜按现行消防技术标准设置压力开关、流量开关等消防水泵启泵控制装置，未设置上述启泵控制装置的系统，原消火栓箱内的消防水泵按钮应保留，作为启泵信号。

（3）防烟和排烟设施

依据现行国家标准《建筑防烟排烟系统技术标准》GB 51251，封闭楼梯间或防烟楼梯间顶部应设置不小于 $1m^2$ 的固定窗、可开启外窗或开口的改造工程。

设置自然排烟设施的场所，自然排烟口有效面积应符合现行国家标准《建筑防烟排烟系统技术标准》GB 51251 的规定，不符合时应增设机械排烟设施。当确有困难时，可维持自然排烟口现状，但应满足以下要求：

① 自然排烟口面积不小于该场所面积的 2%，或根据该场所火灾规模和安全疏散所需最小清晰高度经计算确定；

② 作为自然排烟口的可开启外窗，其开窗角度应大于 $30°$。

（4）火灾自动报警系统

建筑高度大于 100m 的住宅建筑，应设置火灾自动报警系统。建筑高度大于 54m 但不大于 100m 的住宅建筑，其公共部位应设置火灾自动报警系统。高层住宅建筑的公共部位应设置具有语音功能的火灾声警报装置或应急广播。

（5）消防标识

建筑高度大于或等于 27m 的住宅建筑应设置疏散照明，建筑高度大于 54m 的住宅建筑应设置灯光疏散指示标志。

2.2.3 燃气、电气设备安全评估

电线、用电器具因短路、超负荷、接触不良等原因造成的家庭火灾高居榜首，因厨房炊事用火、照明、取暖等不慎造成火灾，都是导致住宅火灾的主要因素。

1. 评估内容

既有居住建筑燃气、电气设备安全评估主要是指对既有居住建筑燃气管道的老化程度、渗漏情况进行评估，对电线的老化程度进行评估，对常用设备电气装置、照明系统、防雷接地系统进行安全评估。

2. 评估方法

1）燃气主管道是否有漏气、锈蚀，管道支撑是否稳固、有无搭挂重物，有无违规暗埋、暗封。

2）燃气阀门有无锈蚀、漏气，阀门部件是否齐全，启闭是否灵活等。

3）燃气连接软管材质是否符合国家标准，有无漏气、是否超过使用年限，安装是否稳固、有无适当喉箍固定，有无老化、龟裂，有无违规暗埋及穿墙、门窗等。

4）电气开关、熔断器、断路器、剩余电流动作保护器额定电流小于线路计算负荷电流；开关、断路器、剩余电流动作保护器不能正常通断电路等应进行拆换。

5）导线是否裸露或绝缘层龟裂，以及敷设是否存在安全隐患。

6）对防雷接地系统的接地检查，当接闪器锈蚀深度或长度大于表 2.2-1 中规定时，应进行更换。

接闪器锈蚀深度及长度限值（mm）　　　　表 2.2-1

用途	规格	腐蚀程度 材料	锈蚀深度			锈蚀长度
			镀锌扁钢	圆钢	镀锌钢管	
接闪线（带）	25×4		2.5	—	—	300
	ϕ8		—	1	—	200
接闪杆	20		—	—	2	50
	25		—	—	2	50
	32		—	—	2	50

7）避雷接地电阻应满足现行国家标准《建筑物防雷设计规范》GB 50057 的规定，当不能满足时，应增加接地极数量。

2.2.4　安防评估

既有居住建筑安防评估的内容是指对关系人民生命财产安全的软硬件设施进行评估，包括对社区周界防范与报警系统、社区电子巡更、视频监控系统、门禁及对讲系统设置及其运用情况进行评估。

2.3　结构加固技术

2.3.1　概况

结构安全性是指结构在预定条件下和预定使用时间内完成规定功能的能力。影响既有居住建筑结构安全的因素很复杂，主要表现在：

1. 基础裂损或地基不均匀沉降

既有居住建筑由于冻胀或其他原因引起的基础裂损，或者是基础因受地基不均匀沉降的影响需要加固纠倾等[6]。

2. 结构承载能力退化

因建筑使用年限长，结构材料受到各种侵蚀，逐渐降低和丧失原有性能，使结构不能达到应有的安全标准。如混凝土徐变、老化、开裂以及钢筋腐蚀等都会导致建筑物的承载能力和安全性降低。建筑物老化会导致墙皮掉灰脱落，钢筋外露锈蚀，严重者还会导致建筑物构件因承载力不足而倒塌[7]。

3. 未考虑抗震设防或抗震设防水准较低

部分老旧建筑由于建造年代较早，建设时没有抗震规范或者是抗震设防要求较低，不能满足现行条件下对抗震设防的要求。

4. 既有建筑物使用功能改变

因使用功能改变，如既有建筑屋顶或室内加层，拆除室内原有结构构件、新增机电设备、楼梯电梯平面位置发生变化等，均需要对相关结构构件补强加固[8]。

5. 阳台后期封闭改变受力状态

老旧居住建筑中，部分住宅设计时未考虑阳台封闭，后期业主自主封闭阳台，改变了阳台的受力状态，存在安全隐患。

6. 女儿墙开裂

女儿墙开裂通常是由于屋面板和顶层圈梁在外界温度影响下，产生两者不协调的热胀变形而引起，女儿墙开裂也会带来安全隐患。

2.3.2 常用加固技术简介

既有居住建筑以砌体结构和混凝土结构房屋为主。

砌体结构加固技术主要包括钢筋混凝土面层加固法、钢筋网水泥砂浆面层加固法（图2.3-1）、外包型钢加固法、外加预应力撑杆加固法（图2.3-2）、粘贴纤维复合材加固法（图2.3-3）、钢丝绳网-聚合物改性水泥砂浆面层加固法、增设扶壁柱加固法、砌体结构构造性加固法（增设圈梁加固、增设构造柱加固、增设梁垫加固、砌体局部拆砌）和砌体裂缝修补法（填缝法、压浆法、外加网片法、置换法），具体加固要求参见《砌体结构加固设计规范》GB 50702、《建筑抗震加固技术规程》JGJ 116等。

混凝土结构加固技术主要包括增大截面加固法、置换混凝土加固法、体外预应力加固法、外包型钢加固法、粘贴钢板加固法、粘贴纤维复合

图 2.3-1 钢筋网水泥砂浆面层加固法

材加固法、预应力碳纤维复合板加固法、增设支点加固法、预张紧钢丝绳网片-聚合物砂浆面层加固法、绕丝加固法、植筋技术、锚栓技术和裂缝修补技术，具体加固要求参见《混凝土结构加固设计规范》GB 50367、《建筑抗震加固技术规程》JGJ 116 等。

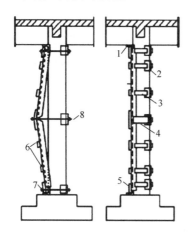

图 2.3-2　预应力撑杆加固方法

1—承压板（承压角钢）；2—短角钢；

3—连接板；4—加宽连接板；5—抵承板

（传力顶板）；6—缀板；7—安装螺栓；

8—拉紧螺栓

图 2.3-3　碳纤维加固

既有居住建筑改造时，通常居民不搬出，建筑周围可利用的施工场地小，被改造的建筑周围一般很难有较大的材料堆放场地和施工作业面，同时加固改造施工会对建筑物和周边地区居民的生活、工作和社会活动带来干扰和不便。因此，尽量选用对居民生活干扰小、施工周期短的改造技术。在常规的结构加固技术中，推荐采用钢筋网水泥砂浆面层加固法、外加预应力撑杆加固法、粘贴纤维复合材加固法、钢丝绳网-聚合物改性水泥砂浆面层加固法、增设扶壁柱加固法和外箍圈梁、裂缝修补技术等进行加固。

2.3.3　减震隔震技术简介

1. 隔震技术

建筑隔震技术，是在建筑上部结构与基础（或下部）结构之间，设置由隔震支座和阻尼器组成的隔震层，把建筑物上部结构与地基基础分离开，用以改变结构体系振动特性，延长结构自振周期，增大结构阻尼，通过隔震层的水平大变形消耗掉大部分地震能量，减少地震能量向上部结构输入，从而有效降低地震作用所引起的上部结构地震反应，减小层间剪力及相应的剪切变形，达到预期的防震要求。

在水平荷载如风载、地震荷载作用时，若小震，隔震层有足够的刚度，几乎不产生变形及位移，但在强震时，隔震系统发生足够的水平位移，导致上部结构平动，吸收了大量的地震能量，传给上部结构的地震能量就减少了很多，从而降低了地震反应。由于隔震层把基础与上部结构分开，阻隔了地震力的传递，同时柔性的隔震层延长了结构的周期，避开了与场地的卓越周期接近而发生共振。由于隔震层有一定的阻尼作用，使结构的振动加速度反应值大大减少，上部结构地震加速度衰减为无隔震结构的 $1/4 \sim 1/12$，并且上部结构自身的水平刚度远大于隔震层的刚度，所以上部结构层间位移很小，从传统结构的放大晃动型变为隔震结构的整体平动型，这样就确保了结构、设备及生命财产在地震中的安全和建筑正常使用。

传统抗震建筑底部与基础连接在一起，地震时上部结构剧烈晃动，而且越到顶部晃动幅度越大，从而导致结构产生过大的层间变形，引起结构的破坏。为提高传统抗震结构的抗震能力往往要增加结构的强度、刚度和延性，换言之必须增大构件的截面和配筋，使结构具有足够的能力去"抗"地震作用；隔震建筑则是削弱建筑底部与基础的连接作用，当隔震建筑遭受地震时，结构的变形主要集中在隔震层，而上部结构则保持缓慢平动，这样上部结构楼层剪力和层间变形就会显著减小，从而保障了上部结构的安全性。传统建筑与隔震建筑地震特性对比见图 2.3-4。

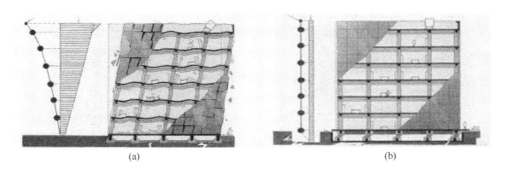

(a)　　　　　　　　　　　　(b)

图 2.3-4　传统建筑与隔震建筑地震特性对比
(a) 传统建筑；(b) 隔震建筑

2. 消能减震技术

消能减震技术主要是指在建筑物结构上设置阻尼器，通过阻尼器的相对变形和相对速度提供附加阻尼和刚度，以消耗、分担输入结构的地震能量，减少地震对建筑上部结构的冲击，防止建筑物破坏。消能减震技术中比较常用的阻尼器主要有：黏滞液体阻尼器、黏弹性阻尼器、摩擦阻尼器、金属屈服阻尼器等。消能减震技术施工中湿作业少，对建筑的正常使用影响小，实现了抗震水平提高和使用功能改善的双重目标。

2.3.4　加固新技术

1. 新型旋转钻进预制复合钢桩技术

对于既有居住建筑加固项目，由于施工场地窄小、障碍物较多、桩基施工的特殊性、在城区施工对噪声控制等绿色环保要求，并减小现场湿作业，可采用新型旋转钻进复合钢桩，该桩型由钢桩与注浆体组成，钢桩为焊有叶片的钢质预制桩，采用专用机械旋转钻进方式成桩，之后进行桩端、桩侧后注浆，从而形成一种钢桩与注浆体组成的复合型桩基。

该桩型承载力相对较大，注浆后，钢桩极限承载力增幅很大，约为注浆前极限承载力的 3～5 倍，具有成桩角度多样化、施工机械小型化、方便快捷、工期短、绿色环保等优点。

技术要点：

1）施工试验桩。进场后先进行场地适应性试桩，以确定施工参数及施工顺序，正常情况下可逐排连续施工并根据现场条件确定施工桩位走向，以保证施工完成桩不被设备碾压。

2）钢桩施工。施工前要确定地下无障碍物，确定桩位，桩位清底。桩机就位保持平稳，不发生倾斜移位，为准确控制钢桩钻进深度，应在施工场地外侧引出高程标准点，以便在施工中进行观测、记录。钢桩倾斜度以操作台上水平尺和主塔铅坠及指针控制。桩头以上钢桩的拆除。由于桩顶标高低于地面，为了使桩机不出现安全隐患在钢桩钻进过程中，一般要在桩头上方再接 1～2 节钢桩，因此，在桩头钻进到设计标高后，必须将桩头上方钢桩拆除。

3）注浆。为确保注浆密实，注浆前在桩周围 1～1.5m 范围内浇筑厚度大于 0.1m 的混凝土，待 72h 后混凝土有一定强度即可开始注浆。

2. 高延性混凝土面层加固技术

高延性混凝土面层加固砌体结构，是利用高延性混凝土的高韧性、高抗裂性及耐损伤能力，达到提高结构的整体性、承载力和变形能力的一种加固方法。该方法是在砌体墙两侧或一侧增设高延性混凝土配筋面层，形成砌体高延性混凝土组合墙体。其优点是墙体在平面内及平面外的抗弯强度、抗剪强度及性能均得到较大提高，墙体的抗裂性能、耐损伤能力及房屋整体性有较大幅度的提高。该方法适用于各类砌体结构房屋的加固。

高延性混凝土加固技术施工工艺简单（图 2.3-5），工序少，施工周期为传统加固方法的三分之一左右；采用高延性混凝土加固时一般不需要穿墙、穿楼板钢筋，加固时很少破坏已有的楼面及地面；高延性混凝土加固面层厚度薄，不会侵占原来房间的使用面积，一般不会因为上部结构的加固导致基础荷载增加而影响基础安全；综合造价低；节省综合成本 10%～30%。

图 2.3-5　高延性混凝土加固砌体结构示意

技术要点：

1）铲除原墙抹灰层，将灰缝剔除至深 5～10mm，用钢丝刷刷净残灰，吹净表面灰粉，洒水湿润、刷水泥素浆一道。

2）对于蒸压灰砂普通砖、蒸压粉煤灰普通砖砌筑的砖墙，应采用高延性混凝土嵌缝或高延性混凝土抗剪键，且应在墙面水泥素浆或胶质界面剂一道来提高加固层与原墙体的协同工作能力。

3）墙体存在裂缝时，应先对裂缝进行压力灌浆处理，原墙面泛碱严重或有局部松散时，应先清除松散部分，已松动的勾缝砂浆应剔除。

4）高延性混凝面层可采用喷射法或手工分层压抹方式进行施工。喷射施工时，喷头与受喷面应垂直，喷面应平整，待高延性混凝土收水时，应立即进行抹平压光、并注意养护。若采用手工压抹时，应分层抹，每层厚度不应大于 15mm。

5）高延性混凝土面层在转角处应续施工，不得在转角处留施工冷缝。

6）施工环境在 20℃ 以上的情况下，高延性混凝土面层在压抹收光后的 12h 内即开始喷水养护，至少 7d 以上实行湿润养护，在此期间应防止加固部位受到冲击，当施工环境低于 20℃ 时，应适当推迟喷水养护时间，冬季施工应有可靠的保温措施。

3. 封闭阳台支撑加固技术

将钢架固定在原框架梁上，保证上部阳台稳定性的同时也不影响其下方空间的正常使用。上部阳台用角钢进行支撑，角钢固定在每一层的圈梁处（图 2.3-6），再对阳台进行吊顶处理。处理时控制角钢的纵向尺寸，以确保阳台的使用高度。对于底层阳台，也可以采取在底层安装三角钢架（图 2.3-7）的方式进行加固。

 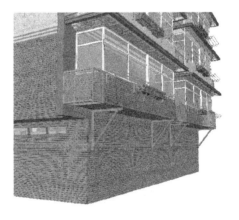

图 2.3-6　阳台角钢加固法　　　　图 2.3-7　底层阳台三角钢架加固法

2.3.5　应用案例

1. 某住宅加固[10]

1）项目概况

苏州市工业园区某住宅，混凝土结构，地上 4 层。施工至阁楼层时业主要求将原阁楼层楼面的房间改为露台，原露台改为房间，需凿除反梁 L9（2），并新增梁 L1。由于当时楼面混凝土已浇筑完毕，采用粘贴碳纤维布的方法进行加固改造。阁楼层平面示意见图 2.3-8。

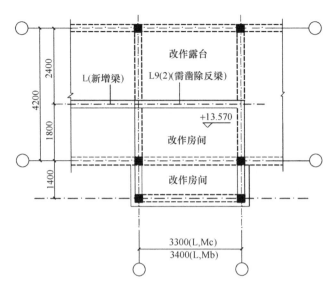

图 2.3-8 阁楼层改造平面示意图

2）改造技术

根据对上述改造部分的复核，在板底位置双向粘贴碳纤维布（图 2.3-9），纵向：0.111×4060×100 @ 200×16（碳纤维布厚度×长×宽，净距 200，共 16 道）；横向：0.111×3160×1000 @300×14（碳纤维布厚度×长×宽，净距 300，共 14 道），同时两边翻下 50。

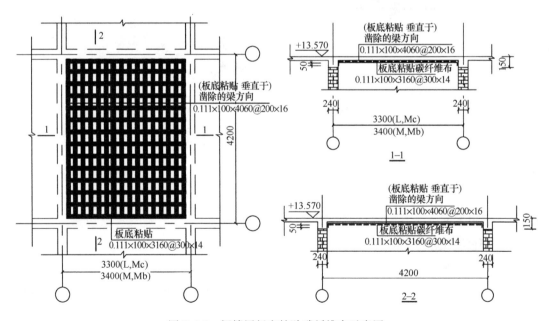

图 2.3-9 阁楼层板底粘贴碳纤维布示意图

2. 四川某宿舍楼抗震加固[11]

1）项目概况

四川某职业学校学生宿舍楼，砖混结构，地上 6 层，层高 3.3m，房屋总高 20.25m，总建筑面积 8149m²，底层结构平面见图 2.3-10，预制板楼（屋）盖、宿舍阳台、卫生间及公用卫生间为现浇板，钢筋混凝土筏板基础。原设计抗震设防类别丙类，抗震设防烈度 6 度（第一组 0.05g）。汶川地震中，该房屋仅有个别墙体出现斜向、竖向裂缝，宿舍门洞顶部墙体出现轻微交叉裂缝，房屋安全性及震害鉴定报告结论为："轻微损坏"。

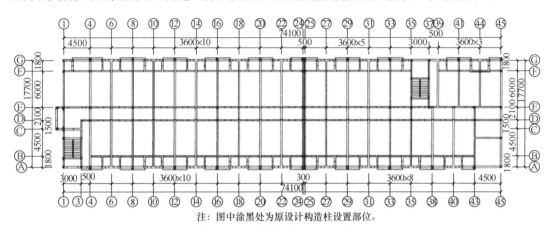

注：图中涂黑处为原设计构造柱设置部位。

图 2.3-10　底层结构平面示意图

2）改造技术

（1）新增构造柱

对于原设计图纸宿舍内墙与外墙交接处未设置构造柱的部位新增扶壁构造柱，按《砖混结构加固与修复》03SG 图集的要求，每层在未设构造柱的内外墙交接处设置 4 道混凝土键，每道混凝土键中设置 Φ12 拉结钢筋，加固构造见图 2.3-11。对于楼梯段上下端对

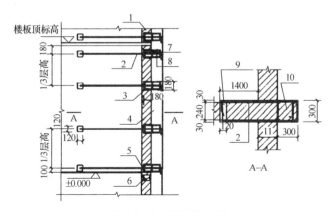

图 2.3-11　新增构造柱

1—外纵墙；2—Φ12 拉结钢筋；3—C25 混凝土键；4—新增构造柱；5—D25 孔，1：3 水泥砂浆填实；
6—地圈梁；7—3Φ6；8—4Φ8；9—C25 细石混凝土填实；10—新增构造柱，
C25 混凝土 4Φ14，Φ6@100/200；11—墙厚

应的墙体处新增钢筋混凝土组合柱，加固构造见图2.3-12。

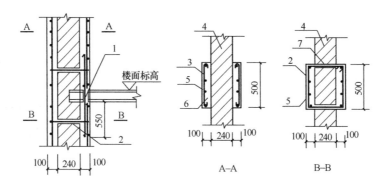

图 2.3-12 楼梯段上下端对应的墙体处新增钢筋混凝土组合柱

1—4φ12穿板连接筋，砂浆填实；2—Φ10拉结箍筋；3—Φ6@200；

4—楼梯间横墙；5—8φ12；6—C25混凝土；7—D25孔

（2）圈梁加固

原设计图纸每层预制板底纵横墙上均设置圈梁，只是圈梁最小纵筋不满足《建筑抗震设计规范》GB 50011—2010 中 4Φ12 的要求，加固设计中采用在圈梁两侧设置 6Φ10 钢筋，箍筋穿通圈梁和墙体，水泥砂浆面层加固，加固构造如图 2.3-13。

（3）加固效果

对该学生宿舍楼按抗震设防烈度度进行抗震承载力和抗震加固验算，加固后所有墙体抗力与效应之比均大于1.1。

3．北京某宿舍隔震加固[12]

1）项目概况

北京某中学宿舍楼建于 1985 年，砖混结构，地上 6 层，建筑面积 2564.4m²，标准层平面布置如图 2.3-14所示。该建筑基础为条形基础，地基承载力160kN/m²。

2）改造技术

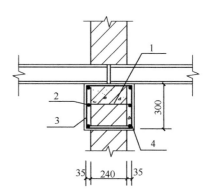

图 2.3-13 圈梁加固

1—原圈梁；2—6Φ10；3—Φ6@200焊接箍筋；

4—M10 水泥砂浆

叠层橡胶垫隔震支座设置在砌体房屋上部结构与基础之间受力较大的位置，如纵横向承重墙交接处等；其规格数量和分布，根据竖向承载力侧向刚度和阻尼的要求通过计算确定；支座面压应力最大不超过 12MPa，且不宜出现拉应力；支座的最大水平变形不宜超过支座橡胶总厚度的 2.5 倍或支座直径的 50%。隔震层的刚度中心与上部结构的质量中心宜相互重合，以减小扭转效应；在罕遇地震下隔震层应保持稳定。隔震层布置了带铅芯和不带铅芯两种橡胶隔震垫。隔震支座布置见图 2.3-15。隔震加固施工见图 2.3-16。

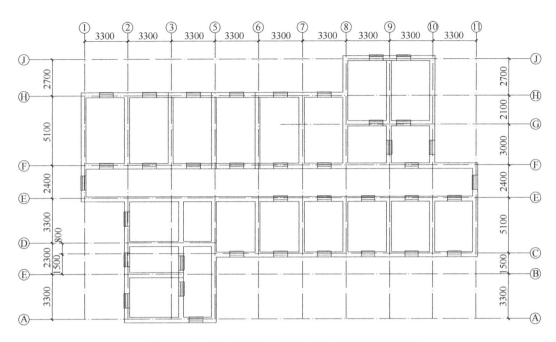

图 2.3-14 北京市西藏中学男生宿舍楼标准层平面图

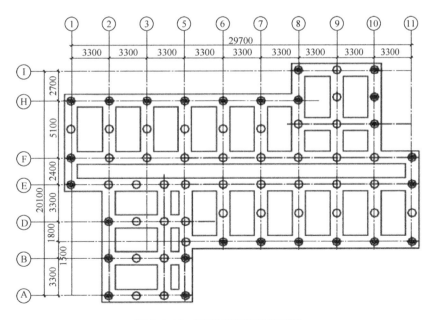

图 2.3-15 隔震支座平面布置图

采用隔震技术减小了砖混结构在地震作用下的楼层剪力，使得原结构的抗震设防烈度可降低一度。对于抗震设防区，通过降低上部结构的抗震设防烈度来降低其抗震标准，从而使其满足抗震要求。

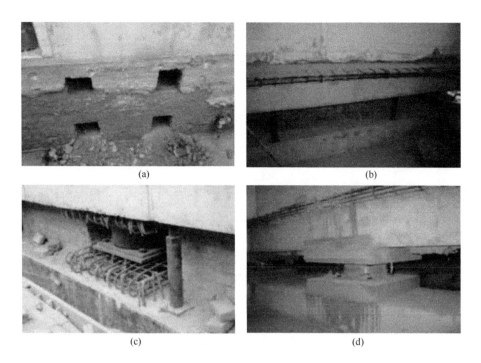

图 2.3-16　现场主要施工顺序

（a）墙体开洞；（b）托梁及抬梁施工；（c）支座安装就位；（d）支座上下支墩安装

2.4　消防系统改造技术

2.4.1　概况

由于经济、技术和标准等原因，部分既有居住建筑不同程度地存在着火灾安全隐患（图 2.4-1）。主要表现在：一是建筑消防设施配置不足。老旧小区住宅一般只设有消火栓，普遍没有消防安全疏散标识，很多没有配置应急照明、应急广播、火灾探测器、自动喷淋灭火系统等。有的老旧建筑内部消防设备设施缺乏维护和管理，电线、管线等老化严重[13]，有的甚至不能使用，火灾隐患大[14]。二是老旧小区内部消防车道不畅。老旧小区按原防火规范设有消防车道，但由于老旧小区部分存在违章搭建，特别是近年来机动车数量激增与停车位配置不足的矛盾日益突出，小区道路的一侧甚至两侧停靠机动车的问题较为普遍，致使消防车道被挤占。

2.4.2　优化消防通道与消防场地

社区消防道路和场地是开展消防、救护、工程抢险的必要条件。消防车道与消防登高操作场地的设计与建设对于火灾时消防人员救灾效率有着重要影响。老旧住宅区有的消防车道被机动车挤占，当发生火灾时，严重影响消防车辆的通行救援。

改造措施：结合既有社区道路和空间场所现状情况，优化社区消防车道与消防登高操作场地，保证社区消防登高操作场地的开阔性，尽量减少高差错落。根据实际情况增加对

图 2.4-1　老旧住宅消防设施典型问题

（a）防烟楼梯间无疏散照明；（b）消防前室内无消防照明；

（c）合用前室无疏散指示标志；（d）消防前室内无应急广播

外连接入口，对外联接最少两个出入口。清除路边障碍，保证社区消防路径通畅，尽量不设置尽端路，保证消防车的回车半径。

2.4.3　火灾报警系统改造

随着生活水平的提高，各种家用电器已经普及，增加的用电负荷带来了火灾隐患，主要包括电缆电线老化，电气设备、用电器具以及照明器具线路接触不良、超负荷运作等因素导致的火灾比例不断攀升。根据现行国家标准《建筑设计防火规范》GB 50016 的要求，在建筑高度不大于 54m 的高层住宅建筑的公共部位设置火灾报警系统。在老年人照料设施中的老年人居室、公共活动用房等老年人用房中设置相应的火灾报警和警报装置，当老年人照料设施单体的总建筑面积小于 $500m^2$ 时，也可以采用独立式烟感火灾探测报警器。独立式烟感探测器适用于受条件限制难以按标准设置火灾自动报警系统的场所。

当整体改造且设有火灾自动报警系统时，应设置防火门监控系统、消防电源监控系统和应急照明、疏散指示系统。局部改造时，改造区域内的新增及改造的电气消防设备应符合现行设计标准要求；消防电源及其配电系统、火灾自动报警系统、防火门监控系统、消防电源监控系统可维持原设计方案。

改造措施：在配电箱附近专门安装探测控制器的防火监控箱。改造工时尽量不触动原来配电箱（柜）的内部导线和器件。对于在建筑底层集中配电的系统，可将多个壁装式漏电流探测控制器集中安装，整齐美观，并方便总线接入。多功能漏电开关型的产品需要将电源先引入漏电报警开关装置后再接入配电箱。

2.4.4 室内消火栓改造

对于 27m 以下的住宅建筑，主要通过加强被动防火措施和依靠外部扑救来防止火势扩大、进行灭火；对于旅馆建筑应设置室内消火栓。我国老旧小区住宅对于消火栓管理和维护不到位，致使其被遮蔽阻挡、无故锁死或者有故障不能正常使用（图 2.4-2）。

图 2.4-2 消火栓破损老化示例

改造措施：对室内消火栓头进行检查、试验，不能满足要求的进行维修或更换；对消火栓箱进行外观检查，不能满足要求的进行更换、重新标识；对消火栓水枪、水带进行检查测试，不能满足要求的进行更换、补齐；对灭火器按照规范要求进行对比、检查、配置。

2.4.5 应急广播及照明系统改造

部分老旧小区的高层住宅没有设置应急广播、消防应急照明和疏散指示系统，或者由于缺乏维护管理导致不能正常使用。

改造措施：《建筑防火设计规范》GB 50016 要求，除建筑高度小于 27m 的住宅建筑外，民用建筑的封闭楼梯间、防烟楼梯间及其前室、消防电梯间的前室或合用前室、避难走道、避难层（间）应设置疏散照明。高层住宅建筑的公共部位应设置具有语音功能的火灾声警报装置或应急广播，老年人照料设施中的老年人用房及其公共走道，均应设置火灾探测器和声警报装置或应急广播。根据规范要求对老旧住宅的应急广播和应急照明的设置情况进行系统排查、检修以及定期维护，对于没有按要求设置的应予以增设。

2.4.6　应用案例

上海市某公寓消防设施改造[15]：

1）项目概况

上海某公寓建造于 1996 年，总高 76m，该楼现配有双栓室内消火栓箱 51 套，地上式 DN150 水泵结合器 2 台，设有消火栓给水系统，环状管网，消火栓口径 DN65，配有 25m 麻质水带和消火栓泵启泵按钮，水枪口径 19mm，消防给水管网采用镀锌钢管。巡查中发现，公寓消防管道出现渗漏、阀门失灵、消火栓锈蚀、控制柜失效等问题，物业公司维修人员对渗漏管道及阀门等一些消防设备进行维修，均无法得到彻底解决，存在消防安全隐患。

2）改造技术及效果

更换该楼所有立管、支管、消火栓、消防箱、水带、阀门、减压阀、消防接合器、启泵按钮及启泵线、控制柜，水泵进行维修保养及墙面修补。通过消防设施改造、检测、复查，面貌焕然一新，整体的消防能力有了很大的提高。公寓消防设施改造前后情况对比情况见表 2.4-1。

消防设施改造前后情况对比表　　　　　表 2.4-1

改造项目	改造更新前情况	改造后检测情况	复查情况
消火栓系统供水	管道渗漏、水压不足	二路进水管	—
消防水泵外观及安装情况	消防管道多次出现渗漏，阀门失灵，消火栓失灵，控制柜失效	消防泵扬程较高，B1F～10F 消火栓内建议设置减压孔板	已整改，能够正常使用
消防水泵启停泵功能检查	按钮启泵功能不正常	13F 消火栓按钮启泵功能不正常　11F、16F 启泵信号反馈指示灯不亮	已整改，能够正常使用
室内消火栓测试	管道渗漏、水压不足	7F 消火栓按钮玻璃破裂	已整改，能够正常使用
水泵接合器	正常	未挂标示牌	已整改，能够正常使用

2.5　燃气、电气设备管线更新技术

2.5.1　概况

老旧住宅的天然气设施存在诸多安全隐患（图 2.5-1），主要表现在[17]：

（1）包柜。有些家庭新房装修或旧房二次装修时，嫌燃气管道设施碍眼、不美观，便将天然气表、表后管道、阀门等燃气设施整体包裹在柜体内。一旦天然气发生泄漏，聚集在柜体内，使柜体中天然气浓度增大至 5%～15% 即可发生闪爆事故。

（2）管道无管卡固定。装修时没有重视天然气设施的固定装置——管卡，在进行墙面贴砖后忘记将燃气设施原有附件恢复原样。若无管卡进行固定，燃气设施处于半悬空晃动

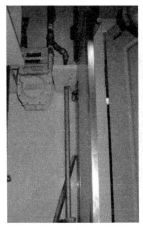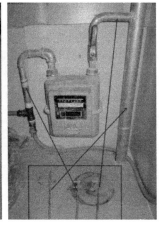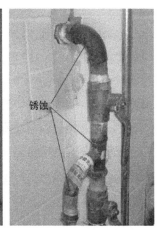

锈蚀

图 2.5-1　燃气安全隐患示意图

的状态，一旦有外力扰动，管道接口处会松动，导致燃气泄漏。

（3）燃气主管锈蚀。老旧住宅的燃气管道存在锈蚀情况，燃气管道在锈蚀后，管道承压强度就会变弱，同时在管道焊口处的砂眼也会较突出，不利因素在一起就会发生闪爆事故。

（4）软管过长与老化。天然气阀接口与燃气灶之间用软管连接，若软管长度超过 2m，胶管过长容易气体流通不顺畅，压力不稳，隐患风险概率增加。一般的胶皮软管的使用寿命在 18 个月，有金属丝的软管的使用寿命在 2~3 年，应按时检查，定期更换。

随时生活水平的提高，各种家用电器已经成为人们日常生活的必需品，电气线路老化、高用电负荷也带来了安全隐患，常见的电气线路故障（如漏电、短路、过负载、接触不良等）很容易引发火灾。住宅建筑电气线路火灾诱因复杂多样，建筑电气线路致灾原因主要是线路老化、电线不合格。许多老旧住宅存在导线采用铝线，导线截面面积过小，插座与照明共用同一回路等问题，存在诸多用电安全隐患[16]。

2.5.2　电气线路更换

在老旧小区住宅装设漏电保护开关等电气保险装置，有效限制大功率电器的使用，并能及早发现漏电、短路等情况。对老化线路进行更换，采用满足用电负荷要求和符合国家标准的线缆敷设，提高电气线路负荷能力。

2.5.3　燃气管道更换

对超过使用年限已经老化的燃气管道进行更换，尽量选择带金属网的软管，提高软管的使用年限；对有锈蚀的燃气主管道根据锈蚀的程度，或整体更换，或对锈蚀部位进行专门处理；对脱落、松散的卡箍件进行加固，确保固定牢固。

2.5.4　加装燃气泄漏报警装置

老年人记忆力衰退，经常忘记及时关掉燃气灶具，容易发生煤气泄漏。对既有建筑的厨房内加装燃气泄漏报警器探测器，安装示意见图 2.5-2。

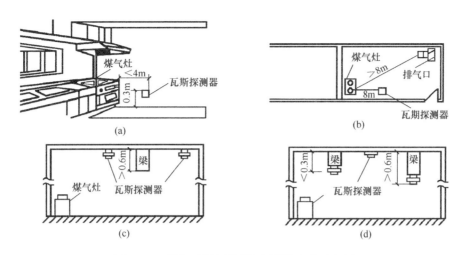

图 2.5-2 燃气泄漏报警器探测器的安装示意图

2.5.5 防雷接地改造

防雷接地是建筑电气安全的主要措施。部分建筑建造时没有安装防雷接地系统；部分既有建筑使用时间长，缺乏后期维护管理，防雷接地系统破损失效，均需要按现行规范进行更新改造。防雷接地改造见图 2.5-3。

图 2.5-3 防雷接地改造

改造措施：把室外接地网与室内接地点或室内接地等电位网连接，引下线自室外接地极敷设至一层对应室内接地点或室内接地等电位网联结点位置，避免横穿地下室挡墙，影响建筑的结构及破坏防水。沿建筑外墙敷设的独立防雷引下线，应在适当位置预留建筑静压环接点。

2.5.6 应用案例

北京市某小区燃气系统改造[18]：

1）项目概况

北京市某老旧小区地下管线复杂，部分管线铺设在沥青路面以下，局部管线设置在步行道和花坛下。经踏勘，部分地方雨污水管线密集，燃气管线与其他管线不满足安全间距的要求，部分管段需要设置燃气保护沟。此外，该小区户内燃气管道、燃气阀门还存在老化现象。

2）改造技术及效果

（1）燃气管道改造

燃气阀门在燃气输配系统、存储环节起着十分重要的作用，是连接整个燃气管网系统的纽扣。首先对燃气阀门的材质、结构、工况等进行比较分析，以确定最终选用阀门类型。选用直埋闸阀对入口井室进行改造（图 2.5-4）。此改造节省井室占地，避免积水等产生的安全隐患，便于管理单位进行管理、操作。

（2）户内改造

户内对阀门连接管、灶具及热水器连接管以及自动阀门进行更换。户内不锈钢波纹软管（图 2.5-5）连接至阀门，减少户内漏气点隐患，避免管材、管件连接处出现漏气现象。

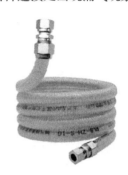

图 2.5-4　入口井室改造　　　　　　　图 2.5-5　不锈钢波纹软管

灶具及热水器的连接管宜采用长寿命胶管（图 2.5-6）。长寿命胶管具有良好的气密性、耐液体性、耐燃性、耐燃气透过性能，可避免燃气安全隐患。此外，在户内安装燃气自闭阀（图 2.5-7），可进一步提高户内燃气安全性。

图 2.5-6　长寿命胶管　　　　　　　图 2.5-7　燃气自闭阀

2.6　安防系统改造技术

2.6.1　概况

老旧小区由于年久失修、物业不健全，在安全防范方面存在一些问题：楼道大门常年敞开，有的门禁系统形同虚设；推销、中介、快递人员自由进出，无人问津；小区监控摄像头设置不合理，存在监控死角，有些小区即使有监控摄像头，但因为缺乏管理和维护，摄像头拍到的图像清晰度差。以上种种问题导致小区居民的人身和财产安全得不到保障，老旧小区安防系统的升级改造迫在眉睫。

老旧小区安防系统需要改造升级的内容主要包括：周界防范与报警系统、电子巡更系统、视频监控系统、门禁及对讲系统等。

2.6.2　社区周界防范与报警系统改造

老旧小区一般没有周界防范与报警系统。周界防范与报警系统可以防止从社区非正常出入口非法闯入，保障社区居民的人身和财产安全。该系统是在社区围栏安装主动式红外探头、被动式红外探头、感应电缆等报警探测设备，在监控中心值班室安装报警主机。一旦社区围栏处有人非法进入，探测设备即能自动感应并发射报警信号，并将信号发送至报警主机，报警主机收到信号即能显示报警部位，监控中心计算机弹出提示立即通知小区就近的保安人员处理。周界防范装置示意见图 2.6-1。

图 2.6-1　周界防范装置示意图

改造措施：在封闭小区周界（包括围墙、栅栏）、不设门卫岗亭的出入口、消防出入口，半封闭小区周界（包括围墙、栅栏），与外界相通的河道，半封闭、开放式小区与外界相通的所有通道设置主动红外对射式探测器，防止罪犯由围墙翻入小区，保证小区内居民的生活安全。

2.6.3　社区电子巡更系统改造

社区电子巡更系统是监督社区保安人员工作质量的电子管理系统，其系统示意图见图2.6-2。该系统在保安人员的巡逻路线上设立若干巡更点，巡更保安人员需要在一定时间到达各个巡更点，并通过按钮、刷卡或者开锁等操作，将该防区巡更信号发送回中央控制室。社区电子巡更系统会自动记录巡更保安人员到达各个巡更点的时间、动作等，以方便对保安人员的巡更质量作出考核。社区电子巡更系统可以有效督促保安人员尽职尽责工作，提高保安人员的责任心和积极性。该系统实现了机防与人防的相互结合，可以最大限度保障社区安全。

改造措施：增设电子巡更系统应确定好巡更路线，选定关键地点作为信息采集点，将巡更钮固定在适当的高度（一般1.4m），巡更钮外表必须明显易见，且方便巡更棒头触及。安装应牢固、端正，户外应有防水措施。

2.6.4　视频监控系统改造

视频监控系统是一个集多媒体信息、计算机交互、通信、实时处理等技术的综合体。

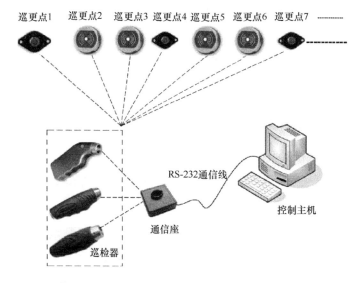

图 2.6-2　社区电子巡更系统示意图

控制云台和镜头，自动录像、远程传输并存储视频到硬盘；部分系统还具有与报警传感器连接的功能。视频监控系统利用视觉处理技术去自动完成一些耗费人力而且效率不高的工

图 2.6-3　视频监控系统

作，比如：人群计数、入侵检测、目标跟踪、行为识别等。对人物身份识别、服装识别、车辆识别，让社区安全实时监控发挥最大作用。该系统结合先进的现代计算机技术、图像智能分析技术，并用先进的监控设备，旨在为居民提供一个高科技、安全的生活环境和一流的安全防范监控系统。视频监控系统如图2.6-3所示。

改造措施：对老旧小区原有监控系统进行更新升级，通过云服务平台，以"产品-平台-运营"的模式，完成老旧社区到智慧社区的升级蜕变。

2.6.5　门禁及对讲系统改造

门禁系统是一套完整的出入管理系统，具有卡片授权允许通行、实时监视管理、追溯查询等功能。它对出入口通道进行管制，记忆出入的过程，可以实现重要出入口安全防范管理。楼宇可视对讲系统可提供访客与住户之间双向可视通话，达到图像、语音双重识别从而增加安全可靠性，同时节省大量的时间，提高了工作效率。一般包括可视对讲型和联网报警智能型，能满足建筑及社会化管理住宅小区等不同场合的不同需求。

改造措施：增加具有视频监视功能的门禁系统，刷卡开门时应能自动抓拍图片，在门禁综合管理平台进行存储，并与其他数据一起上传至物业和公安管理部门平台。门禁系统如图 2.6-4 所示。老旧小区增设或者更换对讲设备，更换线材以及单元门口主机以及层间分配器、电控锁和闭门器等。楼宇对讲系统如图 2.6-5 所示。

图 2.6-4　门禁系统改造

图 2.6-5　楼宇对讲系统改造

2.6.6　应用案例

南京市某老旧小区安防改造[19]：

1）项目概况

南京某老旧小区建于 2000 年，原先的安防监控系统采用模拟信号系统，需将系统进行数字网络化改造，保留部分状况较好的模拟摄像机，更换并新建部分数字网络监控摄像机，同时要求将周界红外报警，出入口道闸监控，停车场监控接入安防监控系统，实现联动报警监控。该小区作为物业公司的总部所在地，还要求建立集中控制中心，将该公司其他管理的小区安防监控统信息接入集中控制中心，该小区安防监控系统改造包括：前端立杆部分的改造、小区安防监控中心的改造、物业集中控制中心的改造等三部分。

2）改造技术

（1）前端立杆部分改造

对于保留的模拟摄像机，将原先的 DVS 更换为更为先进的 NVS 设备，视频图像就近接入 NVS 视频，实现 NVS 本地视频存储，NVS 网口接入视频监控专网，由小区监控中心通过平台软件实行 24h 实时监控。

对于新增的网络摄像机，采用高清网络视频采集设备，采集设备就近通过网络交换机接入 NVS，实现本地高清存储；NVS 接入视监控专网，监控中心通过平台软件实现 24h 实时监控。

对于前端系统来说，模拟监控图像及高清视频图像就近接入 NVS，采用前端存储的方式，汇聚到中心只有极少量实时图像，中心调用或录像调用产生的码流，可有效节省整体网络开销，升级和改造非常便利，整体建设成本低。同时录像采用前端存储的方式，不会因为网络中断带来未存储数据的丢失，数据可靠性高；系统完全保留嵌入式 DVS 操作和维护习惯，基于原成熟的运行维护体系和模式，可大大的节省运行维护投入。

（2）小区监控中心的改造

各个前端采集图像统一汇集到监控中心，在监控中心进行部署嵌入式 NVR，完成前端视频监控图像的接入、存储，同时实现视频数据的上传和下发。为便于监控管理，安装电视监控墙，可实现所有图像的实时查看以及轮询播放等功能，并结合报警联动信号，实时将声光告警信息在监控中心进行发布，系统采用网络摄像机直接接入嵌入式 NVR 存储方案，无需额外的服务器资源，同时存储数据分散，可有效避免"单点故障"带来的风险，系统建设性价比高；嵌入式 NVR 采用嵌入式操作系统，不会因病毒等原因导致无法使用或者异常关机重启，确保系统高可靠性。嵌入式 NVR 作为专用的视频存储转发设备，采用磁盘硬盘分配技术、文件保护技术、非工作硬盘休眠技术、顺序访问技术、samrt 预警技术，"7＋1"冗余存储模式等技术，确保数据存储高可靠性。改造中需要考虑前端网络视频采集设备的网络接入方式和地址分配，嵌入式 NVR 接入视频监控专网保留 DVR 的接入习惯，无需做任何变更。

（3）物业集中控制中心的改造

集中控制中心包括电视墙，集中视频管理服务器，存储服务器等设备，以及相应的平台软件，考虑到该小区为物业的总部所在地，因此电视墙可共用小区监控中心的电视墙，而各个小区的监控中心建设有集中存储设备，因此集中控制中心无需单独配置存储设备，只需配置一台集中视频管理服务器及平台软件。

3）改造效果

（1）数字网络化改造保留部分状况较好的模拟摄像机，更换并新建部分数字网络监控摄像机，同时将周界红外报警，出入口道闸监控，停车场监控接入安防监控系统，实现联动报警监控。

（2）建立了集中控制中心，将该物业公司其他管理的小区安防监控统信息接入集中控制中心。

本章参考文献

[1] 吴刚．既有建筑加固改造的综合评价[D]．北京：北京交通大学，2011：1-2.

[2] 中华人民共和国行业标准．危险房屋鉴定标准：JGJ 125—2016[S]．北京：中国建筑工业出版社，2016.

[3] 张靖岩，肖泽南，等．既有建筑火灾风险评估与消防改造[M]．北京：化学工业出版社，2014.

[4] 胡畅．城市社区消防安全风险评估指标体系[J]．安全，2018，9：72-73.

[5] 中华人民共和国国家标准．建筑设计防火规范：GB 50016—2014[S]．北京：中国建筑工业出版社，2014.

[6] 中华人民共和国行业标准．既有建筑地基基础加固技术规范：JGJ 123—2012[S]．北京：中国建筑

工业出版社，2012.

[7]　崔晓玉．对已建建筑物结构改造技术的探究[D]．淮南：安徽理工大学，2016：37-40.

[8]　郝坤．建筑结构的检测与加固技术探讨[J]．住宅与房地产，2016，11：121.

[9]　常小开，张小兵，梁收运．某双拼别墅纠倾加固技术研究[J]．西部探矿工程，2013，11：13-15.

[10]　徐家华．住宅楼面碳纤维布补强施工[J]．高科技纤维与应用，2004，29(6)：16-19.

[11]　邵力群，吴大友，向小华．某职业学校砖混宿舍楼抗震加固设计[J]．工业建筑，2011，41(2)：118-121.

[12]　尹飞，张珍珍，丁志娟．北京市西藏中学男生宿舍楼隔震加固设计[J]．建筑结构，2013，43(17)：121-124.

[13]　张娅．老旧建筑消防改造的探索[J]．中国住宅设施，2017，45-46.

[14]　尤杰，潘锦凯．浅谈住宅小区消防车道堵塞的成因及破解对策[J]．卷宗，2016，5：482-483.

[15]　暴智浩．上海市既有高层住宅消防设施更新改造技术初探[J]．住宅科技，2012，7：46-48.

[16]　谭天博，王晖．老旧小区抗震加固改造中的电气设计[J]．智能建筑电气技术，2014，8(6)：51-56.

[17]　徐伟．老旧小区燃气管道改造方式的综合分析[J]．科技与企业，2014，1：200.

[18]　谭昕．老旧小区燃气系统改造方案分析[D]．北京：北京建筑大学，2016：60-68.

[19]　张驰．ICT业务发展中如何进行老旧小区的安防监控改造[J]．通信设计与应用，2015，4：73-74.

第3章　耐久性提升技术

3.1　概述

耐久性是材料抵抗自身和自然环境双重因素长期破坏作用的能力，即把环境作用造成的损伤和材料性能的劣化问题归为耐久性问题。耐久性不等同于安全性，但结构的耐久性与安全性、适用性属同一范畴，同样是保证结构可靠性不可缺少的一个条件，如果对耐久性重视不够，将对结构的安全性以及正常使用带来重大影响，造成不必要的经济和财产损失[1]。

既有居住建筑的设计使用年限一般为 50 年。实际工程中，由于耐久性不足造成建筑破坏，损失巨大。据估计，在发达国家，建筑业总投资 40% 以上用于既有建筑结构的维修[2]。我国建筑耐久性也不容乐观，调查表明[3]，中华人民共和国成立初期建设的大部分建筑均已达到大修的状态，建筑一般使用 25～30 年后由于耐久性问题就需大修及加固。通过对既有居住建筑的耐久性提升，可以延长既有建筑的使用寿命，提高建筑性能，减少大拆大建导致的巨大资源浪费。

我国既有居住建筑以混凝土结构和砌体结构居多，既有居住建筑耐久性提升以混凝土结构和砌体结构耐久性修复为主。目前混凝土结构的耐久性问题涉及方面比较多，研究内容广，发展比较成熟，随着研究的深入，耐久性的理念已经逐渐引入到其他结构材料和建筑的其他部分。既有建筑耐久性包括混凝土结构，砌体结构，钢结构，木结构等结构耐久性，以及建筑外墙保温、房屋防水等耐久性。混凝土结构耐久性主要包括混凝土碳化，钢筋锈蚀，冻融对混凝土的损伤，氯盐、硫酸盐等化学物质对混凝土的侵蚀，表面磨损和碱—骨料反应。砌体结构耐久性主要涉及碱侵蚀和冻融损伤问题。外保温系统耐久性问题主要包括空鼓、开裂、脱落等。房屋防水耐久性问题包括屋面渗漏、厨卫渗漏、外墙渗漏和地下室渗漏等。

本章重点对混凝土结构耐久性提升技术、砌体结构的耐久性提升技术、外墙外保温修复技术、房屋渗漏修复技术进行介绍。

3.2　耐久性诊断与评估

3.2.1　混凝土结构耐久性评估

1. 需要进行耐久性评定的情形

当既有混凝土结构达到设计使用年限拟继续使用，或使用功能和环境明显改变时，或已出现耐久性损伤时，或考虑结构性能随时间劣化进行可靠性鉴定时，应进行耐久性评定。重要工程或设计使用年限为 100 年及以上的工程应定期进行耐久性评定。

2. 现场调查与检测

对混凝土结构、构件进行耐久性评估，需要对混凝土结构所处的环境进行调查，对结构所处的温度和湿度环境、混凝土强度等级，混凝土保护层厚度、混凝土碳化深度、混凝土结构外观损伤状况，结构几何参数，混凝土的渗透性、临海大气氯离子含量、临海建筑物表面氯离子浓度及其沿构件深度的分布，严寒和寒冷地区混凝土饱水程度，混凝土构件锈蚀状况、冻融损伤程度等进行系统地现场查勘和检测[4]。

3. 耐久性评定

1）评定方法

根据国家标准《既有混凝土结构耐久性评定标准》GB/T 51355—2019，混凝土结构耐久性分为构件、评定单元两个层次[5]。构件的耐久性等级根据耐久性裕度系数或耐久性损伤状态进行评定，评定单元的耐久性等级根据耐久性裕度系数确定。采用耐久性裕度系数进行耐久性等级评定时，按表 3.2-1 进行。

耐久性等级评定   表 3.2-1

耐久性裕度系数	$\geqslant 1.8$	$1.8 \sim 1.0$	$\leqslant 1.0$
构件耐久性等级	a 级	b 级	c 级
评定单元耐久性等级	A 级	B 级	C 级

耐久性裕度系数 ξ_d 根据所处的环境类别及作用等级、结构的技术状况，并考虑耐久重要性系数 γ_0，按下列公式确定：

$$\xi_d = \frac{t_{re}}{\gamma_0 \cdot t_e} \tag{3-1}$$

$$\xi_d = \frac{[\Omega]}{\gamma_0 \cdot \Omega} \tag{3-2}$$

式中 t_{re}——结构剩余使用年限；

         t_e——目标使用年限；

      $[\Omega]$——某项性能指标的临界值；

        Ω——某项性能指标的评定值；

       γ_0——耐久重要性系数。

耐久重要性系数 γ_0 根据结构的重要性，可修复性和失效后果按表 3.2-2 确定。

耐久重要性系数 γ_0 表 3.2-2

耐久重要性等级	耐久性失效后果	耐久重要性系数
一级	很严重	1.1
二级	严重	1.0
三级	不严重	0.9

对重要结构，其耐久重要性等级取为一级；对一般结构，其耐久重要性等级取为一级；对次要结构，其耐久重要性等级取为二级。对一般结构和次要结构，当构件容易修复、替换时，其耐久重要性等级可降低一级。

一般大气环境下、近海大气环境（氯盐侵蚀）环境下、冻融环境钢筋混凝土结构耐久性评定方法应符合国家标准《民用建筑可靠性鉴定标准》GB 50292—2015、《既有混凝土结构耐久性评定标准》GB/T 51355—2019 的相关规定。

2）评定结果等级

（1）构件的耐久性评定结果分为 a、b、c 三个等级：

a 级：在目标使用年限内，构件耐久性满足要求，可不采取修复、防护或其他提高耐久性的措施；

b 级：在目标使用年限内，构件耐久性基本满足要求，可不采取或部分采取修复、防护或其他提高耐久性的措施；

c 级：在目标使用年限内，构件耐久性不满足要求，应及时采取修复、防护或其他提高耐久性的措施。

（2）评定单元的耐久性评定结果分为 A、B、C 三个等级：

A 级：在目标使用年限内，评定单元耐久性满足要求，可不采取修复、防护或其他提高耐久性的措施；

B 级：在目标使用年限内，评定单元耐久性基本满足要求，可不采取或部分采取修复、防护或其他提高耐久性的措施；

C 级：在目标使用年限内，评定单元耐久性不满足要求，应及时采取修复、防护或其他提高耐久性的措施。

3.2.2 砌体结构耐久性评估

1. 现场调查与检测

砌体结构或构件的耐久性评估，应根据不同环境条件，对结构所处环境温度和湿度，块体与砂浆强度，砌体构件中钢筋的保护层厚度和钢筋锈蚀状况，近海大气氯离子含量、近海砌体结构中混凝土或砂浆表面的氯离子浓度，微冻、严寒及寒冷地区的块体饱水状况，块体和砂浆的风化、冻融损伤程度等项目进行现场调查与检测。

2. 耐久性评估

砌体结构或构件的剩余耐久年限应根据其所处环境条件以及现场调查与检测结果按《民用建筑可靠性鉴定标准》GB 50292—2015 附录 E 的有关规定进行评估。

1）块体与砂浆的耐久性评估

（1）当块体和砂浆的强度检测结果符合表 3.2-3 的最低强度等级规定时，其结构、构件按已使用年限评估的剩余耐久年限宜符合下列规定：

① 已使用年数不多于 10 年，剩余耐久年限仍可取为 50 年；

② 已使用年数为 30 年，剩余耐久年限可取 30 年；

③ 使用年数达到 50 年，剩余耐久年限宜取不多于 10 年；

④ 当砌体结构、构件有粉刷层或贴面层，且外观质量无显著缺陷时，以上三款的年数可以增加 10 年；

⑤ 当使用年数为中间值时，可在线性内差值的基础上结合工程经验进行调整。

块体与砂浆的最低强度等级规定 表 3.2-3

环境作用等级	烧结砖	蒸压砖	混凝土砖	混凝土砌块	砌筑砂浆	
					石灰	水泥
ⅠA 室内正常环境	MU10	MU15	MU15	MU7.5	M2.5	M2.5
ⅠB 室内高湿环境，露天环境	MU10	MU15	MU15	MU10	M5	M2.5
ⅠC 干湿交替环境、ⅡC 轻度冻融、Ⅲ 近海环境	MU15	MU20	MU20	MU10	—	M7.5
ⅡD 冻融中度	MU20	MU20	MU20	MU15	—	M10
ⅡE 冻融重度	MU20	MU25	MU25	MU20	—	M15

注：①当墙面有粉刷层或贴面时，表中块体与砂浆的最低强度等级规定可降低一个等级（不含 M2.5）；②Ⅲ类环境（近海环境）构件同时处于冻融环境时，应按ⅡD类环境（冻融中度）进行评估；③对按早期规范建造的房屋建筑，当质量现状良好，且用于ⅠA类环境（室内正常环境）中时，其最低强度等级规定允许较本表规定降低一个强度等级。

（2）当块体和砂浆的强度检测结果符合表 3.2-3 最低强度等级规定时，其结构、构件按耐久性损伤状况评估的剩余耐久年限应符合下列规定：

① 块体和砂浆未发生风化、粉化、冻融损伤以及其他介质腐蚀损伤时，其剩余耐久年限可取 50 年。

② 块体和砂浆仅发生轻微风化、粉化，剩余耐久年限可取 30 年；发生局部轻微冻融或其他介质腐蚀损伤时，剩余耐久年限可取 20 年。

③ 块体和砂浆风化、粉化面积较大，且最大深度已达到 20m，其剩余耐久年限可取 15 年；当较大范围发生轻微冻融或其他介质腐蚀损伤，但冻融剥落深度或多数块体腐蚀损伤深度很小时，其剩余耐久年限可取 10 年。

④ 按以上第 2、3 款评估的剩余耐久年限，可根据实际外观质量情况作向上或向下浮动 5 年的调整。

（3）当块体或砂浆强度低于表 3.2-3 一个强度等级，且块体和砂浆已发生轻微风化、粉化，或已发生局部轻微冻融损伤时，其剩余耐久年限宜比第（2）条规定的剩余耐久年限减少 10 年。当风化、粉化的面积较大，且最大深度已接近 20mm 时，其剩余耐久年限不宜多于 10 年；当发生较大范围冻融损伤或其他介质腐蚀损伤时，其剩余耐久年限不宜多于 5 年。

（4）当出现如下情况之一时，应判定该砌体结构、构件的耐久性不能满足要求：

① 块体或砂浆的强度等级低于表 3.2-3 中两个或两个以上强度等级。

② 构件表面出现大面积风化且最大深度达到 20mm 或以上；或较大范围发生冻融损伤，且最大剥落深度已超过 15mm。

③ 砌筑砂浆层酥松、粉化。

2）砌体中钢筋的耐久性评估

（1）当按钢筋锈蚀评估砌体构件的耐久年限时，应按混凝土结构耐久性评估的规定进行评估；但保护层厚度的检测，应取钢筋表面至构件外边缘的距离；当组合砌体采用水泥砂浆面层时，其保护层厚度要求应比《民用建筑可靠性鉴定标准》GB 50292—2015 附录 C 相应表中数值增加 10mm。

（2）对Ⅰ类环境（一般大气环境）、Ⅱ类环境（冻融环境）的灰缝配筋，灰缝中钢筋耐久年限可根据砂浆强度推定值和砂浆保护层厚度实测值，按表 3.2-4 进行评估。

灰缝中钢筋耐久年限　　　　　　　　　　　表 3.2-4

环境作用等级	耐久年限（年）					
	30		40		50	
	f_k（MPa）	c（mm）	f_k（MPa）	c（mm）	f_k（MPa）	c（mm）
ⅠA 室内正常环境	M7.5	35	M10	35	M10	40
ⅠB 室内高湿环境，露天环境	M10	35	M10	40	M15	45
ⅠC 干湿交替环境、ⅡC 轻度冻融	M15	35	M15	45	M15	50
ⅡD 冻融中度	M15	40	M15	50		60

注：①实测保护层厚度可计入水泥砂浆粉刷层厚度；

②外墙内、外墙面应按室内、室外环境分别划分环境作用等级。

（3）对Ⅲ类环境（近海环境）的灰缝配筋，其耐久年限的评估应符合下列规定。

① 当采用不锈钢筋配筋或采用等效防护涂层的钢筋，或有可靠的防水面层防护时，其耐久年限可评为能满足设计使用年限的要求。

② 当采用普通钢筋配筋时，应评为其耐久性不满足要求。

（4）按钢筋锈蚀评估的砌体构件的耐久年限，应减去该构件已使用年数以确定其剩余耐久年限。

3.2.3 外墙外保温系统耐久性评估

1. 评估准备

评估前应先收集相关资料，进行现场查看和检查，必要时进行现场取样检测。

1）资料收集包括下列主要内容：

（1）项目概况

包括项目名称、建设规模、建设时间、结构形式、外墙外保温构造等。

（2）设计文件

包括建筑原设计文件、设计变更、节能设计文件以及节能备案资料。

（3）检测报告及施工文件

建筑外墙外保温系统及其组成材料的型式检验报告，现场实体检验报告、外墙外保温系统隐蔽工程记录及施工方案、施工时间、施工期间环境条件、施工质量验收报告等施工技术资料。

（4）单位信息

材料的生产厂家或供应商信息、施工单位、监理单位信息。

（5）维修记录

既有建筑外墙外保温工程使用维修记录。

2）现场查勘主要包括下列内容：

（1）建筑物方位、朝向、日照、周边环境遮挡或反射等情况。

（2）建筑外墙外保温工程使用现状及缺陷情况。

3）现场检查与检测

包括建筑外墙面普查、外墙外保温系统构造检查和外墙保温系统缺陷检查。

（1）对建筑外墙面普查主要检查外墙面是否有明显缺陷，需要时辅助利用红外热成像等技术对外墙面缺陷进行检查。

（2）对外墙外保温系统构造检查时，包括保温层附着的基层及其表面处理，保温系统构造层次以及施工质量，阴阳角、门窗洞口、女儿墙、变形缝等节点部位的构造做法等内容，必要时对外保温系统进行局部破坏取样分析。

（3）对外保温系统缺陷检查时，采用文字、照片、视频等方法记录缺陷部位、缺陷类型、缺陷面积和程度。

2. 分析评估[6]

由于外墙外保温系统的复杂性，不应仅凭借单个材料层的拉粘强度或整体空鼓面积比即凭借经验判定整体质量状况，而应分层级、分材料对外墙外保温系统的质量技术状况进行系统和全面地评估，科学合理确定有针对性的修复策略。

外墙外保温系统质量技术状况的评定分为三个步骤，首先确定总体质量技术状况，明确系统修复范围和修复方法；其次确定各材料层质量技术状况，明确修复深度及各材料层处理方法；最后确定缺陷处理部位及程度。

针对外墙外保温系统的饰面材料、护面材料、保温材料、粘结材料、锚固材料和找平材料等各材料层以及系统整体的质量状况，建立外墙外保温系统质量技术状况评估体系。根据评估结果，将外墙外保温系统总体、单项材料的质量技术状况评定都分为 A、B、C 三个等级，并明确如下修复范围及方案：

（1）对外墙外保温系统各立面评为 A 级时，建筑外墙外保温系统宜进行局部置换修复、局部原位修复或整体置换修复。

（2）对外墙外保温系统各立面评为 B 级时，对建筑外墙外保温系统宜进行整体薄层原位修复、整体厚层原位修复或整体置换修复。

（3）当外墙外保温系统各立面评级为 C 时，对建筑外墙外保温系统应进行整体置换修复。

（4）外墙外保温系统为瓷砖饰面时，瓷砖脱落面积不小于 5％且无法恢复的部位，宜对瓷砖饰面整体置换修复，瓷砖脱落面积小于 5％时应进行局部修复。

（5）当外墙外保温系统单项材料质量技术状况评定为 C 级时，瓷砖饰面层、防护层应整体置换修复，其余材料应分别采取锚栓及注浆加固等措施，并根据质量对其数量及位置等进行设计；当质量技术状况评定为 B 级时，瓷砖饰面层、防护层宜整体原位修复，其余材料可分别采取锚栓及注浆加固等措施，并根据质量程度对其数量及位置等进行设计；当质量技术状况评定为 A 时，单项材料层应进行局部修复。

（6）当采用局部修复、整体薄层原位修复前，应对外墙外保温系统缺陷进行处理。

3.2.4 房屋防水耐久性评估

1. 评估准备

评估前应先收集相关资料，进行现场查勘。

1）收集资料

（1）原防水设计文件；

（2）原防水系统使用的构配件、防水材料及其性能指标；

（3）原施工组织设计、施工方案及验收资料；

（4）历次修缮技术资料。

2）现场查勘

现场查勘包括工程所在位置周围的环境，使用条件、气候变化对工程的影响；渗漏水发生的部位、现状；渗漏水变化规律；渗漏水部位防水层质量现状及破坏程度，细部防水构造现状；渗漏原因、影响范围，结构安全和其他功能的损害程度。现场查勘可采用走访、观察、仪器检测等方法。

2. 检测评估

1）建筑屋面渗漏检测与评估

现场查勘，初步找出疑似渗漏部位。对于卷材和涂膜防水屋面、刚性屋面进行 24h 蓄水试验，蓄水最低深度 2cm，同时采用水压大于 160kPa 的水枪，对屋面渗漏通病的细部构造部位淋水不少于 2h。对于金属屋面和瓦屋面，采用水压大于 160kPa 的水枪，对屋面渗漏通病的细部构造淋水不少于 2h。对比红外热成像拍摄结果，确定室内红外热成像热异常区平均温差。根据屋面渗漏检测结果和建筑物设计图纸，进行开孔验证，分析确定屋面渗漏原因。

2）围护结构渗漏检测与评估

查勘现场，检查墙面和门窗有无明显渗漏遗迹（水迹和霉变）及损伤（裂缝、漆脱落和起皮），然后采用手持式渗漏寻检仪、红外热像仪检查围护结构，初步找出围护结构疑似渗漏部位。采用水压大于 160kPa 的水枪，对围护结构和渗漏通病的节点构造等部位淋水不少于 2h 后，对比红外热成像拍摄结果，确定围护结构室内红外热成像热异常区平均温差，根据围护结构检测结果和图纸，在围护结构缺陷部位开孔验证，确定围护结构渗漏原因。

3）地下室渗漏检测与评估

查勘现场，了解地下室水源、排水系统，底板或墙面有无明显渗漏遗迹及裂缝，初步找出地下室疑似渗漏部位。再采用红外热像仪检测地下室底板或墙面渗漏水源、通道和渗漏部位。采用微波湿度测试系统检测底板和墙面，根据微波湿度分布图上湿度异常区域，确定底板或墙面渗漏通道和部位。采用水压大于 160kPa 的水枪，对地下室墙及渗漏通病节点构造部位淋水不少于 2h 后，对比红外热成像拍摄结果。确定地下室室内红外热成像热异常区平均温差。根据微波湿度分布图和建筑物设计施工图纸，抽取底板或墙面部分湿度异常区域进行开槽或钻孔检验，查看并分析底板或墙面渗漏原因。

4）厨卫渗漏检测与评估

查勘现场，了解漏水规律，检查卫生间和厨房有无明显渗漏遗迹及损伤，初步找出卫生间和厨房疑似部位。然后采用手持式寻检仪、微波湿度测试系统、红外热像仪检测卫生间、厨房的楼板和墙体，确定渗漏水源、通道和部位。在卫生间 24h 蓄水试验后（蓄水深度 2cm），采用卫生间淋喷头，对通病的节点淋水不少于 2h，对比蓄水试验前后红外热成像拍摄结果，观察红外热成像热异常区。同时采用卫生间淋喷头，对渗漏通病的节点淋水不少于 2h，采用微波湿度测试系统检测卫生间邻近楼板底面和墙体，根据微波湿度分布图湿度异常区域得到卫生间渗漏通道和部位。

3.3 混凝土结构耐久性提升技术

3.3.1 概况

钢筋混凝土结构是由钢筋和混凝土两种材料构成的，其耐久性破坏（图 3.3-1）一般是从混凝土或钢筋的材料劣化开始。从钢筋混凝土结构耐久性损伤机理来看，可以将其材

  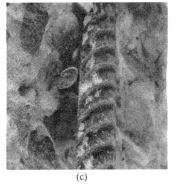

| (a) | (b) | (c) |

图 3.3-1 混凝土结构耐久性破坏

（a）混凝土开裂；（b）混凝土碳化；（c）钢筋锈蚀

料耐久性损伤分为化学作用引起的损伤和物理作用引起的损伤两大类[9]。由化学作用引起的材料损伤主要有混凝土碳化、混凝土中的钢筋锈蚀、碱-骨料反应及混凝土的化学侵蚀，由物理作用引起的材料损伤主要有混凝土冻融破坏、磨损、碰撞等。钢筋混凝土出现保护层劣化、疏松剥落，钢筋膨胀后产生顺筋开裂现象时，应该进行混凝土表面缺陷修补。由于钢筋锈蚀、碱-骨料反应、冻融损伤均会引起裂缝，应该对裂缝进行修补处理。对混凝土结构及时、有效地进行修复与防护可显著改善其耐久性状况，大大延长结构服役寿命。混凝土结构耐久性修复技术按照材料损伤程度划分为表面修复、裂缝修复、钢筋阻锈、补强加固等修复技术。

3.3.2 修复材料要求

1. 总体要求

修复材料是既有建筑混凝土结构耐久性修复技术的基础。用于既有建筑混凝土耐久性修复的材料有多种，如何有针对性地选择适合每个耐久性修复工程具体情况的材料和修复技术至关重要。因此，修复材料选择以修复后混凝土结构不低于设计要求，面层密实并且强度不低于设计强度，修复材料的抗冻等级不应低于原混凝土抗冻等级，修复使用的材料满足相关产品标准要求等为原则。选择混凝土损伤修复使用的材料时，从混凝土结构所处的环境条件、混凝土损伤类型、损伤程度综合考虑。

一个完整的修复材料体系，除了考虑修复材料的性能外，还应考虑原有旧材料和修复材料之间差异性问题[4]。这种差异性主要针对材料的收缩差异性和弹性模量差异性。选择修复材料时，应该尽量选用与原有旧材料收缩较为接近的材料，避免因为材料的差异性而产生应力。同时，应该选用与原有旧材料弹性模量接近的修复材料。由于弹性模量的差异，会导致修复结构应力重分布，无法发挥弹性模量较小材料的作用。

2. 修复材料

混凝土结构修复材料按照应用范围可分为表层修补、开裂修补、钢材防锈和补强加固修复材料，修复材料性能应符合相关标准的规定。

1）表层修补材料

表层修补材料根据混凝土结构所处环境条件和损伤类型应具有环境适应性和抵抗外界侵蚀的能力，可采用无机材料、有机高分子材料以及复合材料如界面处理剂和修补砂浆，修补砂浆的抗压强度、抗拉强度、抗折强度不应低于基材混凝土。表层修补材料与基材粘结牢固，在其使用期内，不应出现开裂、起皮现象。

2）开裂修补材料

开裂修补材料可分为表层修复材料、施压灌缝材料、填补防水材料三种类型。开裂修补材料应能与旧混凝土粘结性好且耐久可靠。表层修复材料如环氧胶泥、成膜涂料、渗透性防水剂等材料。环氧胶泥一般用于稳定、干燥裂缝的表面封闭，裂缝封闭后应能抵抗灌浆的压力；成膜涂料一般用于混凝土结构大面积表面裂缝和微细活动裂缝的表面封闭；渗透性防水剂遇水后能化合结晶为稳定的不透水结构，一般用于微细渗水裂缝迎水面的表面处理。施压灌缝材料如环氧树脂、甲基丙烯酸树脂、聚氨酯类等材料。填补防水材料如环氧树脂胶粘剂、水泥基聚合物砂浆以及沥青防水膏等材料。对于受力条件下的活动性开裂，应通过柔性材料修复。

3）钢材防锈材料

钢材防锈材料如防锈砂浆、钢筋阻锈剂、钢筋表层钝化剂和表面迁移型阻锈剂等。在进行钢筋阻锈时采用钢筋阻锈剂抑制混凝土中钢筋的电化学腐蚀；防锈砂浆一般掺入适量的掺入型阻锈剂进行钢筋阻锈，其各项性能应满足设计要求；钢筋表层钝化剂涂刷在已锈蚀的钢筋表面，要求与钢筋粘结能力好；表面迁移型阻锈剂涂覆在混凝土表面，要求渗透到钢筋周围。

4）补强加固材料

补强加固材料采用浇筑新的混凝土和植入新的钢筋。浇筑的新的混凝土力学性能应高于被修复的混凝土基材；新浇筑的混凝土应与旧混凝土紧密结合。替换或植入新的钢筋各项性能应满足设计要求。

3.3.3　混凝土表面修复技术

混凝土表面修复根据混凝土表面损伤程度选择具体的修复技术。

无粉刷装修面层的混凝土碳化已超过保护层时采用面层涂刷修复技术。使用如浸透型混凝土保护液涂刷在碳化混凝土表面，增强混凝土抵御进一步碳化的能力。混凝土结构表面损伤程度小且不影响混凝土结构安全时也采用面层涂刷修复技术。由于其表面涂层薄，涂刷材料应选用表面粘结力强且老化性能优良的材料。表面修复技术有无法深入裂缝内部的缺点，目前缺乏同时具有经济性好与防水性耐久性好的表面修复材料。

3.3.4　混凝土裂缝修复技术

裂缝修复根据混凝土结构的部位不同、开裂程度不同选择修复技术。

表面涂覆修复技术适用于裂缝宽度小于 0.5mm，对结构的强度影响不大，但会使钢筋锈蚀且有损美观的微细裂缝修复。将修复材料涂刷于裂缝表面，对于稀疏的细裂缝，可骑缝涂刷修复；对于密集的细裂缝，应采用全部涂刷修复。该技术的涂覆材料与旧混凝土基体之间没有反应性行为，仅能在基层表面形成一层很薄的憎水膜，因此对基体的修补增强作用较弱，而且一旦涂层受到损伤就会严重影响到混凝土结构的防护性能。

填充修复技术适用于裂缝宽度大于 0.5mm，数量少的宽大裂缝和钢筋锈蚀产生的膨胀裂缝。该技术在裂缝中嵌填各种修补材料。对于钢筋锈蚀引起的膨胀裂缝，应先沿裂缝将混凝土开凿成 U 形或 V 形槽，完全露出钢筋锈蚀部位，彻底除锈后在除锈的钢筋部位涂防锈材料，再填充修复材料。填充修复技术对结构有损伤的混凝土梁等构件不宜采用。该技术的长期修复效果有待进一步研究。

灌浆修复技术适用于裂缝宽度大于 3mm，宽度大、缝隙深的裂缝，尤其适用于混凝

既有居住建筑宜居改造及功能提升技术指南

土结构受力产生的裂缝。沿裂缝将混凝土开凿成 U 形或 V 形槽，用电锯沿裂缝切割成 20°角的区域。清理凿槽表面，将选定的涂覆材料涂刷凿槽，涂刷厚度不宜过厚，然后将灌浆材料灌入裂缝内部，并用抹子压实。该技术操作过程复杂，对修复设备要求高，且灌入的修复材料通常具有污染环境的缺点。

3.3.5 钢筋阻锈技术

钢筋阻锈根据钢筋锈蚀程度、锈蚀原因、锈蚀部位等选择修复技术。

钢筋锈蚀通常是电化学腐蚀，阳极反应和阴极反应都是发生在钢筋和电解质界面之间的电化学反应。阴极保护是钢筋混凝土结构最常用最有效的电化学保护技术，但如果钢筋锈蚀是混凝土碳化引起的，则不适合用阴极保护技术。这是因为碳化混凝土会使混凝土电阻率增高，不利于阴极保护[9]，采用局部修复技术更为有效。

针对碳化引起的钢筋锈蚀，应先凿除钢筋表面疏松开裂混凝土，对钢筋彻底除锈，选用迁移性钢筋阻锈剂涂刷在经处理后的锈蚀钢筋表面进行阻锈。电化学除氯技术的修复效果比涂刷钢筋阻锈剂的修复效果要好，但考虑到涂刷阻锈剂的技术远比电化学除氯要简单方便，因此当钢筋混凝土构件初始锈蚀率不大时，选择涂刷阻锈剂的技术进行修复，且涂刷 3 层阻锈剂效果较好；当钢筋混凝土构件初始锈蚀率较大时，选择电化学除氯技术进行修复，且经济的修复时间为 6～8 周。但是钢筋阻锈修复技术如电化学除盐后钢筋自腐蚀电位负移，在侵蚀环境作用下易发生"二次腐蚀"；现有混凝土电迁移性阻锈剂主要是胺类或醇胺类有机物，在高碱性条件下，醇胺类有机阻锈剂的电离程度有限，在混凝土中的迁移阻锈效果有限。因此，研发在混凝土中快速迁移并在钢筋表面稳定吸附的其他种类化合物能意义重大，并且电迁移性阻锈剂的有效阻锈基团在钢筋表面的吸附方式、吸附机理以及吸附膜的长期稳定性尚需进一步研究。

对有裂缝且受氯盐侵蚀严重的混凝土结构而言，可采用电化学脱盐与电沉积两种技术结合的脱盐与裂缝沉积愈合同步修复技术。虽然电沉积和电化学脱盐同为电化学修复技术，装置相似，但由于两者功能不一样，优化的试验参数并不一样。为实现脱盐与裂缝愈合同步进行，还需要进一步研究通电电流密度等参数的合理取值。

3.3.6 补强修复技术

补强加固修复技术包括围套加固技术、粘钢加固技术、碳纤维片材加固技术、预应力加固技术等。混凝土损坏严重，局部形成凹陷，钢筋呈现裸露、断裂或磨损，严重影响建筑物结构和安全，以及混凝土构件承载力不足引起的裂缝，必须采取补强加固修复技术。严重损坏部位采用植入新的钢筋和浇筑新的混凝土的修复技术，为提高混凝土的整体强度，在损坏严重的凹陷区域需要采取植筋后浇筑混凝土的措施。

围套加固技术适用于空间大的混凝土结构损伤修复。加固时，损伤部位的旧混凝土凿毛清洗，钢筋锈蚀的，应凿出钢筋，清除铁锈，需增配的钢筋根据裂缝开裂的程度由计算确定。该技术在一定程度上会减小建筑物的使用空间，增加结构自重，现场湿作业量较大，养护期较长，对建筑物的使用有一定影响。

粘钢加固技术适用于正常情况下的一般受弯、受拉结构构件的损伤修复。加固时，在混凝土结构表面采用建筑结构胶粘贴钢板，提高结构承载力。该技术中结构胶耐久性能，在非静荷载作用下粘钢加固技术等有待进一步研究。

碳纤维片材加固技术适用于损伤的混凝土梁的加固。碳纤维片材利用建筑结构胶将碳纤维片材粘贴于梁的表面，对于有裂缝梁先进行裂缝处理，再进行碳纤维片材加固。加固时，梁的受弯加固，碳纤维片材应粘贴在梁的受拉区一侧。

预应力加固技术适用于大跨结构以及采用其他修复技术无法加固或加固效果差的混凝土结构修复。加固时，预应力受力杆通过建筑结构胶粘结并采用膨胀螺栓锚定在旧混凝土上，结合面凿毛和清洁处理，通过外加预应力钢质受力杆对混凝土结构进行加固。

3.3.7 应用案例

上海市某建筑结构耐久性提升：

1）项目概况

上海市某建筑位于南京东路的东段，建于 1966 年，是一幢七层钢筋混凝土框架结构建筑，建筑面积约 $35000m^2$。该建筑历经 60 余年的使用，结构已出现老化现象。为保证结构安全，2012 年 10 月，对该大楼进行检测和修缮。

2）检测与评估

混凝土碳化深度采用浓度为 1% 的酚酞酒精溶液检测，将其注入凿出的孔内，用游标卡尺量得碳化深度，对 10 根柱、5 根梁进行检测。无粉刷装修层保护的所有抽检柱碳化深度均已达到钢筋表面，梁碳化深度多数未达钢筋表面，说明碳化与混凝土强度密实性以及粉刷装修有关。现场检查发现，底层有 4 根柱出现混凝土保护层剥落、钢筋锈蚀现象，在柱的根部箍筋已全部锈断，主筋截面损失率在 5% 左右，二至七层柱、梁均存在混凝土保护层剥落钢筋锈蚀现象。大楼部分柱梁存在钢筋锈蚀后，混凝土顺筋开裂，甚至大块混凝土剥落。屋面梁有大量混凝土收缩和温度应力联合作用引起的裂缝，裂缝呈竖向，沿梁长均匀布置，最多的一跨梁上裂缝多达 10 条；地下车库在一层喷水池底部多处严重渗漏水，说明梁板有贯穿性裂缝。

大楼建成至今已有 60 余年的历史，由于建设时的材料供应、施工工艺及技术水平的限制，混凝土本身存在强度低、振捣不密实等缺陷。上海地区是一个潮湿多雨四季温差较大的地区，对防止混凝土碳化、钢筋锈蚀不利，无表面粉刷和装修做防护的结构长期在这种环境下使用，势必产生耐久性问题，需要修缮和防护。

3）修复技术

大楼钢筋锈蚀是混凝土碳化引起的，碳化混凝土会使混凝土电阻率增高，不利于阴极保护，不适合用阴极保护法。碳化引起的钢筋锈蚀破坏通常仅限于混凝土保护层较薄的那一部分结构表面，用局部修补的方法更为经济。针对大楼部分柱梁出现钢筋锈蚀的情况，选用迁移性钢筋阻锈剂 MCI-2023 涂刷经处理后的锈蚀钢筋表面。使用时先凿除钢筋表面疏松开裂混凝土，用钢丝刷对钢筋彻底除锈，将 MCI-2023 钢筋阻锈剂的粉剂与树脂按比例调配，调配后立即用专用刷涂刷在钢筋上，涂层厚度 0.8～1.6mm。调配后的材料应在 30 分钟内用完，涂刷阻锈剂前应确保基层足够干燥。

3.4　砌体结构耐久性提升技术

3.4.1　概况

砌体结构耐久性损伤是指在不同环境作用下结构材料出现的表面损伤，或者结构材料内部或者外部发生了物理和化学作用，导致结构出现损伤。耐久性损伤使得结构不能达到安全使用年限。当前，我国混凝土结构耐久性研究较为充分，从设计到评估再到修复，已形成了比较完备的规范体系。但砌体结构耐久性研究明显不足，尚未形成一个关于耐久性的专门规范，导致砌体结构耐久性设计往往不充分，同时也严重制约了对砌体结构耐久性损伤的评估与修复工作[7]。

老旧的砌体结构大多数为无筋或少筋多层结构，多采用烧结砖、石材料，类似当代和古代砌体建筑，历经了上百年乃至几百年时间验证，其耐久性毋庸置疑。但随着建筑材料和生产工艺的发展，大量新型轻质多孔墙材的出现，特别是非烧结墙材的大量工程应用，由于应用研究不够深入、设计施工不当等原因，陆续暴露出一些工程质量问题，大多数为耐久性问题。近年来，配筋混凝土砌体结构体系在我国逐步推广应用，其结构材料的组成比钢筋混凝土结构复杂，所考虑的耐久性层次、因素更多，其耐久性取决于砌体、砂浆、灌孔混凝土及配筋。我国配筋砌体的耐久性设计及构造措施基本上是参照了 ISO 国际标准对耐久性的要求[8]。

3.4.2　砌体结构耐久性影响因素

砌体结构耐久性损伤影响因素主要包括风化、泛霜、冻融破坏、碱集料反应、化学侵蚀、配筋砌体中的钢筋锈蚀等。

（1）风化。随着时间的推移，砌体表面不断劣化，表面变得粗糙、疏松。当自然界的风带着颗粒击打在砌体表面，即对砌体表面施加了压力，使砌体表面本来疏松的部分又受到了剥蚀，这样会导致砌体有效截面尺寸减小，使得结构的承载能力下降。西安建筑科技大学、湖南大学、哈尔滨工业大学和重庆市建筑科学研究院对各自地区砌体结构建筑的耐久性进行了调查[9]。调查的 100 栋建筑和构筑物包括：住宅、办公楼、礼堂、教堂、厂房、烟囱等 15 种类型，修建时间从十几年到 100 年以上，调查的结果显示，在南方超过 50 年的砌体建筑，墙面风化一般小于 10mm，个别超过 30mm，风化严重的部位出现在接近地面干湿循环交替部位、水浸泡的地方；在北方冻融地区，墙面风化比南方地区严重，墙面深度最大超过 100mm；而对砌体结构有侵蚀作用的气体和液体，有的在使用后不到 20 年就必须进行加固处理。

（2）泛霜。砌体发生泛霜的主要原因是砌体内部存在可溶性盐，研究表明[10]，砌体可溶性盐的来源主要有两种途径：一是存在于砌体内部的可溶性盐，如原料土或烧制时的水中含有可溶性盐；二是外界可溶性盐的侵入，如盐雾或除冰盐。当砌体中含有足够多的水分，可溶性盐就会溶解，随着砌体内部水分的蒸发，可溶性盐在砌体表面析出、结晶并沉积，表面看上去有斑点状或成片的白色结晶，这会导致砌体表面疏松、剥落，从而降低结构的承载能力。

（3）冻融。冻融引起的耐久性损伤通常是从砌体表面开始，随着冻融次数的不断增加，其表面开始变得疏松、剥落，减少了有效的截面尺寸，导致砌体承载能力下降。在反复冻融情况下，如果再耦合风蚀，砌体的损伤将更为严重，其内部的孔隙率、砖块和砂浆的强度也会变化。

（4）碱-集料反应。发生碱集料反应是因为砌体内部的含碱量高，或者砂浆的细集料中有足够的活性成分，同时砌体内部含有一定量的水分。砌体材料中的碱性物质与砂浆细集料中的活性成分发生化学反应，导致砌体内部因为生成膨胀性侵蚀产物而开裂。

（5）化学侵蚀。化学侵蚀是砌体在所处的环境中接触到了外部的酸性或硫酸盐而受到侵蚀。既有居住建筑受到酸性或硫酸盐侵蚀的较少。

（6）配筋砌体中钢筋锈蚀。现代的砌体结构很多是砖混结构。对配筋砌体结构构件中的钢筋保护不容忽视。砖砌体或混合砂浆具有吸水性，对钢筋的防腐作用很弱。

3.4.3　砌体结构耐久性修复技术

砌体结构的耐久性修复需要针对材料的类别、特点、环境条件，选择合适的修复方法。

1. 局部置换法

砌体块材和砂浆腐蚀风化严重时，会降低砌体构件的有效截面积，产生安全隐患，可采用局部置换的方法进行修复。针对砌体的灰缝粉化，先剔凿已粉化的灰缝，清理干净，洒水湿润，并用高标号水泥砂浆或聚合物砂浆填塞密实，勾缝。对局部砌块严重风化的，可剔凿严重风化的砌块，用新的砌块替换。

置换时应注意以下事项：

1）把需要置换部分及周边砌体表面抹灰层剔除，然后沿着灰缝将被置换砌体凿掉。在凿打过程中，应避免扰动不置换部分的砌体。

2）仔细把粘在砌体上的砂浆剔除干净，清除浮尘后充分润湿墙体。

3）修复过程中应保证填补砌体材料与原有砌体可靠嵌固。

4）砌体修补完成后，再做抹灰层。

2. 裂缝修补法

砌体结构裂缝的修补应根据其种类、性质及出现的部位进行设计，选择适宜的修补材料、修补方法。常用的裂缝修补方法应有填缝法、压浆法、外加网片法等。根据工程的需要，这些方法还可组合使用。

1）填缝法

填缝法适用于处理砌体中宽度大于 0.5mm 的裂缝。修补裂缝前，首先应剔凿干净裂缝表面的抹灰层，然后沿裂缝开凿 U 形槽。对凿槽的深度和宽度，当为静止裂缝时，槽深不宜小于 15mm，槽宽不宜小于 20mm；当为活动裂缝时，槽深宜适当加大，凿成光滑的平底，以利于铺设隔离层；当为钢筋锈蚀引起的裂缝时，应凿至钢筋锈蚀部分完全露出为止，钢筋底部混凝土凿除的深度，以能使除锈工作彻底进行。

填缝材料：对静止裂缝，可采用改性环氧砂浆、改性氨基甲酸乙酯胶泥或改性环氧胶泥等进行充填。对活动裂缝，可采用丙烯酸树脂、氨基甲酸乙酯、氯化橡胶或可挠性环氧树脂等为填充材料，并可采用聚乙烯片、蜡纸或油毡片等为隔离层。对锈蚀裂缝，应在已除锈的钢筋表面上，先涂刷防锈液或防锈涂料，待干燥后再充填封闭裂缝材料。

修补裂缝还应注意：充填封闭裂缝材料前，应先将槽内两侧凿毛的表面浮尘清除干净。采用水泥基修补材料填补裂缝，应先将裂缝及周边砌体表面润湿。采用有机材料不得湿润砌体表面，应先将槽内两侧面上涂刷一层树脂基液。充填封闭材料应采用搓压的方法填入裂缝中，并应修复平整。

2）压浆法

压浆法即压力灌浆法，适用于处理砌体裂缝宽度大于 0.5mm 且深度较深的裂缝，压浆材料可采用无收缩水泥基灌浆料、环氧基灌浆料等。

压浆流程如下：清理裂缝→安装灌浆嘴→封闭裂缝→压气试漏→配浆→压浆→封口处理。

清理裂缝时，应在砌体裂缝两侧不少于 100mm 范围内，将抹灰层剔除。若有油污也应清除干净；然后用钢丝刷、毛刷等工具，清除裂缝表面的灰土、浮渣及松软层等污物；用压缩空气清除缝隙中的颗粒和灰尘。封闭裂缝时，应在已清理干净的裂缝两侧，先用水浇湿砌体表面，再用纯水泥浆涂刷一道，然后用 M10 水泥砂浆封闭，封闭宽度约为 200mm。试漏应在水泥砂浆达到一定强度后进行，并采用涂抹皂液等方法压气试漏。对封闭不严的漏气处应进行修补。压浆的压力宜控制在 0.2～0.3MPa。压浆顺序应自下而上，边灌边用塞子堵住已灌浆的嘴，灌浆完毕且已初凝后，即可拆除灌浆嘴，并用砂浆抹平孔眼。

3. 表面修补法

1）一般表面修复

针对砌块表面风化不严重的部分，先剔凿已风化、表面疏松的部分，清理干净，洒水湿润，并用聚合物砂浆填塞抹压密实，并将外表面涂成与砖墙同一颜色，表面按原砌筑灰缝分成砌筑缝。

2）外加网片法表面修复

对于砌体表面存在裂缝，为了增强抗裂性能，限制裂缝开展，还可采用外加网片法的表面修补法。外加网片所用的材料应包括钢筋网、钢丝网、复合纤维织物网等。当采用钢筋网时，其钢筋直径不宜大于 4mm。网片覆盖面积除应按裂缝或风化、剥蚀部分的面积确定外，尚应考虑网片的锚固长度。网片短边尺寸不宜小于 500mm。网片的层数与材料有关，对钢筋和钢丝网片，宜为单层；对复合纤维材料，宜为 1～2 层。

4. 砌体加固法

对墙体大面严重风化的，导致砌体有效截面尺寸减小，使得结构的承载能力下降。对于已影响结构承载力的，可采用钢筋混凝土面层加固法、钢筋网水泥砂浆面层加固法、聚合物改性水泥砂浆面层加固法、高延性混凝土面层加固法等加固方法进行处理。

3.4.4 应用案例

某砌体房屋裂缝修复：

1）项目概况

某砌体结构，建筑面积 4500m²，地上一层，房屋砖柱设计采用 MU10 砖，M7.5 混合砂浆，柱距为 6m，砖柱断面尺寸为 740mm×490mm；墙体采用 MS 砂浆砌筑 MU10 砖，墙厚为 240mm，并设有两道截面为 240mm×240mm 的圈梁。沿房屋全长设有两道伸缩缝，使整个墙体分为 3 段，其中两端长度各为 96m，中间一段长度为 108m。该砌体单层房屋外墙体，砖柱和墙体出现了大量的裂缝，为此需对该房屋进行检测鉴定，并进行裂缝修缮。

2）检测与评估

（1）裂缝检测

砌体裂缝主要分布在墙面、柱面的两个伸缩缝之间（墙长 108m），这些裂缝多数集中在伸缩缝附近。在墙面上裂缝的形态主要是斜裂缝，裂缝已连成拱形；在墙与地梁交界处，裂缝形态多数为水平状。墙面上的裂缝，有部分已贯通整个墙面，同时有部分裂缝延伸到地梁上。裂缝的形态多数为上大下小，最大宽度 5mm。砖柱上的裂缝为水平状，个别柱上有 3 条裂缝，将柱子分为 4 段。

（2）强度检测

对砖抗压强度、砖柱砂浆强度和地梁混凝土抗压强度进行了检测，同时也进行了 4 个砌体抗压强度原位试验结果表明，材料强度满足设计要求。

（3）评估

房屋构造措施不当是目前裂缝发展变化的主要原因。由温度引起的伸缩变形，多数裂缝集中在两条伸缩缝之间的中间墙柱上，该段墙体长 108m，伸缩缝间距超过砌体结构设计规范的要求，且伸缩缝宽度不够。施工中产生的杂物充填了伸缩缝，当伸缩缝闭合后，在温度作用下，相当于存在一水平方向的推力，使墙、柱受剪，形成八字形的裂缝。由于混凝土与墙体的膨胀系数差别较大，地梁与墙体约束不同，所以在地梁与墙体连接处出现水平裂缝，在屋面女儿墙外出现因温度引起的水平裂缝，同时存墙面也发现由此引起的墙面挤压现象。

3）裂缝修复技术

对原设置的伸缩缝，其宽度小于30mm进行拓宽处理，保证伸缩缝宽度大于30mm。对砖柱和墙面裂缝进行下列修缮。

（1）针对宽度不小于1mm的裂缝，采用膨胀水泥掺石棉绒嵌缝修补。

（2）宽度小于1mm的墙面裂缝，采用白胶贴布修补。首先将墙面沿裂缝，将表面抹灰层剔深10mm左右，剔宽50mm左右，清理干净后粘贴玻璃丝布，用石膏嵌缝，再用白胶贴1～2层，最后刮腻子找平，刷涂料。

（3）外墙面裂缝，沿裂缝将灰缝砂浆剔深10mm，用1∶1水泥砂浆重新勾缝，并将外表面涂成与砖墙同一颜色。

3.5 外墙外保温系统修复技术

3.5.1 概况

外墙外保温是我国墙体保温的主要形式，具有热工性能好、保温效果好、成本低、综合效益高、可延长结构寿命等优点。但外墙外保温技术在实际工程中还存在保温层开裂、脱落等问题（图3.5-1、图3.5-2），导致车辆损坏、人员伤亡的事故时有发生，影响了居住生活环境的安全。外保温空鼓、开裂、脱落已成为社会关注的热点问题，需要加强对建筑物外墙外保温系统的维护，采取有针对性的修复技术，提高外墙保温系统的可靠性。

图3.5-1 外墙保温板脱落

图3.5-2 外墙保温板裂缝

3.5.2 局部修复技术

1. 空鼓修复

1）饰面层与保温层空鼓修复

当外保温系统的饰面层与保温层之间出现空鼓时，根据饰面类型确定修缮方法。

涂料饰面层与保温层之间的空鼓、剥落的修缮，应在空鼓、剥落区扩大100mm的范围内铲除涂料饰面，对保温层表面进行清理和界面处理，批嵌柔性防水腻子，并重新涂刷涂料。新旧网格布搭接距离不应少于100mm。

面砖饰面层与保温层之间的空鼓的修缮，应在空鼓区扩大100mm的范围内清除外墙砖饰面，对粘贴表面进行处理，按原样将饰面砖补镶牢固、平整，用柔性嵌缝材料勾缝并擦洗干净。

2）保温层与基层墙体空鼓修复

当外保温系统的保温层与基层墙体之间出现空鼓时，应沿空鼓区扩大100mm范围内，先铲除空鼓部位的保温层，清除至基层，基层清理后先进行界面处理，重新增设保温系统各构造层；新旧热镀锌网搭接距离不少于40mm，新旧网格布搭接距离不少于100mm。最后按原饰面的做法进行饰面修复。

2. 裂缝修复

当外保温系统的涂料饰面层出现对墙装饰效果影响较大的裂缝时，应根据裂缝成因，选择对应的修缮材料和方法。

1）饰面层的龟裂缝采用柔性防水腻子进行修缮，并重新涂刷涂料。

2）保温板拼接处产生裂缝时，或因保温板收缩变形引起的裂缝，先填入发泡聚氨酯，再填入适量密封膏，并重新涂刷涂料。

3）保温层开裂引起的裂缝，沿裂缝开V形槽后，将槽内浮物清理干净，再批嵌柔性防水腻子，并重新涂刷涂料；对深度大于15mm的裂缝，应分2~3次批嵌柔性防水腻子。

3. 渗水修复

当外墙外保温系统渗水时，先确定渗水区域，再进行扩展，并将扩展后的区域清除至基层，在渗水部位干燥后，对基层进行清理和界面处理，并重新增设外保温系统各构造层。

3.5.3 单元墙体修复技术

当外保温系统的缺陷分布较广，且大多缺陷已渗透、蔓延至保温层或保温材料层与基层之间，局部修缮无法彻底解决外墙保温系统的问题时，应将保温层全部铲除，采用单元墙体修缮。

1. 修复材料

1）建筑外墙外保温系统修缮宜采用与原系统同类的材料。

2）修缮所采用的界面砂浆、抗裂砂浆、保温砂浆、粘结砂浆、勾缝砂浆等，应该在工厂配制成干混砂浆。

3）外饰面采用涂料饰面时，应采用防水和防裂性优良的涂料。

2. 施工要点

1）修缮准备

（1）单元墙体修缮前，根据评估结果及修缮设计方案，确定单元墙体修缮部位。

（2）清除原外保温系统时，不应破坏基层墙体及单元墙体周边外保温系统。

（3）基层墙面不符合修缮的要求时，应对基层墙面进行处理。

（4）渗漏部位采取防水措施，并对墙体表面风化严重的区域进行修缮。

（5）对墙体表面积灰、泥土、油污、霉斑等污物进行清理。

（6）墙面缺损、孔洞、非结构性裂缝应填补密实，结构性裂缝应采取加固措施。

（7）基层墙面清理后，先进行界面处理，再重新铺设外保温系统各构造层。修缮墙面与相邻墙面网格布之间搭接或包转，搭接长度不小于 200mm。

2）单元墙体修缮

（1）当保温砂浆类外墙外保温系统空鼓面积比大于 15％或保温板材类、现场喷涂类外墙外保温系统粘结强度低于原设计值 70％，或出现明显的空鼓、脱落情况时，采用单元墙体修缮。

（2）修缮墙面与相邻墙面的交界处采用网格布搭接。

（3）采用涂料饰面且修缮部位高度大于 60m，或采用面砖饰面且修缮部位高度大于 24m 时，采用锚栓加固，且每平方米墙面的锚栓数量不少于 4 个。当采用锚栓加固时，锚栓在墙面上布置为梅花状。

3.5.4 应用案例

某居民楼外墙外保温局部修缮：

1）项目概况

某市一栋居民楼，砖混结构，地上 7 层，建筑面积 4901m²，建于 1994 年 10 月～1996 年 4 月。2007 年 5 月进行首次节能改造，外墙采用 50mm 厚聚苯保温板，涂料饰面。至 2017 年经过十年的使用，有部分保温板开裂、脱落，开裂的保温系统饰面层与保温层之间出现空鼓，局部墙面的保温板脱落，需要进行外墙外保温局部修缮。

2）改造技术

饰面层与保温层之间出现空鼓，对空鼓部分清理至保温层，进行界面处理后按原样修缮。饰面层与保温层之间的空鼓的修缮时，沿空鼓区扩大 100mm 范围内，清除涂料饰面层；空鼓部位清除至保温层，对保温层进行清理和界面处理，重新增设防护层、饰面层；新旧网格布搭接距离不少于 100mm。脱落保温板部位，对基层进行清理和界面处理，重新增设保温系统各构造层；新旧网格布搭接距离不少于 100mm。按要求重做涂料饰面。

3.6 房屋渗漏修复技术

3.6.1 概况

既有建筑渗漏作为建筑质量通病时常发生。既有建筑的屋顶、阳台、厨卫、外墙门窗和地下室等部位发生渗漏不仅直接影响人们的生活和工作，渗漏严重时还对既有建筑的耐久性产生很大影响，甚至影响建筑安全。典型渗漏现象如图 3.6-1 所示。

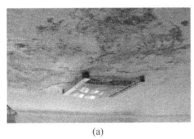

（a）　　　　　　　　　（b）　　　　　　　（c）

图 3.6-1　典型渗漏现象

（a）楼板渗漏；（b）外窗渗漏；（c）厨卫渗漏

不同的渗漏部位，发生的原因和修复的技术也不相同。对既有居住建筑改造时，应对易产生渗漏的部位进行重点检查，对老化、有渗漏迹象的部位及时进行渗漏修缮。对厨卫、外窗和阳台等部位，生活中发现渗漏现象，也应及时排查原因，对症修缮。按照既有居住建筑渗漏发生的部位，渗漏修复技术主要分为屋面渗漏修缮技术、厨卫渗漏修缮技术、外墙渗漏修缮技术、地下室渗漏修缮技术等。

3.6.2 屋面渗漏修复技术

既有居住建筑节能改造时，屋顶渗漏可结合屋面节能改造同步实施。针对渗漏专门进行修缮时，应根据房屋的重要程度、防水设计等级、使用要求，并结合现场查看结果，找准渗漏部位，综合分析原因，制订修缮方案。

1. 修复材料

屋面防水主要有卷材防水、涂膜防水、瓦屋面和刚性防水，修复材料的选用应符合下列要求：

1）防水卷材在外露的屋面使用时选用耐紫外线、耐老化、耐腐蚀、耐酸雨性能优良的高聚物改性沥青防水卷材、合成高分子防水卷材；外露屋面沥青卷材选用上表面覆有矿物颗粒保护的防水卷材。

2）涂膜防水材料为单组分涂料可直接使用；多组分涂料应根据规定的比例准确计量，拌合均匀；每次拌合量、拌合时间和拌和温度，应按所用涂料的要求严格控制，不得混入已固化或结块的涂料。

3）瓦件及配套材料的产品规格要统一；平瓦及其脊瓦边缘整齐，表面光洁，不得有剥离、裂纹等缺陷，平瓦的瓦爪与瓦槽的尺寸应准确。

4）刚性防水涂料选用高渗透型改性环氧树脂防水涂料、无机防水涂料；柔性防水涂料选用聚氨酯防水涂料、喷涂聚脲防水涂料、聚合物水泥防水涂料、高聚物改性沥青防水涂料、丙烯酸乳液防水涂料。刚性、柔性防水材料适合复合使用。

5）密封材料选用粘结力强、延伸率大、耐久性好的防水材料。可选用的密封材料有合成高分子密封材料、自粘聚合物沥青泛水带、丁基橡胶防水密封胶带、改性沥青嵌缝油膏。

2. 施工要点[11]

1）卷材防水屋面修缮

（1）铺设卷材的基层处理应符合修缮方案的要求，其干燥程度根据卷材的品种与施工要求确定。

（2）在防水层破损或细部构造及阴阳角、转角部位，应铺设卷材加强层。

（3）卷材铺设采用满粘法施工。

（4）卷材搭接缝部位应粘结牢固、封闭严密；铺设完成的卷材防水层应平整，搭接尺寸满足设计要求。

（5）卷材防水层修缮先沿裂缝单边点粘或空铺一层宽度不小于100mm的卷材，或采取其他能增大防水层适应变形的措施，然后再大面积铺设卷材。

2）涂膜防水层屋面修缮

（1）涂膜防水层起鼓、老化、腐烂等维修时，先铲除已破损的防水层并修整或重做找平层，找平层应抹平压光，再涂刷基层处理剂，然后涂布涂膜防水层，且其边缘应多遍涂刷涂膜。

（2）涂膜防水层局部维修后，面层应涂布涂膜防水层，且涂布应符合现行国家标准《屋面工程技术规范》GB 50345 的规定。

（3）全部铲除原防水层时，应修整或重做找平层，水泥砂浆找平层应顺坡抹平压光，面层应牢固。面层应涂布涂膜防水层，且涂布应符合现行国家标准《屋面工程技术规范》GB 50345 的规定。

（4）修缮时应先做带有胎体增强材料涂膜附加层，新旧防水层搭接宽度不小于100mm；防水涂膜应分次涂布，待先涂布的涂料干燥成膜后，方可涂布后一遍涂料，且前后两遍涂布方向应相互垂直。

（5）涂膜防水层的收头，应采用防水涂料多遍涂刷或用密封材料封严；对已开裂、渗水的部位，应凿出凹槽后再嵌填密封材料，并增设一层或多层带有胎体增强材料的附加层；涂膜防水层应沿裂缝增设带有胎体增强材料的空铺附加层，其空铺宽度宜为100mm。

3）瓦屋面修缮

（1）少量瓦件产生裂纹、缺角、破碎、风化时，应拆除破损瓦件，并选用同一规格的瓦件予以更换。瓦件松动时，应拆除松动瓦件，重新铺挂瓦件。大面积破损时，应清除全部瓦件，整体翻修。

（2）沥青瓦局部老化、破裂、缺损时，应更换相同规格的沥青瓦。更换的沥青瓦应自檐口向上铺设，相邻两层油毡瓦，其拼缝及瓦槽应均匀错开。沥青瓦大面积破损时，应清除全部瓦件，整体翻修。

4）刚性防水层屋面修缮

（1）刚性防水层表面因混凝土风化、起砂、酥松、裂缝等原因导致局部渗漏时，应先将损坏部位清除干净，浇水湿润后，再用聚合物水泥砂浆或掺外加剂的防水砂浆分层抹压密实、平整。

（2）刚性防水层屋面大面积进行翻修时，宜优先采用柔性防水层，并符合相关规范的要求。

屋面女儿墙、水落口、变形缝、泛水等部位的渗漏修缮应满足《房屋渗漏修缮技术规程》JGJ/T 53 的规定。

3.6.3 厨卫渗漏修复技术

厨房和卫生间的墙面和地面通常都有给水和排水管道，防水层也在瓷砖面层以下，厨卫一旦发生漏水，会产生严重的后果，轻则污损装饰，重则影响建筑寿命，甚至引发邻里纠纷。发生渗漏后，迅速找到漏点，根据发生渗漏的严重程度、紧迫性，采用不同的修复技术。

1. 渗漏检测

厨卫空间漏水一般有两种原因，一种是防水层老化、破损，导致防水失效渗水，二是水管破损造成渗水。如果是水管漏水，需要精准定位漏水点，敲开漏点的面层瓷砖，先修复水管，再做防水，恢复面层；若果是防水层漏水，则需要对防水层进行修补。

1) 漏水原因初判

通常先对管道是否渗漏进行排查。管道渗漏是指上下水管、地漏及马桶的接口等出现破损等缺陷造成的渗漏，判定条件如下：

上水管渗漏判定：渗漏具有连续、不间断性，有时渗漏量还具有不断加大的现象，如关闭水管总阀门，渗漏量立即会减少。

下水管渗漏判定：首先观察渗漏量，并做记录，然后打开所有的水龙头、马桶多次冲水以及向地漏倒水，这时如出现渗漏量加大，说明为下水管道破损渗漏。

管道渗漏检查后如判定不是管道渗漏，再进行防水层渗漏诊断。防水层破损渗漏应结合渗漏发生的条件、观察渗漏迹象等综合判定。比如只有在洗澡、拖地等情形，即对地面与墙体产生淋水、积水时发生渗漏，这种情况下通常是防水层破损导致的渗漏。

2) 管道渗漏检测

管道渗漏检测通常采用分段式打压再开凿修复，不仅修补成本高，操作不当还可能产生二次破坏。采用红外成像、声波法、内窥镜探测等管道系统渗漏无损检测技术检测更简便、定位更精准。

（1）红外热成像技术

红外热成像仪是将物体发出的不可见红外能量转变为可见的热图像。颜色代表被测物体的温度，当环境温度与管道的温度存在较大温差时，管道的形状就会在仪器上呈现（夏天天气较炎热的情况下宜通入冰水进行检测）。当管道不存在漏水情况时，从红外线热像仪可以观察到，管道中的热量向外扩散是均匀的，红外线热像仪观察到管道外侧图像是相互平行的，不会出现从一点向外扩散的现象，见图 3.6-2。管道存在漏水时，热水从漏点溢出，由于建筑物内管道漏水时存在不定向性，会往任意方向扩散，红外热成像仪呈现出不规则的图案形状（多为点状扩散），如图 3.6-3 所示。

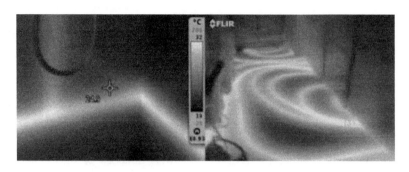

图 3.6-2　给水管道及地暖管道未漏水时热成像

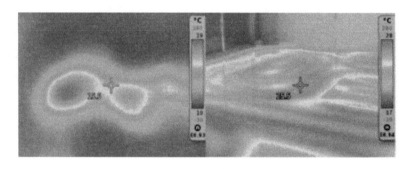

图 3.6-3　给水管道及地暖管道漏水时热成像

（2）声波法漏水检测技术

管道发生破裂时，管道的两端安装的数据采集处理器即刻接收输送介质在泄漏瞬间产生的声波振荡，通过数据模型对比来确定泄漏是否发生以及泄漏量，并通过传送信号的时间差，判断泄漏位置。管道发生泄漏时，喷出的水与漏孔摩擦，并与周围空气、泥沙等介质相撞击和混合，产生不同频率的振动即漏水声的。漏水声大小与供水压力、漏口大小、管道周围的介质以及管道材料密切相关。一般说来，管道中液体的压力越高，其漏点产生的声压也越高，传播的距离也越远。高频成分较多的声音清脆，低频成分较多的声音较沉；在管道上泄漏声传播愈远，高频成分损失比例愈多，听起来越低沉，而靠近漏点的位置，声音就比较清脆。利用水气混合打压的方式可提高管网水压并有效提高"异常声"的分辨率更适合建筑物内管道漏点的检测。

（3）内窥镜检测技术

用内窥镜以录像的方式对管道内部的沉积、管道破损、异物穿入、渗漏、支管暗接等状态进行监测和拍摄，可以长距离清晰地看清并记录管道内部的一切状况。由专业人员对影像资料进行分析，了解介质输送情况以及管道的受损程度。使用内窥镜观察吊顶、墙体缝隙中的管道外部避免吊顶全拆卸的繁重工作。亦可深入管道内部，对管道破损、异物堵塞等情况进行排。一般在射灯、出风口等位置将我们的仪器探头伸入，然后在仪器上观察管道的受损程度。

2. 修复技术

1）墙面渗漏修复

（1）浴间和厨房的墙面面砖破损、空鼓和接缝的渗漏修缮，应拆除该部位的面砖、清理干净并洒水湿润后，再用聚合物水泥防水砂浆粘贴与原有面砖一致的面砖，并进行勾缝处理。

（2）墙面防水层破损渗漏修缮时，采用涂布防水涂料或抹压聚合物水泥防水砂浆进行防水处理。

（3）墙面防水层高度不足引起的渗漏修缮时，修缮后的厨卫间防水层高度不小于2000mm，厨房间防水层高度不小于1800mm；在增加防水层高度时，先处理加高部位的基层，新旧防水层之间搭接宽度不小于150mm。

2）地面渗漏修复

厨卫地面由于防水层破坏导致的渗漏，可采用不破坏现有面层的方式进行修复，即采用渗透性防水剂修补渗漏。渗透性防水剂是一种以碱金属硅酸盐溶液为基料，加入催化剂、助剂、惰性材料，经混合反应而成的防水剂，可深度渗透入混凝土内部，与游离的碱物质发生化学反应，形成结晶体，从而有效封堵混凝土内部所有毛细孔通道和裂纹，起到防水、防腐、防尘、防磨损、保护混凝土及混凝土内部钢筋、延长混凝土使用寿命的功能。渗透性防水剂修补漏水方法：

① 将表面的灰尘、油污、积水等处理干净；

② 在能淋到水的整个面，如：瓷砖面、瓷砖缝、墙缝、管根等部位，喷刷渗透型防水剂，不可漏喷；

③ 防水剂表面干以后，用防水膏填实所有墙砖与地砖拼接缝、瓷砖破损和缺陷部位；

④ 对墙角、墙边、管根等薄弱环节，用塑钢泥封边加固。

3）厨卫设施连接处渗漏修缮

（1）地面与墙面交接处防水层破损渗漏修缮，在缝隙处嵌填密封材料，并涂布防水涂料。设施与墙面接缝的渗漏修缮，采用嵌填密封材料进行处理。穿墙管根渗漏修缮时，采用嵌填密封材料，并涂布防水涂料。地漏部位渗漏修缮时，先在地漏周边剔出15mm×15mm的凹槽，清理干净后，再嵌填密封材料封闭严密。

（2）穿过楼地面管道的根部积水或裂缝渗漏修缮时，先清除管道周围构造层至结构层，再重新抹聚合物防水砂浆找坡，并在管根周边预留出凹槽，然后嵌填密封材料，涂布防水涂料，恢复饰面层。

（3）卫生洁具与给排水管连接处渗漏时，取下洁具，清理干净，洒水湿润后，抹压聚合物防水砂浆或涂布防水涂料，做好马桶底部防水，皮碗损坏应更换，再恢复安装卫生洁具。

3.6.4 外墙渗漏修复技术

1. 修复材料

1）防水涂料可选用聚氨酯防水涂料、喷涂聚脲防水涂料、聚合物水泥防水涂料、高聚物改性沥青防水涂料、丙烯酸乳液防水涂料。

2）密封材料选用粘结力强，延伸率大、耐久性好的防水材料。可选用的密封材料有合成高分子密封材料、自粘聚合物沥青泛水带、丁基橡胶防水密封胶带、改性沥青嵌缝油膏。

3）金属折板选用铝合金或不锈钢。

2. 施工要点

1）基本原则

查清外墙渗漏原因，采取针对性的修复方法。

（1）对于因外墙面砖或板材等材料本身破损而导致的渗漏，当需更换面砖、板材时，宜采用聚合物水泥防水砂浆或胶粘剂粘贴并做好接缝密封处理。

（2）对于面砖、板材接缝的渗漏，宜采用聚合物水泥防水砂浆或密封材料重新嵌缝。

（3）对于外墙水泥砂浆层裂缝而导致的渗漏，宜先在裂缝处刮抹聚合物水泥腻子后，再涂刷具有装饰功能的防水涂料。裂缝较大时，宜先凿缝嵌填密封材料，再涂刷高弹性防水涂料。

（4）对于外墙孔的渗漏，应根据孔洞的用途，采取永久封堵、临时封堵或排水等维修方法。

（5）对于预埋件或挂件根部渗漏，宜采用嵌填密封材料外涂防水涂料维修。对于门窗框周边渗漏，宜在室内外两侧采用密封材料封堵。混凝土结构与填充墙结合处裂缝的渗漏，宜采用钢丝网或耐破玻纤网格布挂网，抹压防水砂浆的方法维修。

2）构造缝修缮

（1）原采用弹性材料嵌缝的变形缝渗漏维修时，先清除缝内已失效的嵌缝材料及浮灰、杂物，待缝内干燥后再设置背衬材料，然后分层嵌填密封材料，并密封严密、粘贴牢固。

（2）原采用金属折板盖缝的外墙变形缝渗漏维修时，先拆除已损坏的金属折板、防水层和衬垫材料，再重新粘铺衬垫材料，钉粘合成高分子防水卷材，收头处钉压固定并用密封材料封闭严密，然后在表面安装金属折板，折板应顺水流方向搭接，搭接长度不小于40mm。金属折板做好防腐蚀处理后锚固在墙体上，螺钉眼选用与金属折板颜色相近的密封材料嵌填、密封。

（3）外装饰面分格缝渗漏修缮，应嵌填密封材料和涂布高分子防水涂料。

3) 连接处修缮

(1) 穿墙管道根部渗漏维修时，用掺聚合物的细石混凝土或水泥砂浆固定穿墙管，在穿墙管外墙外侧的周边预留出 20mm×20mm 的凹槽，凹槽内嵌填密封材料。

(2) 阳台、雨篷、遮阳板等产生倒泛水或积水时，可凿除原有找平层，再用聚合物水泥砂浆重做找平层，排水坡度不小于 1%。当阳台、雨篷等水平构件部位埋设的排水管出现淋湿墙面状况时，加大排水管的伸出长度或增设水落管。阳台、雨篷与墙面交接处裂缝渗漏维修，先在连接处沿裂缝墙上剔凿沟槽，并清理干净，再嵌填密封材料。剔凿时，不得重锤敲击，不得损坏钢筋。阳台、雨篷的滴水线（滴水槽）损坏时，重新修复。

(3) 现浇混凝土墙体穿墙套管渗漏，应将外墙外侧或内侧的管道周边嵌填密封材料，并封堵严密。

3.6.5 地下室渗漏修复技术

1. 修复材料要求

1) 防水混凝土的配合比通过试验确定，其抗渗等级不低于原防水混凝土设计要求；掺用的外加剂采用防水剂、减水剂、膨胀剂及水泥基渗透结晶型防水材料等。

2) 防水抹面材料采用掺水泥基渗透结晶型防水材料、聚合物乳液等非憎水性外加剂、防水剂的防水砂浆。

3) 地下室防水涂料的选用应符合国家现行标准《地下工程渗漏治理技术规程》JGJ/T 212 的规定。

2. 施工要点

1) 混凝土结构渗漏修缮

(1) 混凝土裂缝渗漏

①混凝土裂缝渗漏水时，水压较小的裂缝可采用速凝材料直接封堵。维修时，沿裂缝剔出深度不小于 30mm、宽度不小于 15mm 的 U 形槽。用水冲刷干净，再用速凝堵漏材料嵌填密实，使速凝材料与槽壁粘贴紧密，封堵材料表面低于板面不小于 15mm。经检查无渗漏后，用聚合物水泥防水砂浆沿 U 形槽壁抹平、扫毛，再分层抹压聚合物水泥防水砂浆防水层。

②水压较大的裂缝，可在剔出的沟槽底部沿裂缝放置线绳（或塑料管）。沟槽采用速凝材料嵌填密实。抽出线绳，使漏水顺线绳导出后进行维修。

(2) 混凝土表面渗漏

①混凝土表面渗漏水采用聚合物水泥砂浆修缮时，应先将酥松、起壳部分剔除，堵住漏水，排除地面积水，清除污物。

②混凝土表面凹凸不平处深度大于 10mm，剔成慢坡形，表面凿毛，用水冲刷干净。面层涂刷混凝土界面剂后，应用聚合物水泥防水砂浆分层抹压至板面齐平，抹平压光。

③混凝土表面蜂窝麻面，应用水冲刷干净。表面涂刷混凝土界面剂后，应用聚合物水

泥防水砂浆分层抹压至板面齐平。

2）砌体结构渗漏修缮

（1）砌体结构水泥砂浆防水层修缮时，防水层局部渗漏水，应剔除渗水部位并查出漏水点，进行封堵。经检查无渗漏水后，重新抹压聚合物水泥防水砂浆防水层至表面齐平。

（2）防水层空鼓、裂缝渗漏水，应剔除空鼓处水泥砂浆，沿裂缝剔成凹槽后进行封堵。砖砌体结构应剔除酥松部分并清除干净，采用下管引水的方法封堵。经检查无渗漏后，重新抹压聚合物水泥砂浆防水层至表面齐平。

（3）防水层阴阳角处渗漏水，经过修缮后阴阳角的防水层应抹成圆弧形，抹压应密实。

本章参考文献

［1］ 孟玉洁，李明，周燕，邸小坛. 既有建筑耐久性评定技术综述[J]. 建筑科学 2011(6)增：149-150.

［2］ 沈秀良. 对房屋建筑耐久性性的思考[J]. 建筑工程 2018(10)：125-127.

［3］ 李群. 影响土建结构耐久性的因素与提升策略研究[J]. 建材与装饰，2018(12)：41-43.

［4］ 中华人民共和国国家标准. 民用建筑可靠性鉴定标准 GB 50292—2015[S]. 中国建筑工业出版社，2015.12.

［5］ 中华人民共和国国家标准. 既有混凝土结构耐久性评定标准 GB/T 51355—2019[S]. 中国建筑工业出版社，2019.2.

［6］ 中华人民共和国行业标准. 建筑外墙外保温系统修缮标准 JGJ 376—2015[S]. 中国建筑工业出版社，2015.12.

［7］ 薛忆天，李向民，高润东等. 砌体结构耐久性研究进展[J]. 建筑科技，2020(5)：13-16.

［8］ 苑振芳，刘斌，苑磊. 砌体结构的耐久性[J]. 建筑结构，2011(4)：117-121.

［9］ 林文修. 砌体结构设计规范及其耐久性规定[J]. 建筑科学 2011(6)增：71-73.

［10］ 孙爱玲，孙国凤. 粘土可溶盐含量与粘土砖泛霜程度相关性的研究[J]. 砖瓦，2004(3)：9-15.

［11］ 中华人民共和国行业标准. 房屋渗漏修缮技术规程 JGJ/T 53—2011[S]. 中国建筑工业出版社，2011.12.

第4章　节能改造技术

4.1　概述

国内既有居住建筑节能改造开始于"十一五"期间，2007 年《国务院关于印发节能减排综合性工作方案的通知》（国发〔2007〕15 号）提出了"十一五"期间北方供暖地区既有居住建筑供热计量及节能改造 1.5 亿 m² 的工作任务。住建部会同财政部制定了《北方采暖区既有居住建筑供热计量及节能改造奖励资金管理暂行办法》（财建〔2007〕957号），提出了对北方采暖区既有居住建筑节能改造的要求，在 2008 年 10 月 1 日起施行的《民用建筑节能条例》（中华人民共和国国务院令第 530 号）中规定"既有居住建筑节能改造是指对不符合民用建筑节能强制性标准的既有建筑的围护结构、供热系统、供暖制冷系统、照明设备和热水供应设施等实施节能改造的活动"，从法律层面确定了既有居住建筑节能改造的定义。"十二五"期间，节能改造的范围从北方采暖区进一步向南方发展，2012 年财政部发布《夏热冬冷地区既有居住建筑节能改造补助资金管理暂行办法》（财建〔2012〕148 号），行业标准《既有居住建筑节能改造技术规程》JGJ/T 129—2012 中进一步将节能改造的适用范围扩展到了夏热冬暖地区。2016 年 12 月 20 日，国务院发布了指导全国节能减排工作的纲领性文件《"十三五"节能减排综合工作方案》，该方案要求强化既有居住建筑节能改造，实施改造面积 5 亿 m² 以上，2020 年前基本完成北方供暖地区有改造价值城镇居住建筑的节能改造，推动建筑节能宜居综合改造试点城市建设，鼓励老旧住宅节能改造与抗震加固改造、加装电梯等适老化改造同步实施。2019 年 4 月 15 日，住房和城乡建设部、国家发展改革委和财政部联合发文，决定自 2019 年起将老旧小区改造纳入城镇保障性安居工程，给予补助资金支持。

节能改造可以有效降低建筑能耗、改善室内的温度，节能窗还可降低噪声污染，能更好地满足人民群众对美好生活的需要。既有建筑的节能改造与新建建筑不同，需要考虑既有建筑的特定情况，一是个体建筑的特殊性，每个既有建筑围护结构的热工性能和使用时间、使用工况各不相同，能耗也千差万别，改前要进行建筑节能诊断；二是住户工作的复杂性，门窗、阳台、供暖系统改造涉及入户施工，改造过程中不可预见的问题多，情况复杂，争取居民的理解和支持费时费力、更需要爱心和真心；三是相关技术的匹配性，选择的改造技术应尽量不影响住户的正常生活，涉及的外墙、外窗、屋面、供暖等各单项技术要统筹技术间的匹配度和实现的难易程度，以实现最佳的节能效果；四是施工难度大，既有建筑改造的场地一般比较狭小，施工时间受限，增加了节能改造的施工难度。

节能改造是既有居住建筑宜居改造技术体系中的重要组成部分，特别是在我国承诺力争 2030 年前二氧化碳排放达到峰值、努力争取 2060 年前实现碳中和的目标下，对既有建筑进行节能改造更显得尤为重要。对于既有居住建筑，节能改造主要包括围护结构、供暖系统、公共照明、公共设备的节能改造以及可再生能源利用等。

4.2 节能诊断

既有建筑建造时无节能设计标准或因当时节能设计标准低、年久失修等原因，已不能满足所在气候区建筑节能设计标准的既有居住建筑，需对建筑物的围护系统、供暖系统进行节能改造，并在改造前对室内热环境、能耗以及屋面、墙体、外窗等围护结构的现状进行节能诊断。

4.2.1 室内热环境和建筑能耗的现状诊断

供暖期室内空气温度和室内空气相对湿度、室外管网水力平衡度、锅炉运行和热网输送效率可按现行行业标准《居住建筑节能检测标准》JGJ/T 132—2009 进行检测，室外平均温度也可参照气象局数据，建筑能耗可通过调查统计，必要时也可现场实测供暖供热量，现状诊断主要内容如下[1]：

  1）供暖期室内空气温度和室内空气相对湿度；

  2）室外平均温度；

  3）室外管网水力平衡度；

  4）建筑物耗热量指标；

  5）锅炉运行和热网输送效率。

4.2.2 建筑围护结构的现状诊断

屋面现状诊断。首先查看建筑原设计图纸，了解屋面的结构形式，是否有挑空层，坡屋面还是平屋面，防水构造做法，屋面保温或隔热措施，保温材料种类、厚度及构造，计算或实测屋面的传热系数。现场实地查看目前屋顶的质量状况，是否有漏水及漏水的严重程度。

墙体现状诊断。查看建筑原设计图纸，了解墙体结构形式和墙体厚度、保温材料种类、保温做法及构造，根据上述信息计算或实测墙体传热系数，实地调查了解墙体的使用现状，是否有受冻害、裂缝、析盐、侵蚀损坏及结露情况等，同时查看外墙面的附着物、固定金属件（空调支架、护栏）及阳台栏板的构造等，并实地测试外墙基面的抗拉强度，为选用保温形式提供依据。

外窗现状诊断。查看建筑原设计图纸，除了解原设计中外窗的配置外还必须到现场实际调查或走访登记现有外窗的状况，例如外窗型材种类及开启方式、玻璃规格、密封形式、阳台封闭情况、使用现状等，将具体情况统计列表，统计不符合现有节能标准的外窗比例和需要更换的外窗型号和数量。

单元门现状诊断。现场调查并记录单元门的材质、构造、门锁的形式、使用现状、是否损坏、能否关闭严密等。

4.2.3　集中供暖系统的现状诊断

实地调查拟改造既有居住建筑的供热系统，锅炉或热力站供热面积，实际供暖天数、气候补偿装置、烟气余热回收装置、锅炉集中控制系统、水泵和风机变频等装置的安装及其维修情况；核查室外管网系统的使用现状，是否有包覆保温、管网锈蚀、维修改造、水力平衡等情况；入户调查并统计室内供暖系统的使用现状、住户自行更换散热器情况及更换后的种类以及暖气片数量、住户对供暖质量的评价等。

4.3　围护结构节能改造技术

4.3.1　概况

目前，既有居住建筑普遍存在着围护结构保温隔热性能差、夏季空调耗电量大、冬季供暖能耗高、室内热环境差等问题，因此，亟需在节能诊断的基础上进行节能改造，以提高外围护结构的热工性能，降低既有居住建筑的供暖和制冷能耗，同时提升建筑室内热环境的质量。

1. 外墙

在外墙保温方面，20 世纪 80 年代前的既有建筑几乎均没有保温。随着节能要求的不断提高，外墙保温技术不断进步。按照保温材料所在位置的不同，外墙保温技术可分为外墙外保温、外墙内保温、外墙自保温、内外混合保温等多种方式。相比于外墙内保温和内外混合保温系统，外墙外保温系统在既有居住建筑节能改造和提高室内热环境方面有着明显的优势，是外墙节能改造中的首选技术。外墙内保温由于不能将建筑物围护结构的所有部分全部覆盖，很难消除楼板部位引起的热桥效应，热损失较大，保温效果及房间的热稳定性较差，占用建筑套内面积，因此其在既有建筑节能改造中已经很少运用。而内外混合保温会使整个建筑外墙的不同部位产生不同的变形，使建筑处于不稳定的环境中，缩短建筑寿命，不建议使用[1]。但近年来，外墙保温也逐渐暴露出一些问题，如保温层脱落、外饰面脱落、墙面裂缝等（图 4.3-1）。从技术层面分析，主要有以下原因：（1）胶粘剂与基层墙体的粘结强度和粘结面积不够；（2）锚栓数量不足，锚栓在基层墙体中的抗拉承载力不够；（3）外墙饰面材料与抹面胶浆与保温材料不相容；（4）外墙有水渗透到保温层

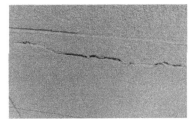

图 4.3-1　外墙面的破坏形式

中，致外层抹面胶浆从保温板上脱离；（5）使用前，保温板陈化时间不够，变形不充分，导致上墙后出现变形造成墙面凹凸不平甚至出现裂缝。

2. 屋面

屋面主要有平屋面和坡屋面两种形式，基本都有保温但大多采用膨胀珍珠岩、加气混凝土等，保温效果较差；很多老旧建筑的屋面渗水严重，还要考虑屋面防水问题。在进行屋面节能改造时，直接在原有屋面基础上先铺设防水卷材，然后加铺保温材料。

3. 外窗

建筑外窗是建筑围护结构中传热和空气渗透最薄弱的部位，也是围护结构中热损失的

图 4.3-2 单玻空腹钢窗

薄弱部位，是影响室内热环境和建筑节能的重要因素之一。外窗（包括阳台门的透明部分）的能耗包括通过玻璃、窗框的传热，窗缝的空气渗透和夏季太阳辐射得热三方面，大量调查和测试表明，太阳辐射通过窗户进入室内的热量是造成室内过热的主要原因，占空调冷负荷的40%以上。各地的非节能建筑基本采用的是单玻空腹钢窗（图 4.3-2）或塑钢窗，节能性较差，在使用过程中部分住户自行更换外窗。外遮阳在夏热冬冷和夏热冬暖地区，大部分居民会自行采取百叶窗帘、垂直窗帘或卷帘等内遮阳措施。

4.3.2 外墙外保温技术

1. 外墙保温材料的选择

保温材料种类繁多，按燃烧性能不同，保温材料分为不燃材料（A 级）、难燃材料（B₁ 级）和可燃材料（B₂ 级）；按成分不同，可分为有机质和无机质两种。通常情况下，不燃材料（A 级）为无机质保温材料，如岩棉、矿渣棉、泡沫玻璃、保温浆料等；而难燃（B₁ 级）和可燃（B₂）材料多为有机质保温材料，同种保温材料根据生产工艺的不同，既可以是难燃的也可以是可燃的，比如聚苯板、硬泡聚氨酯、酚醛泡沫等。

外墙外保温材料的选择应根据不同改造工程的具体情况、当地的政策和标准要求，从以下几个方面选定：①保温材料的燃烧性能；②保温材料的导热系数，不同保温材料的保温隔热性能不同，不同气候区对外墙传热系数要求如表 4.3-1；③保温材料的抗拉强度以及其与墙体的粘结强度；④保温材料的吸水率，对于在较为潮湿的地区和对于水蒸气透过率较小的饰面材料，要考虑到保温材料的吸水率的特性；⑤保温材料的市场供应及价格、工程使用成熟度等。

不同气候区对居住建筑外墙热工性能要求　　　　表 4.3-1

地区	外墙热工性能要求 传热系数限值 [W/ (m² · K)]		引用标准
夏热冬暖	热惰性指标 $D \geqslant 3.0$	$2.0 \sim 2.5$	《夏热冬暖地区居住建筑节能设计标准》JGJ 75—2012
	热惰性指标 $D \geqslant 2.8$	$1.5 \sim 2.0$	
	热惰性指标 $D \geqslant 2.5$	$0.7 \sim 1.5$	
	—	$\leqslant 0.7$	
夏热冬冷	热惰性指标 $D \leqslant 2.5$	1.0	《夏热冬冷地区居住建筑节能设计标准》JGJ 134—2010
	热惰性指标 $D > 2.5$	1.5	
寒冷	$\leqslant 3$ 层	0.45	《严寒和寒冷地区居住建筑节能设计标准》JGJ 26—2018
	$4 \sim 8$ 层	0.60	
	$\geqslant 9$ 层	0.70	
严寒	$\leqslant 3$ 层	$0.25 \sim 0.35$	
	$4 \sim 8$ 层	$0.40 \sim 0.50$	
	$\geqslant 9$ 层	$0.50 \sim 0.60$	

1）岩棉板

岩棉板指以玄武岩为主要原料，经高温熔融，用高压载能气体喷吹成棉后，以热固型树脂为粘结剂，经压制、切割制成的具有一定刚度的保温板材。干密度为 $120kg/m^2$ 的岩棉板，其导热系数约为 $0.04W/(m \cdot K)$。

国内目前经常将岩棉与矿渣棉混淆，矿渣棉主要原料为高炉矿渣，其各项性能与岩棉相差较大。一般的岩棉酸度系数可以达到 1.5 以上，较好的甚至可以做到 2.0 以上，而矿渣棉一般在 1.2 左右。岩棉在耐水、耐腐蚀、垂直板面抗拉强度等性能都要远好于矿渣棉，矿渣棉并不适宜作为外墙外保温材料使用。

2）玻璃棉板

玻璃棉板指以碎玻璃、石英砂、白云石、纯碱、硼砂等原料熔成玻璃，再将其纤维化，经压制形成的板状保温材料。干密度 $\geqslant 40kg/m^2$ 的玻璃棉，其导热系数为 0.035 $W/(m \cdot K)$。

目前，外保温用玻璃棉板主要分为两种，一种是缝制增强玻璃棉板，是由具有耐碱、不燃性能的高强度玄武岩纤维有捻粗纱经向缝制和六面涂覆表面处理剂增强预处理的玻璃棉板；另一种是打褶增强玻璃棉板，是经过打褶工艺生产的，可显著提高系统强度的玻璃棉板。

3）真空绝热板

真空保温板的技术源自国外的 VIP 真空绝热板，其原理是基于真空绝热，通过最大限度提高板内真空度并充填以芯层绝热材料而实现减少对流和辐射换热。主要由芯材、隔气膜和吸气剂三部分组成。真空绝热板的导热系数可以达到 $0.002 \sim 0.004W/(m \cdot K)$。

4）泡沫水泥板

以水泥、粉煤灰、发泡剂等为主要材料，经搅拌、发泡、浇筑、养护、切割等工艺制成闭孔轻质的保温板材。干密度为 150~300kg/m² 的泡沫水泥，导热系数为 0.070W/(m·K)。

5）泡沫玻璃板

泡沫玻璃板是以玻璃为主要原料经过发泡而成的闭孔结构的具有绝热性能的板状制品。干密度为 140kg/m² 的泡沫玻璃，其导热系数为 0.050W/(m·K)。

6）玻化微珠保温板

玻化微珠保温板是以膨胀玻化微珠为轻质骨料与膨胀玻化微珠保温胶粉料按照一定的比例搅拌均匀混合而制成的保温板。玻化微珠保温板在国外应用较少，国内主要在南方应用较多。

7）硬泡聚氨酯

硬泡聚氨酯为热固性有机材料，遇火后会炭化，但不会产生熔融滴落物。目前外保温用硬泡聚氨酯板主要分为 PUR 板和 PIR 板两种。干密度为 35kg/m² 的硬泡聚氨酯，导热系数为 0.024W/(m·K)。

PUR 板是由异氰酸酯与多元醇反应而制成的一种具有氨基甲酸酯链段重复结构单元的聚合物所形成的板材。PUR 板如想达到难燃类保温材料的要求，需要加入一定量的阻燃剂。

PIR 板是由异氰酸酯自身的三聚反应产生聚异氰酸酯环，然后与多元醇等羟基反应改性所生成的泡沫板材。PIR 板由于自身结构特点，能够起到一定的阻燃效果，辅助添加一些阻燃剂即可达到难燃类保温材料的要求。

8）酚醛泡沫板

酚醛泡沫板为热固性有机材料，遇火后会炭化，但不会产生熔融滴落物。酚醛泡沫板属高分子有机硬质铝箔泡沫产品，是由热固性酚醛树脂发泡而成。干密度为 60kg/m² 的酚醛泡沫板，其导热系数为 0.034W/(m·K)。

9）模塑聚苯板

EPS 是由可发性聚苯乙烯珠粒，经加热预发后在模具中加热成型的具有微细闭孔结构的白色固体，陈化后切割为板材。干密度为 20kg/m² 的（白）模塑聚苯板导热系数为 0.039W/(m·K)，（灰）模塑聚苯板导热系数为 0.033W/(m·K)。

10）挤塑聚苯板

XPS 是以聚苯乙烯树脂辅以聚合物在加热混合的同时，注入催化剂，而后挤塑压制出连续性闭孔发泡的硬质泡沫塑料板，其内部为独立的密闭式气泡结构。干密度为 35kg/m² 的挤塑聚苯板，其导热系数为 0.032W/(m·K)。

2. 施工要点

因为不同的保温材料与粘结砂浆和抹灰砂浆的拉伸粘结强度有很大的差异，特别对比不燃材料和难燃材料，当拉伸粘结强度发生变化，其使用该材料的外保温系统在满足其联结安全性的前提下所采用联结方式会有很大的差别，具体施工要点会有所不同，下面是几种常用的外墙外保温施工工艺要点。

　　1）岩棉板薄抹灰外墙外保温施工要点

　　岩棉板薄抹灰做法的构造见表4.3-2。

岩棉带做法构造　　　　　　　　　　　　　　　　表 4.3-2

基层墙体	基本构造									构造示意
	粘结层	保温层	抹面层						饰面层	
			底层	增强材料	联结件	中间层	增强材料	面层		
①	②	③	④	⑤	⑥	⑦	⑧	⑨	⑩	
混凝土墙/各种砌块墙	胶粘剂	岩棉板	抹面胶浆	玻纤网	锚栓	抹面胶浆	玻纤网	抹面胶浆	涂料、饰面砂浆等	

　　岩棉板薄抹灰做法是以岩棉板为保温材料，用胶粘剂和锚栓固定于外墙外表面，用玻纤网增强的抹面胶浆作抹面层，用饰面材料进行表面装饰。该系统采用双层玻纤网，并将锚栓安装于底层网格布之上，抹面胶浆总厚度控制在5～7mm。

　　2）岩棉带薄抹灰外墙外保温施工要点

　　岩棉带薄抹灰构造做法见表4.3-3。

岩棉带做法构造　　　　　　　　　　　　　　　　表 4.3-3

基层墙体	基本构造						饰面层	构造示意
	粘结层	保温层	辅助联结件	抹面层				
				底层	增强材料	面层		
①	②	③	④	⑤	⑥	⑦	⑧	
混凝土墙，各种砌块墙	胶粘剂	岩棉带	锚栓	抹面胶浆	玻纤网	抹面胶浆	涂料、饰面砂浆等	

岩棉带是由岩棉板切割而成，与基层墙体粘结时纤维垂直于墙面的岩棉制品。其主要特点是通过改变纤维的方向使自身强度有了很大提升（可以达到 80kPa 以上），提高系统的联结安全性。同时也由于纤维方向的改变使导热系数由 0.040W/(m·K) 升高到了 0.048W/(m·K)，保温性能有所降低。其薄抹灰做法是通过胶粘剂和锚栓将岩棉带固定于外墙外表面，用玻纤网增强的抹面胶浆作抹面层，玻纤网采用单层网，锚栓直接安装于岩棉带上，抹面胶浆总厚度控制在 3～5mm。

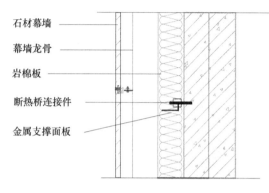

图 4.3-3　岩棉干挂式安装示意图

石材幕墙
幕墙龙骨
岩棉板
断热桥连接件
金属支撑面板

3）岩棉板外保温系统干挂式施工要点

干挂式岩棉板外保温系统由结构墙体、轻型钢龙骨、可调节连接件（具有断桥功能）、固定件、保温材料及外装饰板组成（图 4.3-3），采用干挂式安装，安装在外墙外表面基层墙体上。其中具有断桥功能的可调节连接件通过固定件将建筑结构墙体与外保温层的轻型钢龙骨和外装饰面板的热传导通道隔开，使保温层与结构墙体间不产生冷桥，在结构墙体与外装饰面板之间填充岩棉。

在做法中保温材料采用岩棉，如有特殊要求时也可以采用玻璃棉。面板一般采用硅酸钙板。其中主龙骨固定点的间距和数量，按建筑荷载规范要求计算确定，轻质砌块或加气混凝土墙体应在固定点处预置混凝土砌块，用于固定金属膨胀螺栓。

4）玻璃棉薄抹灰外墙外保温施工要点

玻璃棉板应用于外墙外保温主要采用薄抹灰做法，其系统主要由经表面处理的玻璃棉板、胶粘剂、锚栓、金属托架、轻质找平砂浆、抹面胶浆、玻纤网及饰面材料组成。玻纤网采用双层网，锚栓打在底层玻纤网上，抹面层总厚度 3～5mm。玻璃棉板与墙体基面的联结采用粘锚结合的方式，玻璃棉板与基层粘结面积率应不小于 70%。

高度在 20m 以下的建筑锚栓数量不宜少于 8 个/m²，20～60m 的建筑锚栓数量不宜少于 10 个/m²，60m 以上的建筑应进行专项设计。锚栓宜均匀分布，靠近墙面阳角的部位可适当增多。

每五排玻璃棉板设置一道经防腐处理的金属托架，金属托架采用镀锌锚栓固定于外墙。

该做法采用双层玻纤网，锚栓应安装于底层玻纤网上，抹面层分三次施工完成，总厚度控制在 5～8mm。

5）真空绝热板薄抹灰外墙外保温施工要点

该做法是将保温系统置于建筑物外墙外侧，由专用粘结砂浆、真空保温板、专用抹面胶浆、耐碱玻璃纤维网布、锚栓、涂料等组成。施工前应先进行排版设计，并检查基层是否满足设计和施工方案要求。需要找平的基面，应选择能与基层粘接良好的普通聚合物水泥砂浆，或对基面进行界面处理后，再抹普通水泥砂浆，以防止找平层空鼓和开裂情况的发生。原墙面是面砖或涂料的既有建筑物墙面的处理应符合专项设计和施工方案的要求。真空保温板采用条粘方式固定于基层上，且粘贴面积不得小于真空保温板的 80％。当真空保温板厚度大于 10mm 时，搭接压边位置应用保温浆料填充找平，不得用抹面胶浆直接填充。具体构造见图 4.3-4。

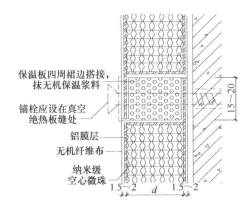

保温板四周裙边搭接，抹无机保温浆料

锚栓应设在真空绝热板缝处

铝膜层

无机纤维布

纳米级空心微珠

图 4.3-4 岩棉干挂式做法示意图

抹面胶浆层的厚度应控制在 3～5mm，首层加强厚度控制在 5～7mm。

安装锚栓需在第一道专用抹面胶浆和耐碱玻纤网施工完毕后，按设计要求用冲击钻在锚栓标识件位置上钻孔安装。严禁用冲击钻在真空保温板上钻孔。锚栓采用直径 8mm 胀管螺丝，混凝土墙有效锚固深度不低于 25mm，砌体墙不低于 50mm。

6）泡沫水泥薄抹灰外墙外保温施工要点

泡沫水泥薄抹灰外墙外保温施工时，在建筑物首层应设置一道支撑托架，且每两层楼设置一道支撑托架。

泡沫水泥保温板与基层墙面的连接宜采用点框法粘结，粘结面积应不小于 60％，并辅以锚栓固定。建筑高度 20m 以下，锚栓数量应不少于 6 个/m²，20m 以上应不少于 10 个/m²。

抹面层中应压入格网布。建筑物首层应分别由两层网格布组成，抹面层的厚度宜为 5～7mm。二层以上墙面可采用一层网格布，抹面层的厚度宜为 4～6mm。

用于辅助机械固定的锚栓可设置在泡沫水泥保温板外侧，也可设置在网格布外侧。对于首层及加强部位锚栓宜设置在两层网布之间。用于空心砌块砌体时，应采用回拧打结型锚栓。

7）泡沫玻璃薄抹灰外墙外保温施工要点

该做法是由粘结层、泡沫玻璃板保温层、抹面层（内置玻璃纤维网布）、固定件和饰面层组成，通过粘锚结合的方式固定于外墙外表面。

泡沫玻璃板宜采用点框法或者点粘贴，粘贴面积不得小于50%。锚栓安装应至少在胶粘剂施工24h后进行，孔径视锚栓直径而定，进墙深度不得小于设计要求。标准板锚栓数量应复合设计要求，当设计无要求时常规板每块板宜设置两个锚栓，锚栓均布固定在板材的中部。建筑物抹面层的总厚度宜为3~5mm，加强部位抹面层的总厚度宜为5~7mm。首层底部宜设置支撑托架，每2层宜设置一道支撑托架，支撑托架应采取一个支撑托架支撑两块泡沫玻璃板方式，安装在两块泡沫玻璃板的中部。支撑托架采用机械锚栓固定。

8）玻化微珠保温板薄抹灰外墙外保温施工要点

该做法是由粘结层、玻化微珠保温板、抹面层（内置玻璃纤维网布）、固定件和饰面层组成，通过粘锚结合的方式固定于外墙外表面。施工时应每两层设置一道角钢托架。安装锚固件应在保温板粘贴完毕7d后进行。建筑高度60m以下时，每平方米不少于4个；60~80m时，每平方米不少于5个；80m以上时，每平方米不少于6个。

9）模塑聚苯板薄抹灰外墙外保温施工要点

该做法是指以聚苯板为保温材料，用保温板胶粘剂（必要时加设锚栓）固定于外墙外表面，用玻纤网增强的抹面胶浆作抹面层，用涂料、饰面砂浆等进行表面装饰的做法，其基本构造见表4.3-4。

模塑聚苯板薄抹灰外墙做法示意 表4.3-4

基层墙体①	基本构造								构造示意图
	粘结层②	保温层		抹面层				饰面层⑨	
		保温板③	隔离带④	辅助联结件⑤	底层⑥	增强材料⑦	面层⑧		
混凝土墙、各种砌体墙	胶粘剂	模塑聚苯板	防火隔离带	必要时采用的锚栓	抹面胶浆	玻纤网	抹面胶浆	涂料、饰面砂浆等	

聚苯板粘结面积率不应小于40%，如胶粘剂与基层墙体拉伸粘结强度较低，应适当提高粘结面积率以保证联结安全。

保温材料与基层墙体的联结可采用粘结和粘锚两种方式，当采用粘锚联结方式时，锚栓数量应符合设计要求，并应满足表4.3-5要求。

建筑物标高	锚栓数量
＜24m	可不安装锚栓
24m≤H＜60m	≥4 个/m²
≥60m	≥6 个/m²

该做法需要按要求在系统中设置防火隔离带。

该做法同样适用于硬泡聚氨酯板、酚醛泡沫板、挤塑聚苯板等保温材料。

10）外墙热桥部位施工要点

外墙管线、空调外机架、防盗护栏、燃气热水器烟道等附着物和各种孔洞宜在做大面外墙保温前，将所有外墙上原有的金属固定件除去，如后期还需要安装，可在外墙和金属固定件之间提前预埋隔热垫块，降低热桥效应。

4.3.3　屋面保温技术

1. 屋面保温材料的选择

在选择屋面保温材料时，应考虑三点：①材料导热系数；②压缩强度；③吸水率。吸水率是考虑到屋面渗水对保温材料所带来的影响，吸水率小的保温材料更适合用于屋面，一般挤塑聚苯板的吸水率较低。压缩强度主要是针对上人屋面而言，压缩强度大的保温材料不易因踩踏造成凹陷不平，如果是非上人屋面对压缩强度的要求无需太严格，压缩强度较高的有高强度挤塑聚苯板等保温材料。根据不同地区对屋面传热系数的要求（表 4.3-6），再依据保温材料的导热系数不同而确定保温层厚度，有的单层板厚度不够，需多层错缝铺贴。

不同气候区居住建筑屋面热工性能　　　　表 4.3-6

地区	屋面热工性能要求 传热系数限值 [W/(m²·K)]		引用标准
夏热冬暖	热惰性指标 D≥2.5	0.4～0.9	《夏热冬暖地区居住建筑节能设计标准》JGJ 75—2012
	—	≤0.4	
夏热冬冷	热惰性指标 D≤2.5	0.8	《夏热冬冷地区居住建筑节能设计标准》JGJ 134—2010
	热惰性指标 D＞2.5	1.0	
寒冷	≤3 层	0.35	
	4～8 层	0.45	《严寒和寒冷地区居住建筑节能设计标准》JGJ 26—2018
	≥9 层	0.45	
严寒	≤3 层	0.20～0.30	
	4～8 层	0.25～0.40	
	≥9 层	0.25～0.40	

2. 屋面的防水、保温构造及方式

原屋面防水可靠，承载能力满足安全要求时，可直接做倒置式保温屋面（图 4.3-5），

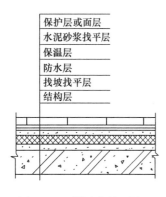

| 保护层或面层 |
| 水泥砂浆找平层 |
| 保温层 |
| 防水层 |
| 找坡找平层 |
| 结构层 |

图 4.3-5　倒置式保温屋面做法示意

必要时可重新做防水或在保温层上再加一道防水；原屋面防水有渗漏时，先铲除原有防水层和保温层，重新做保温层和防水层，当拆除原有保温防水层重新做屋面时，应避开雨季，并采取防雨和安全措施。

平屋面改坡屋面，宜在原屋顶吊顶上铺放轻质保温材料；无吊顶的屋顶可考虑在坡屋顶做内保温或增设吊顶层，吊顶层应采用耐久性、防火性好，并能承受铺设保温层荷载的构造和材料，保温层厚度应根据热工计算而定。平屋面改造成坡屋面或在屋面安装太阳能热水系统时，须核算屋面的允许荷载，安装太阳能热水系统，并合理安排太阳能热水器和管线的安装位置。坡屋面保温做法如图 4.3-6 所示。

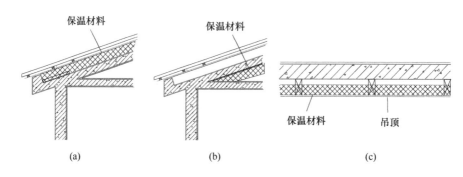

图 4.3-6　坡屋顶保温做法

(a) 瓦下铺设保温材料；(b) 屋顶内铺设保温材料；(c) 增设吊顶

3. 屋面的其他设施安装要点

设备设施经常会安装于屋面，首先需要核实安装设备的荷载是否符合结构安全要求，以及安装点的防水加强方式和大型设备安装基座的位置和断热桥措施，例如平屋面改造成坡屋面或在屋面安装太阳能热水系统时，应核算屋面的允许荷载，安装太阳能热水系统还应合理安排太阳能热水器和管线的安装位置。对于屋面上人孔需要进行保温和密封设计。当屋面有种植屋面时，并依据屋面防水情况及热工计算，增加种植屋面防水构造和保温层，避免植物根系穿透防水层。

4.3.4　节能窗技术

1. 节能窗的配置选择

1）外窗传热系数要求

外门窗的设置宜与建筑整体结构、色彩的风格协调统一，节能改造设计选用的外窗、敞开式阳台门窗须满足对门窗的热工性能指标要求。外门窗应具有良好的密闭性能，根据国家标准《建筑外门窗气密、水密、抗风压性能检测方法》GB/T 7106—2019 中的分级规定结合不同地区的居住建筑节能设计标准中对居住建筑外窗的气密性要求选择适合的外窗。楼梯间等公共部位外窗不宜采用内平开窗。外窗的实际可开启面积不小于所在房间面积的 1/15。

2）外窗玻璃配置

不同热工性能的外窗对应配置的玻璃不同（表 4.3-7）。根据相关节能设计标准要求，严寒和寒冷地区基本选用三层中空玻璃，夏热冬冷和夏热冬暖地区通常选择双层中空玻璃。

不同构造玻璃的热工性能 表 4.3-7

分类	平板玻璃	中空玻璃	双层中空玻璃	三层中空玻璃	真空低能耗玻璃
年代	20 世纪 70 年代末	至 1994 年	从 1995 年至今	现今	现今
U_g [W/(m² · K)]	＞6.0	＞2.8	＞1.2	＞0.5	0.3～0.8
示意图					

3）窗框型材配置

窗框的材质一般有塑钢、断桥铝、复合窗框，其中木质窗框的传热系数相对较低，而塑钢窗框大多数内部有钢衬相比木质窗框的传热稍微高一些，其中铝合金窗框的传热系数最高，根据窗框内部的构造不同，传热系数也有所变化。

高性能断桥铝合金保温窗是在铝合金窗框的基础上，为提高窗保温性能而改进的，通过尼龙隔热条将铝合金型材分为内外两部分，阻隔铝合金框材的热传导。同时框材再配上 2 腔或 3 腔的中空结构，腔壁垂直于热流方向分布，多道腔壁对通过的热流起到多重阻隔作用，腔内传热（对流、辐射和导热）相应被削弱，特别是辐射传热强度随腔数量增加而成倍减少，使门窗的保温效果大大提高。

高性能塑料保温门窗，即采用 U-PVC 塑料型材制作而成的门窗。塑料型材本身具有较低的导热性能，使得塑料窗的整体保温性能大大提高。另外通过增加门窗密封层数、增加塑料异型材截面尺寸厚度、增加塑料异型材保温腔室等方式来提高塑料门窗的保温性能。同时为增加窗的刚度，在塑料窗窗框、窗扇、挺型材的受力杆件中，使用增强型钢增加了窗户的整体刚度。

复合窗是指型材采用两种不同材料复合而成，使用较多的复合窗主要是铝木复合窗和铝塑复合窗。铝木复合窗是以铝合金挤压型材为框、挺、扇的主料作受力杆件（承受并传

既有居住建筑宜居改造及功能提升技术指南

递自重和荷载的杆件），另一侧覆以实木装饰制作而成的窗，由于实木的导热系数较低，因而使得铝木复合窗整体的保温性能大大提高。铝塑复合窗是用塑料型材将室内外两层铝合金既隔开又紧密连接成一个整体，由于塑料型材的导热系数较低，所以做成的这种铝塑复合窗保温性能也大大提高。

高性能断桥铝合金保温门窗、高性能塑料保温门窗和复合窗采用的玻璃主要采用中空Low-E玻璃、三玻双中空及真空玻璃。

2. 外窗节能改造方式

整窗更换方式。外窗在既有居住建筑改造中基本上是统一更换为满足热工性能指标的新外窗，窗框与墙体之间的保温密封构造设计合理，在原外窗框的基础上，直接更换满足节能要求的新型节能窗扇。整窗更换改造有利于改造后外立面的效果及性能统一。整窗更换过程中可以采用在室内安装防护装置，该防护装置为采用钢桁架围成的 U 形框架，其开口端正对外墙内侧，U 形框架上端和下端分别设有上部螺旋顶杆和下部螺旋顶杆，U形框架与顶板之间，与底板之间，与外墙内侧面之间设置端部密封体形成密闭空间。室外工作在脚手架上进行，室内拆除工作在防护装置内进行，防护装置与既有窗户周侧墙体之间形成密封空间，避免改造过程中产生的灰尘影响室内环境，而且改造过程无需向外搬出室内物品。

加建外窗方式。对于严寒地区，可采取在保留原外窗的基础上再在原外窗里侧或外侧加建一樘窗户，该窗户的传热系数等性能可低于整窗更换使用的外窗，从而节约一定的改造成本，同样能够达到较好的保温隔热以及密封的效果，但同时也会影响室内自然采光，并且采用这种方式需要墙体较厚，有足够空间可以加建。

修复提升外窗性能。当原外窗的传热系数满足设计要求时，可更换原有或加装外窗密封胶条，提高外窗的气密性，从而减少透过外窗的冷风渗透量。也可在原外窗框的基础上，直接更换满足节能要求的新型节能窗扇，提高开启扇的气密性及保温性能。另外，还可以在原有门窗上加贴玻璃，既能提升窗户性能，又不破坏装修和门窗。

4.3.5 遮阳技术

1. 遮阳方式选择

根据地区气候特征、经济技术条件、房间使用功能等因素确定建筑遮阳的形式和措施，并应满足建筑夏季遮阳、冬季阳光入射、冬季夜间保温以及自然通风、采光、视野等要求。遮阳装置的类型、尺寸、调节范围、调节角度、太阳辐射反射比、透射比等材料光学性能要求应通过建筑设计和节能计算确定，室内外遮阳装置主要包括：户外卷闸窗、户外百叶帘、户外不锈钢卷闸窗，室内软卷帘包括拉珠卷帘、弹簧卷帘和电动卷帘。采用内遮阳和中间遮阳时，遮阳装置面向室外侧宜采用能反射太阳辐射的材料，并可根据太阳辐射情况调节其角度和位置。南向、北向宜采用水平式遮阳或综合式遮阳，东西向宜采用垂直或挡板式遮阳，东南向、西南向宜采用综合式遮阳。

· 90 ·

2. 施工要点

首先在遮阳工程施工前，施工单位应会同土建施工单位检查现场条件、施工临时电源、脚手架、通道栏杆、安全网和起重运输设备情况，测量定位，确认是否具备遮阳工程施工条件。核查建筑遮阳产品及其附件的品种、规格、性能和色泽是否符合设计规定。

按照设计方案和设计图纸，检查预埋件、预留孔洞与管线等是否符合要求。如预埋件位置偏差过大或未设预埋件时，应制订补救措施与可靠的连接方案。根据遮阳组件选择吊装机具，吊装机具速度应可控，并且应采取防止遮阳件摆动的措施。装卸和运输过程中，应保证遮阳组件相互隔开并相对固定，不得相互挤压和串动。起吊过程应保持遮阳组件平稳，不撞击其他物体，吊装过程中应采取保证装饰面不受磨损和挤压的措施，遮阳组件就位未固定前，吊具不得拆除。在遮阳装置安装前，后置锚固件应在同条件的主体结构上进行现场见证拉拔试验，并符合设计要求。遮阳组件安装就位后及时校正，校正后及时与连接部位固定。遮阳组件安装的允许偏差应符合表 4.3-8[2]。

遮阳组件安装允许偏差   表 4.3-8

项目	与设计位置偏离	遮阳组件实际间隔相对误差间距
允许偏差（mm）	5	5

电气安装应按设计进行，并应检查线路连接以及传感器位置是否正确。所采用的电机以及遮阳金属组件应有接地保护，线路接头应有绝缘保护。遮阳装置各项安装工作完成后，均应分别单独调试，再进行整体运行调试和试运转。调试应达到遮阳产品伸展收回顺畅，开启关闭到位，限位准确，系统无异响，整体运作协调，达到安装要求，并应记录调试结果。遮阳安装施工安全应符合现行行业标准《建筑施工高处作业安全技术规范》JGJ 80、《建筑机械使用安全技术规程》JGJ 33 和《施工现场临时用电安全技术规范》JGJ 46 的有关规定。

4.3.6 反射隔热技术

1. 基层要求

非金属材料基层采用建筑反射隔热涂料时，基层应符合下列规定：基层应牢固，无开裂、掉粉、起砂、空鼓、剥离、爆裂点和附着力不良的旧涂层等。基层应表面平整、里面垂直、阴阳角垂直、方正和无缺棱掉角，分格缝深浅一致，且横平竖直，表面应平而不光。当不满足要求时应采用强度等级不低于 M5 的水泥砂浆找平，基层应清洁、表面无灰尘、浮浆、锈斑、霉点和析出盐类等杂物。基层含水率不应大于 10%，且不应小于或等于 8%；pH 值不得大于 10[3]。

金属材料基层采用建筑反射隔热涂料时，表面应清洁、干燥并应进行防锈处理。

夏热冬冷和夏热冬暖地区使用建筑反射隔热涂料时，外墙的污染修正后的太阳辐射吸收系数不宜高于 0.5，屋面的污染修正后的太阳辐射吸收系数不宜高于 0.4。

2. 施工要点

在涂刷反射隔热涂料前，先对涂刷基面进行处理。基层表面应清理干净，当基层表面含水率大于 10% 时，宜晾干至 10% 以下，当基层面含水率小于或等于 8% 时，宜进行喷水湿润，晾至表面无水渍后，用外墙界面剂进行毛化处理。当基层面 pH 值大于 10 时，宜用耐水耐碱腻子刮涂封闭。如基层有外墙外保温系统，还需进行抗裂层毛化处理。涂刷施工的工序为基层处理、刮涂柔性腻子、涂饰底漆、涂饰建筑反射隔热涂料。建筑反射隔热涂料施工前，应涂饰底漆，底漆应涂布均匀，后道涂料施工应在前道涂料实干后进行，每道涂料应涂饰均匀，对有特殊要求的工程可增加涂层次数。外墙涂饰施工自上而下进行，外墙、屋面施工应顺同一方向涂饰，施工间歇段的划分应以分格缝、阴阳角为分界线，并应做好接茬部位的处理。

4.3.7 屋面隔热技术

1. 屋面隔热原理

屋面可以通过设置屋面架空通风隔热层或阁楼屋顶通过通风散热方式，一方面利用通风间层的外层遮挡阳光，使屋顶变成两次传热，避免太阳辐射热直接作用在屋面上；另一方面，利用风压和热压的作用，尤其使自然通风，带走夹层中的热量。屋面还可以通过设置蓄水屋顶、植被屋面来吸收部分热量，从而减少对屋面的直接热辐射。

2. 屋面隔热技术要点

屋面通风层要有一定的高度，通风口有足够的面积。架空高度按照屋面宽度和坡度大小而变化，如设计无要求，一般以 130~260mm 为宜，屋面宽度大于 10m 时应设通风屋脊，应尽量使通风口基本朝向夏季主导风向，以便利用风压来增加间层的气流速度。通风阁楼的通风形式通常有：在山墙上开口通风、从檐口下进气由屋脊排气、在屋顶设老虎窗通风等[4]。

4.3.8 应用案例

1. 北京市惠新西街 12 号楼外墙保温改造

1) 项目概况

该项目位于朝阳区惠新西街，建于 1988 年，建筑面积约 11000m²，结构为内浇外挂预制大板结构。改造前该楼保温效果差，冬季室内温度低，部分墙体结露发霉严重，属于北京市典型的非节能住宅。经检测，外墙传热系数为 2.04W/(m²·K)，远大于北京市现行 65% 节能标准要求的小于或等于 0.6W/(m²·K)。

2) 改造技术

按照北京市节能标准对其进行节能改造，地上部分的外墙保温采用粘贴 100mm 厚模塑聚苯板加薄抹灰涂料饰面做法，在窗口增设无机保温材料作为防火隔离带。地下一层的外墙采用 50mm 保温浆料的内保温做法。保温改造施工见图 4.3-7。

图 4.3-7　外墙保温施工

3）改造效果

改造后外墙传热系数降低至 0.42 W/(m² · K)。

2. 北京市慧忠里小区外窗＋屋面保温改造

1）项目概况

项目位于朝阳区西北部，北起大屯路，南至慧忠路，东始安立路，西低北辰路，共分 C、D、E 三个区，其中 C 区建于 1990～1992 年。改造对象为 C 区的 309 号楼和 317 号楼，其中 309 号楼为装配式大板结构住宅，共 6 层，层高 2.7m，建筑面积 5681.80m²。外墙为 50 厚混凝土＋50 厚填充岩棉＋155 厚混凝土预制板。317 号楼为全现浇混凝土结构住宅，共 16 层，层高 2.7m，建筑面积 10342.00m²。外墙为 200 厚混凝土＋60GRC 内保温。改造前原建筑的外窗大部分为单玻的钢窗，还有部分为住户自行更换为双玻窗。

2）改造技术

外窗改造（图 4.3-8）采用三玻中空塑钢内平开窗，型材采用 65 系列五腔三密封，玻璃为 5＋9A＋5＋12A＋5 三层中空玻璃，部分外窗加有 Low-e 膜，传热系数达到 2.0，采用 Low-E 膜玻璃的传热系数可达到 1.8W/m² · K。

(a)　　　　　　　　　　　　　　　　　(b)

图 4.3-8　更换外窗

（a）改造前；（b）改造后

屋顶地面的保温采用倒置与正置结合的方式，为避免施工中遇雨造成顶层住户损失，确保防水效果，原屋面的防水保留，直接在防水上面加铺 100mm 厚聚氨酯保温板。保温板铺贴于屋面基层之上，然后在保温板上进行混凝土保护层施工，见图 4.3-9。

图 4.3-9 屋面保温施工

4.4 供暖系统节能改造技术

4.4.1 概况

既有居住建筑供暖系统由室外集中供暖系统和楼内供暖系统组成。

集中供暖系统采用分散锅炉房、小区锅炉房和城市热网等热源，通过供暖管网向建筑物供热的供暖方式。老旧小区建筑围护结构节能改造后，其供暖能耗将会显著降低。室外供热系统也应进行改造，否则将会造成能源浪费。热源方面，燃煤锅炉在目前仍然占据一定比例。大气污染物的主要来源是各种锅炉燃烧物的排放污染，尤其是燃煤锅炉。燃煤锅炉的热效率低（一般 70%～75%），在使用过程中释放大量的二氧化碳、二氧化硫等有害气体。因此需要采取其他清洁能源代替燃煤锅炉。在管网输配方面，原来的管路及水泵选型较改造后的建筑，富余量太大，应按照改造后建筑供热需求对管网进行改造，加装平衡阀、控制和气候补偿装置、计量装置等。

我国室内供暖系统供热应用大部分集中在北方地区，大量的能源在供暖过程中消耗掉，据统计，供暖能源消耗约占全社会总能源消耗的 1/5 以上。对北方地区室内供暖系统进行节能改造是一项重要工作。老旧小区原有的室内供暖系统大多为垂直单管顺流式系统，不仅无法进行单户控制调节还造成整栋楼的供热不均衡，且有些散热器是散热效果很差的已淘汰使用的产品，此外，有的供暖管道锈蚀严重，亟需更换。由于供热系统的设备价格贵，设备运行也需要很多的运行维护费用，所以采用合理的室内供暖系统技术可以节约成本，在一定程度上降低能耗并节省资源。对室内供暖系统运用分室控温技术，不但能达到节能的目的，也有利于今后室内供暖系统的改造提升。

4.4.2 水泵改造技术

1. 变频调速方式

供暖系统的循环水泵应同建筑热负荷相匹配，以保证水泵流量适应建筑热负荷的变化。当为变流量系统时，循环水泵应设置变频调速装置；当为定流量系统时，可采用分阶段变流量的集中制调节方式。系统定压采用变频调速的补水定压方式，既能使系统运行稳

· 94 ·

定，又节约能源。水泵采用变频调速技术，可以动态调节流量、扬程，节约电能消耗30%以上。

2. 水泵变速装置选择

水泵变速装置通常有液力耦合器和变频器两种。液力耦合器变速范围小、效率不高，但维护方便而且投资费用少。采用变频器效率高效、调速范围较大，但管理比较复杂而且投资费用高。采用何种调速设备还是需要更换风机或水泵，应根据具体情况经技术、经济比较后确定。

4.4.3　热力站改造技术

1. 自动控制装置与热计量

热源或热力站节能改造宜安装供热量自动控制装置，其动力用电和照明用电应分别计量。节能改造的供热量自动控制装置的室外传感器应放置在通风遮阳、不受热源干扰的位置。集中供热系统中，建筑物热力入口应安装静态水力平衡阀。

2. 安装调节阀

换热站（图 4.4-1）应安装监控系统实时控制和调节热用户的热量。当一、二次供热系统均为质调节、流量不变时，应根据二次供热系统的供回水温度控制一次供热系统的供水手动调节阀或自力式调节阀。一次系统因通过各个热力站的供水量得不到较好控制而造成的水力失调严重和造成能源浪费，应在热力站入口装设流量控制设施，解决一次供热系统水力失调问题。供热系统采用定

图 4.4-1　换热站

流量质调节运行方式时，应装设自力式流量控制器；采用变流量调节的系统应装压差控制器。

4.4.4　供热系统改造技术

1. 室外供暖管网改造内容

供暖管网铺设一般会采取无补偿直埋铺设与地沟铺设等两种方式，其中供热管道无补偿直埋技术，大大降低投资和运行费用，热水管道无补偿直埋技术在国内已趋于成熟。无补偿直埋敷设与地沟敷设比较，在保温性能，初投资，施工条件，维护工作量及日常运行费上均有较大优势。管道可通过采用导热系数小的聚氨酯硬质泡沫塑料保温来降低热损失。施工时应使用符合产品标准的预制保温管和管件，并确保工程设计和施工的质量。另外供热系统非供暖期放水后空气进入管道而造成管内壁腐蚀，所以供热系统应在夏季对管道采取充水保护技术，在停暖检修后及时充满符合标准要求的水，既能省去下一供暖期管道运行时的充水准备时间，又能防止管道受损，延长管道使用寿命[5]。

图 4.4-2 供暖管道

供暖管道（图 4.4-2）在改造过程中，还需对水力系统稳定性进行调节。供热末端（温控阀）的动态调节对系统集中控制产生影响，使锅炉水泵的出力、效率等受到影响，同时也影响到其他末端设备工况产生噪声。应对供热系统进行水力平衡计算确保各环路水量符合要求。在室外各环路及建筑入口供暖回水管路上安装平衡阀、自力式压差控制阀、自力式流量控制阀等水力平衡元件，并进行水力平衡调试。另外，通过热力站或三通混水阀将室外供热系统分成独立的系统，实现独立控制分片、分时供热的可能。当管网与用户均为定流量系统且管网较大或用户所需压差较大时，应使静态平衡阀；当管网及用户均为变流量系统时，入口设自力式压差控制阀；当管网为变流量，个别用户为定流量系统时，设自力式流量控制阀；当管网为定流量，个别用户为变流量系统时，应在入口处设自力式压差旁通阀或电动三通阀。

2. 室内供暖系统改造

1）室内供暖中垂直单管跨越式系统

如原供暖系统为垂直单管顺流系统时，应改为垂直单管跨越式系统。由于在垂直单管顺流系统中，水量从一组散热器全部流经下一组散热器，每组散热器因为在不同的楼层，所以就无法安装散热器控阀。如果将供暖系统改造为跨越管和恒温阀的垂直单管跨越式系统，通过添加跨越管和恒温阀，便可以通过控制阀门来控制温度。垂直单管供暖系统见图 4.4-3，垂直单管跨越式系统见图 4.4-4。

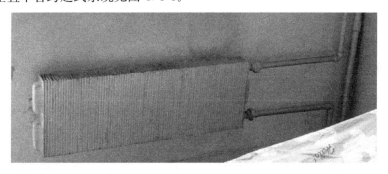

图 4.4-3 垂直单管供暖系统

由于在原有系统中增加了跨越管，设计时必须要考虑散热器进流系数对散热器的散热量及温控阀的调节特性的影响，在常用的立管管径设置范围内，跨越管比连接散热器支管管径小一号或小二号时，能满足进流系数不小于 0.3[6]。

单管系统的定流量特性，不适合分室控温的要求，室内单管系统的改造也只是安装跨越管、温控阀来提高用户的室内温度的调节，但是这些措施在实际的运用时并不是很理想，不能够达到预期效果。所以为了让供热系统稳定，在安装跨越管、温控阀的基础上添加一些辅助措施。主要包括：①根据室内供暖实际情况，采用适合系统的散热温控阀，保证系统内流通能力更强。②由于室内供暖系统压头偏小，需要采取提高立管的设计压降等措施。这样可以增加室内供暖系统的稳定性，也有利于集中供热系统的平衡。③温控阀的温度如果设

图 4.4-4　垂直单管跨越式系统

定过低，就会对系统水利工况产生较大的波动，在用户入口设置循环泵，避免过低的温度设定，保证用户的流量。

2）单双管系统

原散热器供暖单双管系统进行改造后仍采用单双管系统，在散热器供水支管上设低阻力三通恒温阀，见图 4.4-5。供暖系统保留单双管供暖的形式，相比改为双管系统加高阻力恒温阀的供暖系统，更有利于避免垂直水力失调，同时不需要在现有住户内的楼板上增开套管孔洞，对住户的影响较少。

3）垂直双管系统

原垂直或水平双管系统应维持原系统，每组散热器的供水支管应设高阻力两通恒温阀，见图 4.4-6。

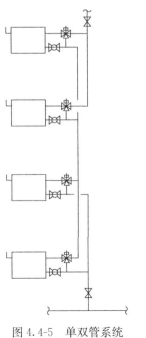

图 4.4-5　单双管系统　　　　图 4.4-6　垂直双管系统

由于高阻力恒温两通阀本身的阻力特性，可以有效地缓解垂直双管系统的竖向水力失调问题，使得改造后的供暖系统水力平衡情况得以改善，选用时宜采用有预设阻力功能的恒温阀。

4.4.5 应用案例

北京市慧忠里小区供暖系统节能改造：

1）项目概况

慧忠里小区位于北京市朝阳区北四环与北五环之间，自从 20 世纪 80 年代规划，20 世纪 90 年代建设。其中 309 号、317 号楼采用垂直单管顺流式供暖系统。

2）改造技术

首先对楼外管网进行改造，加装超声波热表、过滤装置、静态平衡阀、温度计等，并调节水力平衡。其次对楼内原垂直单管顺流式供暖系统改为垂直单管加跨越管系统，室内散热器均改为钢铝复合散热器，每组散热器均安装单管低阻温控阀及热分配表。

3）改造效果

通过添加跨越管和散热恒温阀（图 4.4-7），可通过控制阀门来控制温度，保证系统内流通能力更强。安装低阻温控阀，避免住户把温控阀的温度设定过低，对系统产生较大的波动。供暖系统保留单双管供暖的形式，相比改为双管系统加高阻力恒温阀的供暖系统，更有利于避免垂直水力失调，同时不需要在现有住户内的楼板上增开套管孔洞，对住户的影响较少。本项目改造实施后，取得了较好的效果，受到了广大住户的赞扬。

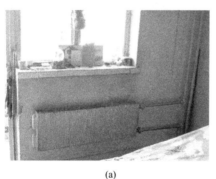

(a)　　　　　　　　　　　　　　　　　(b)

图 4.4-7　供暖系统改造

（a）改造前；（b）改造后

4.5 公共照明节能改造技术

4.5.1 概况

部分既有建筑室内公共空间因管理不善，坏的灯泡没有及时更换，还有因建造年代较为久远，仍旧采用高耗能白炽灯和手动开关的控制模式，造成楼道灯在白天无人经常进出的状态下仍旧开启，造成了大量的能源浪费。

4.5.2　室内公共空间照明改造技术

1. 室内公共空间照度要求

照明设计规范规定了不同公共区域的照度标准（表 4.5-1）、视觉要求、照明功率密度等。照度标准不可随意降低，也不宜随便提高，要有效地控制单位面积灯具安装功率，在满足照明质量的前提下，选用光效高、显色性好的光源及配光合理、安全高效的灯具。

居住建筑公共空间照度标准值[7]　　　　表 4.5-1

场所	照度标准值（lx）
电梯前厅	75
走道、楼梯间	50
车库	30

2. 照明电器配件

改造时应尽量采用低能耗性能优的光源用电附件，如电子镇流器、节能型电感镇流器、电子触发器以及电子变压器等；公共场所内的荧光灯宜选用带有无功补偿的灯具，紧凑型荧光灯优先选用电子镇流器，气体放电灯宜采用电子触发器。

3. 照明控制方式

采用各种节能型开关或装置也是一种行之有效的节能方法。根据照明使用特点可采用分区控制灯光或适当增加照明开关点。公共场所及室外照明可采用程序控制或者光电、声控开关，走道、楼梯灯和人员短暂停留的公共场所可采用节能自熄开关。采用楼宇智能化系统来控制照明可以达到住户正常照明需求的同时满足节能的目的，跟踪入住率和能源使用，监视和控制整个大型设施的照明。

4.5.3　室外照明改造技术

1. 照明控制方式

室外照明可采用集中控制，随着季节自然光照情况不同而调节室外公共区域照明的开启和关闭时间，或者采用感光自动控制元件，路灯自动感应光照强度而开启或关闭。

2. 太阳能路灯

1）光源

太阳能路灯由以下几个部分组成：光源、太阳电池组件及支架、小型太阳能控制器、蓄电池、灯杆几部分构成。如果系统配置的光源负载为交流负载，还需要配置逆变器。太阳能路灯选择的光源种类，是太阳能路灯的重要指标，普通太阳能路灯常选择低压节能灯、低压钠灯、无极灯、LED 光源中的一种，或者采用两种以上的混合光源，以满足道路照明亮度和照度的设计规范要求。目前使用较多的为 LED 灯光源，其寿命长，可达 100 万小时，工作电压低，不需要逆变器，光效较高[8]。

2）太阳能电池组件

太阳电池组件将太阳的辐射能转换为电能，通过控制器把电能在蓄电池中存储起来，以备夜间使用。目前使用较多的有多晶硅太阳电池和单晶硅太阳电池。多晶硅太阳电池制作工艺相对简单，价格也相对较低，在太阳光充足日照好的中国东、西部地区，采用多晶硅太阳能电池较多。

3）小型太阳能控制器

控制器主要实现光伏组件对蓄电池的充电放电监控，能有效避免蓄电池过充电及深放电，延长蓄电池的寿命。同时好的控制器在温差较大时，能够对蓄电池温度进行补偿，有效保障太阳能路灯系统的正常工作。太阳能控制器应肩负路灯控制功能，具有光控、时控作用，完成夜间自动切控负载，便于阴雨天有效延长路灯工作时间。也需要具备过充保护、过放保护和反接保护功能。

4）蓄电池

日照随季节的变动较大，太阳能光伏发电系统的输入电量波动也较大，而且路灯工作的夜间没有日照，所以太阳能路灯需要配置蓄电池为路灯夜间正常工作提供电能。蓄电池容量应与太阳电池容量、用电负载相匹配。通常太阳电池组件功率必需比负载功率高出4倍以上，系统才可以正常工作。太阳电池组件的电压要超越蓄电池工作电压的20％～30％，才能保证光伏组件给蓄电池正常充电。一般蓄电池容量比负载日耗量要高6倍以上为宜。

5）灯杆及灯具外壳

灯杆系统是把太阳能路灯集中固定的配件，由灯杆、灯具外壳和防护（防风和防潮）级别设计与安装组成。灯杆的高度应依据道路的宽度、路灯的间距，道路中对于路面的照度规范肯定。在灯具外壳设计中，既要考虑美观同时也要考虑节能，在美观和节能矛盾时，大多数都选择节能灯具。灯杆还应满足防风和接地设计要求，对于灯具则要求达到相应的防护等级（IP）设计要求。

4.5.4 应用案例

北京市翠微西里小区位于北京市海淀区，建于20世纪80年代末，其中1～3号楼为低层，结构为砖混结构；8～14号楼为高层，结构为剪力墙结构。楼道内照明灯具破旧，更换了新的LED灯具并设置了灯带（图4.5-1）。

(a)　　　　　　　　　　　　　　(b)

图 4.5-1　楼梯间照明改造

(a) 改造前；(b) 改造后

4.6 公共设备节能改造技术

4.6.1 概况

既有居住建筑特别是高层住宅，一般都设有电梯、加压水泵，部分旅馆建筑还设有中央空调等公共设备。这些公共设备及其系统能耗较大，可根据既有建筑的具体情况进行节能改造。

4.6.2 电梯节能技术

1. 电梯加装电能回馈装置

电梯可分为轿厢轻载、轿厢重载和轿厢与对重平衡等三种基本工作模式（图 4.6-1）。当轿厢满载上行（空载下行）时，因轿厢侧重量大于（小于）对重侧，曳引机电动机处于电动运行状态；当轿厢满载下行（空载上行）时，曳引机电动机不但无需耗电，还要将部分势能转化为电能，电动机处于发电机状态，变频器此时直流侧端电压迅速升高，变频器工作在吸收电能的状态。当轿厢侧与对重平衡时，变频器只需提供克服运行中的摩擦所耗能量即可，此种平衡模式属于理想模式，在实际运行中极少出现[9]。

电能回馈装置的节电量与电梯的工作状况有很大关系，电梯的使用频率不同，节电率也相差很大，一般可达到 20%～50%。回馈器只在轻载上升，重载下降以及电梯停站之前的制动期间才会发电，所以发电量取决于出现上面三种运行状况的比例，使用频率越高，电梯出现上述三种状况的概率就越高，回馈的电量就越多，节电率就越高。

从理论上讲，只要变频的垂直电梯都可以加装电能回馈器，非变频电梯、液压电梯由于工作原理不同，不能安装电能回馈装置。无机房电梯也可以

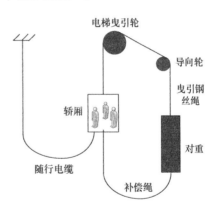

图 4.6-1 电梯运行模式示意图

安装回馈器，多用在楼层较低的地方，但是安装回馈器后的节能效果不如有机房电梯明显。回馈器的改造安装主要是固定回馈器和接线，然后根据实际情况对动作电压和控制参考电压进行设定。

2. 电梯群控

若一个候梯厅的几台电梯的呼叫登记信号各自独立，可对这些电梯的控制方式改造为群控（两台电梯时为并联），由群控系统对电梯运行进行统一调配，从而提高电梯的运行效率，节约能源。

3. 永磁同步驱动技术

很多老旧电梯是传统的机械传统系统，永磁同步驱动技术即在电动机的转子表面加上一块永久性的磁铁，这样可以使电动机电源在恒定不变的状态下保持稳定运行，不仅可以

提高电梯的运行效率，还能节约电力能源。由于传统的电梯通常采用交流变级调速技术，造成电能损耗较大，还可以通过对电梯控制系统进行改造，采用现代化变频控制技术与永磁同步电机的方法能够节省30％～45％的电量。

4.6.3 空调系统节能技术

1. 空调冷热源的选择

从节能角度，改造中应尽量选用能量利用效率高的冷热源设备与系统。改造时优先考虑采用天然冷热源，空调冷热源中可采用的天然冷热源主要有：空气源、地源、水源、工业余热等。空气作为冷热源的限制条件较少，技术成熟；地源作为冷热源需要占用较大的面积，同时受土壤性能影响较大，适用于别墅或制冷供暖面积较小的居住建筑；水源运行及维护费用低，但需要临近较深、较大的水域，且效率较低。空调冷源的冷凝热通常为冷水机组制冷量的1.2～1.25倍。因此，如果冷凝热通过冷却塔直接排入大气，会造成能量的大量浪费。在空调冷源设计中，回收与利用冷凝热，即在制冷的同时又制备热水，为热水供应提供热源，是一种节能环保的合理方案。

2. 空调系统型式的选择

既有建筑空调系统应根据建筑的功能、负荷特点、运行特性、经济性等方面综合考虑，例如变风量（VAV）空调系统、辐射板供冷与供热系统、变水量系统、水环热泵空调系统、变制冷剂流量（VRV）系统、工位空调系统等。

3. 空调系统热回收

与新风相比，排风含有热量（冬季）或冷量（夏季）。有许多建筑中，排风是有组织的，因此可以从排风中回收热量或冷量，对新风进行预热或预冷，以减少空调能耗。特别是对于新风量大的建筑，条件适宜的地区，采用排风热回收能达到很好的节能效果。

4. 空调风管改造设计

为了克服空气输送与分配过程中的流动阻力，空调风管系统中的风机需要消耗大量的电能。因此，在既有建筑空调系统节能改造中应尽量减少风管的长度，合理排布风机的位置以及送风管网的布局和风口的分布，并选用风阻较小的风管。

4.6.4 给水排水系统节能技术

1. 合理设置供水方式

常用供水方式主要有直接供水，水箱供水，水泵、水箱联合供水、气压供水、分区分压供水。改造时应针对小区环境和特点，选择合适的供水方式。直接供水能充分利用室外管网水压，适用于室外管网水量和水压稳定的地区，但室外管网停水时，系统会立即断水。水箱供水适用于室外管网水压周期性不足及室内要求水压稳定，并允许设置水箱的建筑，该方式能充分利用市政管网的压力，且能利用水箱储备一定的水量以应对室外管网停水。水泵、水箱联合供水适用于室外管网水压经常不足又不允许水泵直接吸水，且建筑允许设置水箱的情形，由于水泵能稳定在高效点运行，因此比较节能。气压供水适用于室外管网水压经常不足，不宜设置高位水箱的建筑，但是由于水压力波动大，比较耗电。分区分压供水适用于在多层和高层建筑中，将供水系统分为上区和下区，下区由室外配水管网水压直接供水，上区由水泵加压后与水箱联合供水。

2. 水泵维修与更换

水泵在长时间运行过程中可能会出现轴承损坏、水量不足、振动剧烈等问题，在改造时需要一并检查和维修，如已达到使用年限并不能继续使用，或维修成本较高，可以进行更换。水泵更换是根据计算后所确定的水泵流量和相应于该流量下所需的压力两个参数确定。在单设水泵的系统中，水泵流量按给水系统的设计流量确定，以保证安全供水。在水泵水箱联合系统中，由于水箱的调节作用，水泵启闭可以自动化，所以水泵流量可以小一些。一般取最大小时用水量或平均小时用水量。

3. 给水排水管线改造

在对建筑物的给排水系统进行改造之前，要对整栋住宅楼的给排水管网进行充分调查，设计时要考虑系统的正常运行和分区设计，让各个分区的给排水系统能独立运行，避免供水和排水系统一旦失灵而影响整个小区。管道安装时，必须要确保管道的里面没有杂物，同时要保证合理的坡度，还要把排水管的两端给堵上。如果给水管道锈蚀较严重，应及时进行更换，保证供水质量。

4.6.5 应用案例

杭州市青春坊小区 16 幢电梯改造：

1）项目概况

小区位于杭州市下城区，该小区电梯于 1998 年交付使用，已运行了 21 年。

2）改造技术

该幢 4 个单元的电梯都保留了电梯井道导轨并做了矫正，同时保留了各楼层的电梯门，根据新电梯的性能调整对重块，并对其他电梯部件都进行了更换。将原先老电梯使用的大量电子元件全部改成高速集成芯片。新电梯还搭配了对预防性维修有帮助的自动检测功能。

3）改造效果

电梯轿厢载客重量从 500kg 增加到 630kg，大约可增载 2 人，电梯运行得更稳定、更快，同时新电梯与老电梯相比，节约电量在 40% 以上。

4.7 可再生能源利用技术

4.7.1 概况

再生能源包括太阳能、水能、风能、生物质能、波浪能、潮汐能、海洋温差能、地热能等。随着绿色建筑、近零能耗建筑技术不断发展，可再生能源在建筑中应用越来越普遍，特别是太阳能光热利用、建筑光伏一体化、地源热泵等可再生能源利用技术得到广泛应用。其中，太阳能光热转换技术最为成熟，应用范围也最为广泛，以太阳能热水技术为代表。建筑光伏一体化则是将太阳能光伏技术应用到建筑上。前者既可作为生活用热水，又可作为其他太阳能利用形式的冷热源，后者将太阳能转化为电能加以利用。因此，可以充分利用可再生能源技术对既有居住建筑进行改造升级。

4.7.2 太阳能热水技术

1. 太阳能热水安装条件

太阳能热水系统安装前宜对现场安装条件和应用效果进行核算。核查屋面能够设置集热器的有效面积大于计算集热器总面积，并且核算屋面允许荷载是否满足太阳能热水系统安装要求，同时要保证建筑物上安装的太阳能热水系统不会降低相邻建筑的日照标准。根据不同太阳能热水系统对安装条件的要求以及室内管线安装条件和影响来综合判断选择所要采用的太阳能热水系统。

2. 太阳能热水系统选择

太阳能热水系统根据太阳能集热与供热水方式可分为：分户集热分户贮热直接供水、集中集热分户贮热换热间接供水、集中集热集中贮热集中辅热分户直接供水、集中集热集中贮热分户辅热直接供水等几种类型。改造设计时需结合既有建筑的结构安全、安装空间、户型、采光、美观等因素综合确定。

1）分户集热分户贮热直接供水

分户系统是最常见的系统形式，根据集热器位置的不同，主要有家庭独立式和阳台分散式两种类型。由于家庭独立式系统将每户的集热板放在屋顶，底层用户管道过长，热损失很大，且每户都要从屋顶下来两根管道，管道很多。但优点是各住户的太阳能热水系统互相独立互不影响，不存在收费管理问题。

阳台分散式是在每户的南向阳台上给安装一套阳台式太阳能热水器，系统组成为在阳台上安装集热器及承压户用贮水箱（内置电辅助加热），上下水管通过自家室内或公共区域进入各户。太阳能集热器通过管路与贮水箱内冷水形成循环回路，通过换热方式，将水箱内水加热。该方式适用于屋顶集热面积不够的高层建筑。

该系统管道数量多，集热器面积和竖向井道偏大，会占用较多公共部位空间，同时由于集热器资源不能共享和调节余缺，不利于太阳能热水系统总体效益的提高。

2）集中集热分户贮热换热间接供水

集中集热分户贮热换热系统是采用集中的太阳能集热器和分散式的室内水箱供给一个单元或者一栋建筑物所需热水的系统。该系统物业管理简单，各家可独立控制辅助加热系统，但设备成本和要求较高，需在户内安装带电辅助加热的承压式换热罐，因而该系统不适用于室内空间相对狭小的住房。

3）集中集热集中贮热集中辅热分户直接供水

集中集热集中贮热集中辅热系统指采用集中的太阳能集热器和集中的储水箱供给一个

单元或者一栋建筑物所需的热水，当系统遇到阴雨天等太阳能温度达不到使用要求时，启动屋顶水箱内的电辅助加热系统。集中辅助加热系统较为耗能，需时时保持集中储水箱中的水温，无法根据热水使用量的大小调节辅助加热系统，造成能量的浪费，且集中辅助电加热的费用不宜分摊。虽然户内没有增加设备，但屋顶设备较其他系统增加，维修也增大，同时需要考虑既有建筑的荷载安全问题以及对邻近建筑采光的影响。

4）集中集热集中贮热分户辅热直接供水

集中集热中贮热分户辅热系统是采用集中的太阳能集热器和集中的储水箱，集热器和储水箱都放置在屋顶，太阳能提供比较高的基础水温，供给一个单元或者一栋建筑物所需的热水，当太阳能不能满足需求时启动室内热水器（如燃气热水器或电热水器），替换或辅助加热太阳能热水。该系统是目前太阳能热水系统中相对最稳定的系统形式，各用各家的水，每户单独计量，单独设置辅热系统，较易管理和维护。

4.7.3　太阳能光伏技术

1. 太阳能光伏系统安装要求

加装太阳能光伏系统时，应对屋面承载力进行复核计算，基座与屋面结构应有效连接，采取措施避免或减少损伤原结构构件，后置锚栓连接时应对屋面进行修补，以保证既有建筑屋面的防水等级和保温效果。安装位置应能获得良好的日照条件，不受周围环境及建筑自身的遮挡。木檩条坡屋面屋顶加装太阳能光伏系统时还应采取防火隔离措施，以满足消防规范要求。光伏组件安装时不应跨越建筑变形缝。

2. 太阳能光伏设备要求

1）对蓄电池要求

光伏发电系统按是否接入公共电网可分为并网光伏发电系统和独立光伏发电系统。独立光伏发电系统一般需要通过蓄电池存储和调节。并网光伏系统，对蓄电池几乎无硬性要求，并且作为公共电网的辅助设备，在确定光伏方阵容量时，不用像独立光伏发电设备一样还需进行严格的计算。一般家庭使用方阵容量为$1\sim5kW$的光伏设备[10]。

2）对组件要求

与建筑结合的太阳能光伏发电系统可分为建筑一体化光伏发电系统（BIPV）和附着在建筑物上的光伏发电系统（BAPV），前者兼具建筑构件和发电功能，如保暖、防水、观赏性等，后者只有发电功能。组件应具有足够的强度和刚度，避免施工和运输过程中的人为损坏等。目前已有多种满足建筑外墙、楼顶、玻璃幕墙等性能要求的太阳电池组件。小型四坡屋面或复杂的坡屋面，可以选择与屋面颜色相近的瓦式光伏组件。

3）对电池要求

在独立光伏系统中，光伏方阵要尽量朝向赤道倾斜安装，与水平面之间的倾角要经过严格的计算，以达到光伏方阵发电量的最大化和均衡性。而在并网光伏系统中，只要考虑光伏方阵输出的最大量即可。

4）逆变的要求

太阳电池方阵所发出的是低压直流电，而电网中电压为交流电 220V，为了保证电网、光伏设备和避免人员伤亡，还必须配备相应设备和检测保护装置。

4.7.4 应用案例

1. 北京市慧忠里小区 309 号楼安装太阳能热水系统改造

改造采用的太阳能热水系统为集中集热集中贮热分户辅热直接供水系统，集热器和水箱均安装在屋顶（图 4.7-1）。各单元独立设置太阳能热水系统，其中含 18 户的大单元设置 2 个 1.5m³ 水箱，其余的单元均设置一个 1.5m³ 水箱，由于屋面水箱自重较大，为保证结构安全，在水箱底部设置了钢结构基座，将水箱荷载直接传递至承重墙体上。集热器支架则放置在现场浇注混凝土墩上，均匀排布于屋顶，并且其荷载通过了安全性核算。

图 4.7-1　太阳能热水系统水箱与集热器

太阳能热水、集热系统利用设在屋顶上的平板型集热器、贮热水箱、板式热交换器、集热循环泵、热交换循环泵、热水供水循环泵等设备提供生活热水，利用每户现有热水器（电热水器或燃气热水器）进行辅助加热。此热水系统采用上供上回式，不设分区，热水供回水干管位于屋顶上，供回水立管分设于每单元楼梯间内。

2. 北京某小区太阳能光伏改造

北京某小区建有高 40～50m 的塔楼 6 座，南北楼间距 20～40m。在相邻建筑物之间无法获得有效日照时数，因此，在建筑屋顶安装太阳能光伏电站，以便使照明灯具获得充足的电力供应。

光伏系统配置：太阳能电池方阵，该社区内太阳能光伏电源系统总装机容量

4560Wp，选用保 120（17）D 优质单晶硅电池组件 38 块。该组件采用高效率晶体硅太阳电池片，转换效率 14％；使用寿命 20 年，衰减小；采用无螺钉紧固铝合金边框，便于安装；采用高透光率钢化玻璃封装，透光率和机械强度高；采用密封防水的多功能接线盒；具有良好的耐候性、防风、防雹，可有效抵御湿气和盐雾的腐蚀，不受地理环境影响。

本章参考文献

[1] 中华人民共和国地方标准. 既有居住建筑节能改造技术规程：DB 11/381—2016[S]. 北京：北京市住房和城乡建设委员会，2016.

[2] 中华人民共和国行业标准. 建筑遮阳工程技术规范 JGJ 237—2011[S]. 北京：中国建筑工业出版社，2011.

[3] 中华人民共和国行业标准. 建筑反射隔热涂料应用技术规程 JGJ/T 359—2015[S]. 北京：中国建筑工业出版社，2015.

[4] 谢浩. 住宅楼屋顶的隔热[J]. 应用科技：1997，3（9）：18-19.

[5] 张天寿. 既有建筑供暖系统热源及管网节能改造探讨[J]. 江西建材：2015，18：97.

[6] 史晓蕾. 老旧小区综合整治中室内供暖系统改造设计要点探讨[J]. 工程建设与设计：2019(17)：63-65.

[7] 中华人民共和国国家标准. 建筑照明设计标准 GB 50034—2013[S]. 北京：中国建筑工业出版社，2013.

[8] 李海英. 农村太阳能路灯设计与安装要点[J]. 农村实用技术：2017(5)：53-54.

[9] 李跃华. 电能回馈装置在电梯变频器节能改造中的应用[J]. 机电工程技术：2014(8)：161-165.

[10] 崔宸玮，赵艳敏. 太阳能光伏建筑在居民住宅上的应用[J]. 建材与装饰：2018(29)：237-238.

第三篇

功能改造篇

第5章 户型空间改造技术

5.1 概述

随着人们家庭结构和生活方式的改变，对居住空间的需求也随之变化。大部分住户在同一套住宅居住较长时间，但户内空间无法满足住户不同阶段的多元化的居住需求。如今，部分老旧住宅存在着私密性低、采光通风较差、平面布局不合理、客厅和厨卫空间小、卧室大、空间利用率低、隔声和防水防潮效果较差等问题。为此，需要充分考虑住户的生活习惯、居住状态及活动需求，对既有户型空间进行改造，改善住户生活环境，提高居住空间使用率。

户型空间改造技术是在既有建筑户型空间布局的基础上，对建筑空间进行延展、变换、叠加[1]，对空间功能进行置换和整合。户型空间改造技术是以物质空间功能、建筑物理环境、技术适应性应用三个方面，分别从水平空间、竖向空间和局部空间三个角度出发对既有建筑户型空间改造。户型空间改造的目的是：（1）贴合住户的行为需求：住户的行为需求包括生活方式、家庭结构、职业特点，对既有居住空间提出的新要求，从各方面提高空间的使用性并确保居住的舒适度[2]。（2）实现空间发展的多种可能：通过隔断、夹层、空间合并和功能置换等方式优化原有室内空间，通过加建、贴建、局部悬挑等方法实现既有建筑空间外扩。（3）提高建筑的使用效率：通过既有建筑空间优化，完善空间使用功能、提高空间舒适度、延长建筑使用年限，提高建筑使用效率。

户型空间改造技术包括：（1）水平空间改造，主要是针对既有居住建筑的使用面积不足、空间功能混合、布局不合理、空间利用率较低等问题，改造技术包括水平扩建和水平合并。水平扩建技术有外墙贴建、外墙外扩和局部悬挑。水平合通常通过在户型分隔墙开门窗洞的方式将两户合并为一户或三户合并为两户，有效增加套内户型的房间数量和使用面积。（2）竖向空间改造，主要是针对平面使用面积有限，无法满足功能需求，水平扩展有所局限，但竖向空间可利用性较高，改造的主要方法有加设夹层、竖向合并、竖向加建、下沉式拓展。加设夹层时，可通过隔声降噪技术改善室内声环境；竖向合并时，可通过增设钢木、实木、螺旋式楼梯连接上下空间；竖向加建的方式有平改坡、偏移加建等。（3）局部空间改造，主要是针对空间布局不合理，局部空间闲置浪费问题，改造主要方法包括分区合理化、空间集约化、空间多义化。分区合理化主要包括动静分区、干湿分离的方式；空间集约化包括对消极空间的集约化、空间功能转换与复合等方式；空间多义化可采取中立设计策略和对灵活构件的利用，增强空间的适应能力、提高空间利用率。

5.2　水平空间改造技术

5.2.1　概况

　　经过对近 50 年的住宅建筑户型进行梳理，总结出以下四种常见户型（表 5.2-1），通过研究户型设计及交通流线，了解不同时期既有建筑的空间特点和发展，为既有建筑空间改造提供依据。

近 50 年常见户型平面及特征　　　　　表 5.2-1

编号	户型平面图	说明
1		该住宅户型多出现在 20 世纪 60、70 年代，以砖混结构为主，部分为工业厂房、废弃办公楼改建而成，多为国有企业、企事业单位职工住房；单间面积较小、多为十几平方米，通过走廊连接各个居室，楼层住户共用厨房、卫生间，邻里关系融洽，但私密性较差
2		该住宅户型多出现在 20 世纪 70、80 年代，以砖混结构为主，逐渐形成套型的概念，功能结构单一，卧室空间较大、厨卫空间较小，利用走廊连接各个功能空间，通过增加走廊宽度以扩大户型进深，形成方厅空间。该建筑模式多为一梯两户或一梯三户，减少了公共空间，使邻里关系趋于冷漠
3		该住宅户型多出现在 20 世纪 80、90 年代，多为砖混结构，随着方厅使用频率的增加，在后期的住宅设计中逐渐扩大了方厅的使用面积，完善了方厅的使用功能，形成了"两大一小"即大客厅、大餐厅、小卧室的套型风格，通过客厅进入各个功能空间，增加套内有效使用面积

续表

编号	户型平面图	说明
4	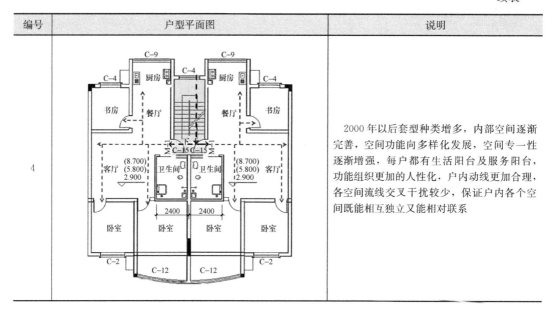	2000 年以后套型种类增多，内部空间逐渐完善，空间功能向多样化发展，空间专一性逐渐增强，每户都有生活阳台及服务阳台，功能组织更加的人性化，户内动线更加合理，各空间流线交叉干扰较少，保证户内各个空间既能相互独立又能相对联系

从表 5.2-1 可见，随着时代发展，建筑平面布局也得到了改进，水平空间也逐渐优化，以满足不同时代人们对居住空间的需求。但对于老旧住宅，由于其平面布局、建筑功能已不能满足现代人们对美好生活的需求，在不影响建筑结构安全性的前提下，应对户型空间进行改造。

既有居住建筑水平空间存在以下问题：既有居住空间使用条件与使用需求存在矛盾，住宅空间使用面积受限，流线布置不合理，私密性和采光通风较差。平面布局不合理，空间功能混合或不足，空间形态单一，各功能空间不够连通，使用不便，空间灵活性较差，居住环境较差。无法满足用户日益变化的功能需求，住宅空间利用率较低，空间存在浪费现象。

5.2.2 水平扩建技术

在既有建筑楼间距及周边场地允许的条件下，在紧靠既有建筑水平方向上扩建部分建筑空间，以增加既有住宅的使用面积。常用的水平扩建方法有：外墙贴建、外墙外扩和局部悬挑，在实际案例中通常综合多种方法完成水平扩建。在水平扩建时，需注意扩建部分与原户型空间布局的协调统一，形成有机整体；扩建部分对原户型的采光通风无不利影响；扩建部分与周围建筑间距应合适；扩建空间应充分结合使用者的需求定义其尺寸和功能；扩建技术应根据既有建筑结构而定，保证其可行性和安全性。

1. 外墙贴建

外墙贴建的实施方法一般是预制模块空间，利用既有建筑的门窗洞口相连，结构采用自身承重的自支撑体系，扩展使用空间（图 5.2-1）。外墙贴建对居民的日常生活影响较小，项目进程中仍可以正常使用既有住宅；在模块中预留既有的管道设施，减少对旧管道

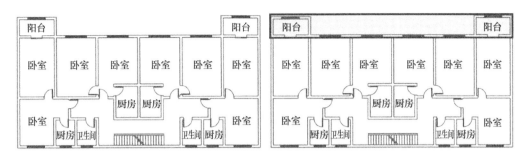

图 5.2-1　外墙贴建示意图

的移动、损坏和更新；模块的内部材料、装饰、功能可以自由选择；同时还需注意贴建部分对周围建筑日照的影响。如果对既有建筑及周边环境要求较高的，必须整栋改造[3]。

2. 外墙外扩

外墙外扩的实施方法有增设构造柱、圈梁，增加分隔缝。外墙外扩对周围环境要求较低，多用于低层建筑。如图 5.2-2 所示增设改变外围护结构，拓宽厨房和阳台的使用面积，增加了客厅、餐厅的功能空间。

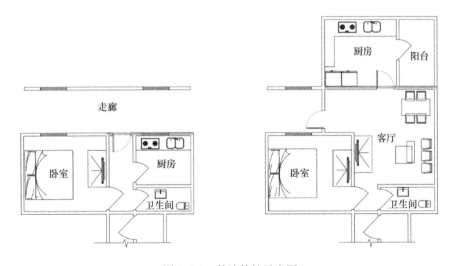

图 5.2-2　外墙外扩示意图

5.2.3　水平合并技术

水平合并是将相邻的两个空间沿水平方向通过拆除或打通隔断的方式将两部分合二为一的过程。在既有建筑水平合并过程中，通常通过在户型分隔墙开门窗洞的方式将两户合并为一户或三户合并为两户，有效增加套内户型的房间数量和使用面积。套型合并对既有建筑及周边环境要求较低，改造过程灵活方便，资金投入较小，改造完成后效果明显，对既有建筑造成的影响较小，根据使用对象的不同，有多种空间合并方案。水平空间合并主要是对户型内墙体的拆除和增加，应保护和加固承重墙，调整和改造非承重墙，通过墙体的改造重新建立新的套型空间[4]（图 5.2-3）。

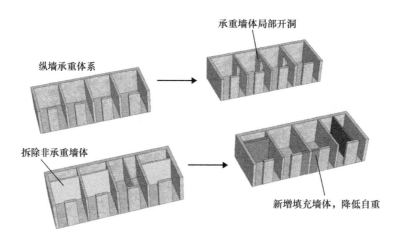

图 5.2-3　水平合并的墙体改造[4]

5.2.4　室内管线敷设

在水平扩建或水平合并时，若涉及加装新风系统、地暖系统等设备，应注意通过顶棚和地面进行管线敷设。

1. 顶棚管线敷设

1）新风系统增设技术

顶棚加装新风吊顶时，可采用局部吊顶，吊顶内应合理安排中央空调系统及新风系统，新风系统主要安装在阳台，厨房、卫生间或高柜顶部，其通风口与吊顶交接处构造如图 5.2-4 所示[5]。主机由丝杠平稳吊装至指定位置，主机一般安装在阳台、厨房吊顶内，选在所需风管长度最少的地方以减小管路阻力。主机固定要牢固，以免运转噪声大，下部吊顶使用活动顶或留有检修口（图 5.2-5）。

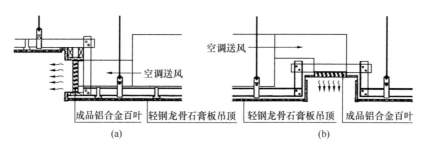

成品铝合金百叶	轻钢龙骨石膏板吊顶		空调送风

（a）　　　　　　　　　　　　　　（b）

图 5.2-4　通风口与吊顶交接处构造

风口安装选择合理的位置，固定牢固，以保证使用效果。排风口安装于卫生间及厨房吊顶上，室内空气通过排风口进入主机，再通过主机进入烟道。新风口安装于客厅或起居室的窗户上方，室外新鲜空气由此进入室内［图 5.2-6(a)］。新风口安装要注意同一厅室、房间内的风口应高度一致，排列整齐。吊顶内纵横交叉的管线应尽可能交叉分层排布，以减少支吊架横担对吊顶内有效空间高度的影响［图 5.2-6(b)］。

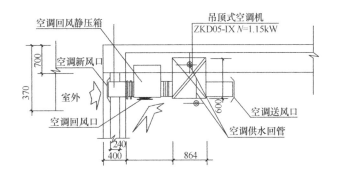

图 5.2-5 主机安装

（a）主机顶部安装；（b）主机与外墙交接

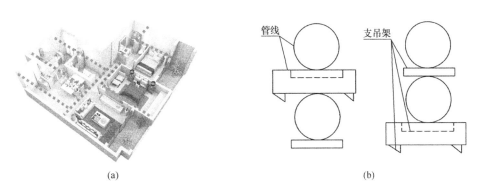

图 5.2-6 新风系统在吊顶内的布置

（a）屋内管线的平面走势处理；（b）顶内空间管线的优化排布

2）毛细管敷设技术

当既有建筑空间净高不足，采用常规的供暖制冷方式难以满足室内空间需求时，可采用毛细管技术（图 5.2-7）。毛细管敷设技术管径小、排列密度大，沿天花顶板铺设后几乎不占用室内净高，而且房间内热量耗散非常均匀，使用时体感舒适性远大于其他方式，毛细管敷设完工后室内效果如图 5.2-8 所示。

图 5.2-7 辐射冷热源

图 5.2-8 毛细管敷设
完工后室内效果

2. 地面管线敷设

既有建筑水平空间改造时，除了敷设强弱电缆、给水排水管等以外，还可增设地暖系统。地暖由地面散热，室内温度分布由下而上逐渐递减，室内热环境温度渐渐均匀、洁净卫生，避免了室内空气对流所导致的尘埃和挥发异味。传统对流供暖的散热器及管道装饰各占用一定的室内空间，影响室内装饰和家具布置，而地暖将加热盘管埋设于地板中，不影响室内美观，不占用室内空间，便于装修和家具布置。隔层楼板一般选用预制板或现浇板，其隔声效果较差，若通过地板供暖改造，地面增加了保温层，同时还能提高隔声效果，地暖构造如图5.2-9。

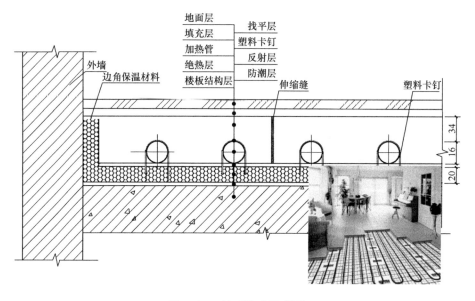

图 5.2-9　地暖构造示意图

5.2.5　应用案例

1. 河南某厂区单身宿舍楼阳台扩建

河南某厂区单身宿舍楼有改善居住环境的需求，在既有建筑南向局部加建模块，实现水平扩建（图5.2-10），即在既有建筑阳台基础上水平向外扩建3600mm。改造前原有空间为20m² 的一居室住宅（图5.2-11），卧室空间与客厅空间功能混合，流线混乱，使用不便，空间私密性差，考虑向南水平增建3300mm×3300mm的卧室模块及3300mm×1500mm的阳台模块，增加空调外机设备并预留管线位置，将原有居室改造为起居空间。

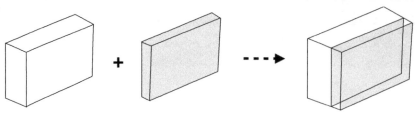

图 5.2-10　厂区单身宿舍楼南向扩建

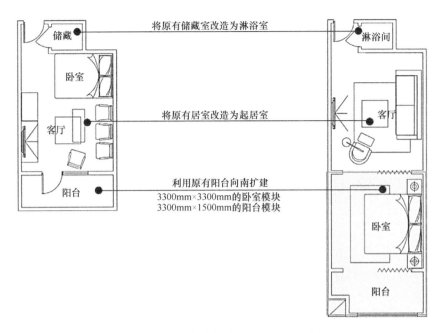

图 5.2-11　单户向南加建卧室＋阳台功能模块

扩建后，空间使用面积变为 30m²，卧室与客厅原有的混用格局变为餐厅与客厅结合，并加设独立向阳卧室，使居住空间动静分区，并使空间流线更加合理。

2. 河南某外廊式单元楼改造

河南某外廊式单元楼的使用者均有改善居住环境的诉求，通过原单元楼北向的外走廊进行水平扩建，完成户型空间改造（图 5.2-12）。改造前住宅空间为面积 31.68m² 的一室一厨一卫套型，因其缺少起居空间，住宅内走道较长，流线布置不合理，空间浪费过多，考虑利用原有厨房一侧的公共走廊进行水平扩建（图 5.2-13），将原有公共走廊空间改造为门厅空间及餐厅空间，并向北扩建 2400mm×2850mm 的厨房模块及 2400mm×1400mm 的阳台模块，并同时配建相应的厨房管井等。将原有厨房改造为就餐和起居空间，利用尽端走廊扩建门厅空间。扩建后，住宅使用面积增至 42.12m²，原有入户方向发生改变，增建的厨房与起居室形成南北通透的空间，增加的生活阳台可供储物及洗衣空间。

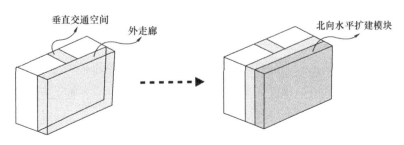

图 5.2-12　某单元楼北向水平扩建模块

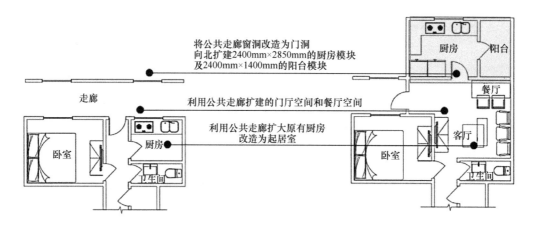

图 5.2-13　单户向北加建厨房＋阳台功能模块

以该既有建筑为原型，还可进行另一种改造（图 5.2-14），即向北加建卧室功能模块和厨房功能模块，将原有卧室及厨房一侧的室外公共走廊占用，加建 3000mm×3300mm 的卧室模块及 3000mm×3300mm 的厨房模块，同时配建相应的厨房管井等。将原有的厨房改造为多功能室，原有的卧室改造为起居室，并增设储藏空间和门厅空间。扩建后，不仅各主要使用功能空间完整独立、面积适中、使用方便，而且增加了一些如多功能室、储藏空间和家政空间等辅助空间。

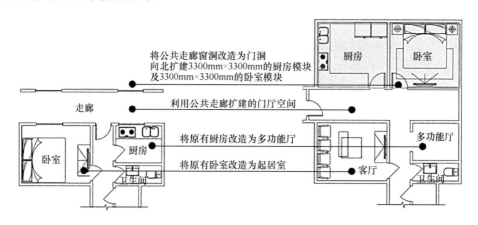

图 5.2-14　单户向北同时加建卧室功能模块和厨房功能模块

3. 湖南某既有住宅水平合并改造

湖南某住宅原为一梯四户短外廊式五层横墙承重的砖混结构建筑。套型内空间功能单一，只能提供基本的食宿需求，居住者多为离退休的老人和单身的青年工人。住户希望能将公共的卫生间改造为私有卫生间，考虑使用现状空间无起居室空间，且水平扩建后不满足日照要求，故将既有的一梯四户通过水平合并改造为一梯两户，增设起居室和餐厅空间，整体增加套内的使用面积，借助局部空间改造，空间功能重置实现水平空间扩展，满足住户需求。户型改造前后对比，见图 5.2-15 和表 5.2-2。

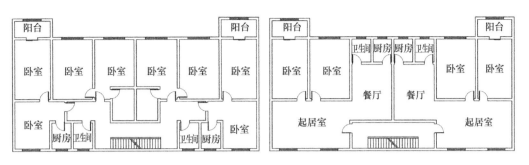

图 5.2-15 两户合并为一户

户型合并前后对比   表 5.2-2

室内空间	改造前	改造后	效果
卧室	两居室 面积：37.46m²	两居室，面积略有增加 面积：43.55m²	实现"动静分区"，提供良好的生活环境
起居室	—	增加起居室空间 面积：34.47m²	提供家庭活动空间，实现"居寝分离"
餐厅	—	增加就餐空间 面积：15.68m²	完善户型内部功能，实现"餐寝分离"
厨房	面积较小 面积：4.48m²	扩大厨房使用面积 面积：5.69m²	完善厨房使用功能，实现"洁污分区"
卫生间	公共卫生间 面积：4.58m²	独立卫生间 面积：5.69m²	确保使用者私密性，提升使用者生活品质，实现"干湿分离"

4. 湖北某既有住宅水平合并改造

湖北某住宅楼为一梯两户，包括 A1、A2 两种户型。户型 A1 为三室一厅一厨两卫，室内面积 56.85m²；户型 A2 为四室一厅一厨一卫，室内面积 67m²。该单元楼现有居住者希望在既有住宅中增加餐厅空间及卧室空间，以提升其生活品质，满足使用者对多代人共同居住生活的需求。因此将户型 A2 拆分部分空间给户型 A1，改造后面积为 90.6m²（A1）与 73.2 m²（A2），并重新调整平面布局，增加了就餐空间改善居住条件，提升生活品质。户型改造前后对比，见图 5.2-16 和表 5.2-3。

图 5.2-16 三户合并为两户

户型合并前后对比   表 5. 2-3

改造前	改造后	效果
A1 户型的 a1 起居室	A1 户型 a2 餐厅	提供家庭就餐空间，满足居住需求
A1 和 A2 户型的 b1 两间卧室	A1 户型的 b2 卧室 和起居室	调整了起居室位置，阳台为起居室提供了良好的采光及环境视野，提升使用者的生活品质
A2 户型的 c1 卧室	A2 户型的 c2 卧室	增加卧室面积，改变了开门位置，缩短了与卫生间的距离

5.3 竖向空间改造技术

5.3.1 概况

竖向空间是指建筑物竖直方向上各个组成部分的总称，包括顶棚、墙面、楼地面、室内楼梯、屋盖、地下室等。部分既有居住建筑的原始空间因其使用功能和居住用户的变化，无法满足日益变化的使用需求，由于水平空间改造存在一定局限性和难度，可对既有居住建筑原始空间进行竖向空间改造使其满足多种使用需求，同时实现空间再利用，节约资源的目的。

5.3.2 加设夹层技术

通过加设夹层进行竖向空间改造可用于平面可利用空间局限性较强、使用者对功能分区的多元化需求、被改造空间分隔多，或为尽量减少对原有结构的改动等情况。在既有建筑加设夹层时，通常首先考虑的是尊重使用者的生活模式，改造后的空间序列组织要与使用者的行为习惯一致；其次是夹层空间要符合人体工程学，改造的有站立需求的空间净高不低于 2200mm；若考虑使用者的心理感受，保证空间净高不低于 2400mm；改造后仅用于满足坐卧需求的空间，其净高在 1010～1120mm 内即能满足；同时加设梁柱板时，要避免对原有结构的影响，尽量使用轻质构件，如钢梁、钢柱、轻质龙骨等材料。

声环境是居住环境质量的评价指标之一，加设夹层需注意营造优良的声环境，保证室内噪声在标准限值内，提高居住环境质量[6]。在满足结构安全的前提下夹层尽量选择轻质钢结构，夹层楼板填充岩棉、玻璃棉等隔声构造（图 5.3-1），同时还可以使用吸声板饰面等方式（图 5.3-2）提高顶棚的隔声降噪效果。楼板结合玻璃棉、木龙骨、木地板（图 5.3-3），将地面抬高形成空气层，也可在楼板上铺设弹性面层，如地毯、木地板等，或构建"浮筑楼面"（图 5.3-4）来解决楼板撞击声隔声问题，结合顶棚隔声降噪技术达到整个室内空间隔声降噪性能最大化。

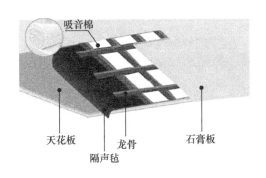

图 5.3-1　顶棚空间吸声棉构造示意图

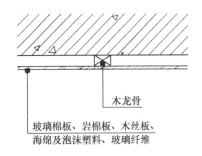

图 5.3-2　顶棚吸声板构造示意图[5]

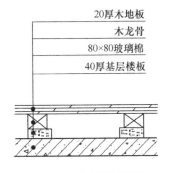

图 5.3-3　楼板隔声降噪
构造示意图[5]

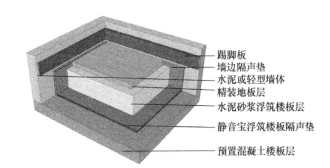

图 5.3-4　采用浮筑楼板隔声降噪示意图

5.3.3　竖向合并技术

　　竖向合并技术适用于水平分隔较多，水平方向扩展空间不能满足居住空间改造的需求，或是水平方向改造难度较大，改造房间的上、下楼层存在同样的问题和改造需求的情形。既有建筑采用竖向合并改造时，在内部加设垂直交通空间，破坏原有楼板整体性。在竖向合并时，应着重考虑结构的稳定性和整体性，通常的做法是首先根据原有设计资料核算楼板开洞对原结构的影响，同时在原有结构满足安全要求的情况下，避免垂直交通空间的位置影响居住空间的使用或采光通风。通过增设楼梯连接竖向合并的上下空间，形成交通组织，再调整户型的功能空间，注意分区的合理化，从而达到增加户型空间使用面积，完善使用功能的目的。

　　在设计楼梯时，应根据人体工程学，建立合适的台阶净空高度，方便使用者行走以及家具的搬运，建立合理的楼梯扶手高度、踏步高度、台阶尺寸、净空高度（图 5.3-5），满足不同使用者对高度的需求，进行人性化设计。相对于传统钢筋混凝土楼梯而言，可选择质量较轻、施工方便、易于拆装的实木楼梯（图 5.3-6）和钢木楼梯（图 5.3-7），或占用空间较小的螺旋式楼梯（图 5.3-8）。

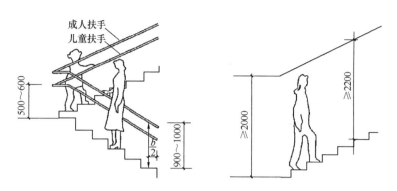

图 5.3-5　楼梯扶手高度以及净空高度示意图[7]

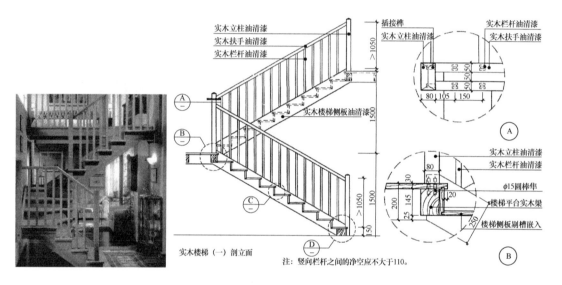

图 5.3-6　实木楼梯效果图和构造示意图[5]

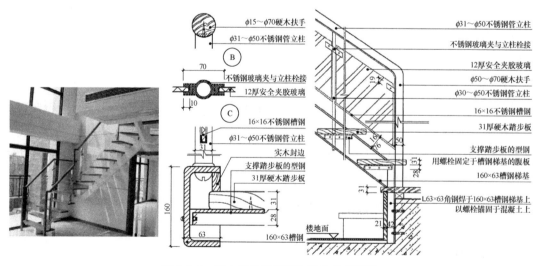

图 5.3-7　钢木楼梯效果图和构造示意图[5]

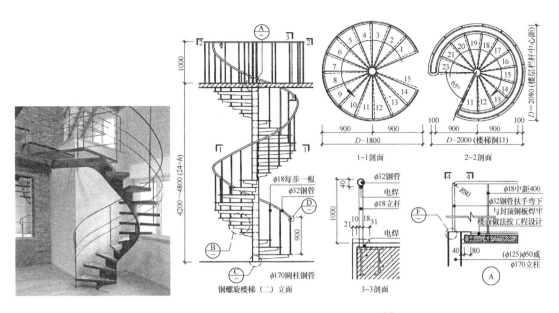

图 5.3-8　螺旋式楼梯效果图和构造示意图[5]

5.3.4　竖向加建技术

竖向加建是指在满足结构安全的条件下，且对周围建筑的日照无影响时，在既有建筑的顶层竖向加建，增加顶层用户的使用面积，竖向加建的楼层可通过顶层户内楼梯通往加层空间。竖向加建将改变既有建筑的轮廓线，影响既有建筑的屋顶形态，对其建筑结构也有较高的要求，设计中应考虑原结构的承载力以及是否需要进行结构加固[8]。

为了满足日照间距要求，竖向加建的改造方法包括：①平改坡，在既有建筑的平屋顶上加建一定空间的坡屋顶，一般通过老虎窗和斜屋面解决坡屋顶的采光通风；②偏移加建，在既有建筑的平屋顶上直接增加净高在 2.2m 以上的平层，还可选择在加建的平屋顶上再加建坡屋顶（图 5.3-9）。一般竖向加建楼层为顶层用户使用，因此无需增设公共楼梯，可在顶层户内采用实木楼梯、钢木楼梯或螺旋式楼梯连接竖向空间的交通组织，丰富室内层次感，增强居住舒适性。同时还需注意加建楼层的结构承载力和建筑材料的选择。

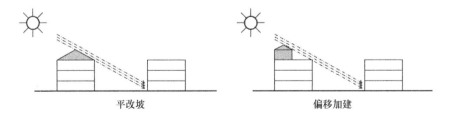

图 5.3-9　竖向加建满足日照方案

5.3.5　下沉式拓展技术

下沉式空间通常采用设置挡土墙、夯实基础部分土层、弱化与上部结构的连接等方式保证对上部结构的影响在可控范围内，底层扩充使用空间形成地下室。拓展的地下室需要充分考虑对上部建筑的影响，并制定相应的方案，通常使用的技术是基础托换技术。该技术采用新增基础的方式对原有建筑物某一部位的基础进行部分或者全部替换，并与原有基础共同承担上部荷载的施工技术[9]。

在向下拓展空间时，尽量保证下部空间在地下水最高水位之上。若不能满足，可采取加大建筑材料强度对下部空间进行防水防潮等措施（图5.3-10），该方法有利于增强地下室外墙结构稳固性和防水防潮效果。在地下水位较高或雨水较多的区域还可考虑加设盲沟排水（图5.3-11），将地下室外侧的地下水导入盲沟，达到降低地下水位的目的。

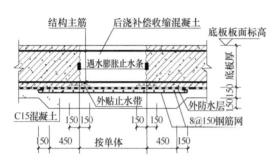

图 5.3-10　地下室防水节点大样[10]

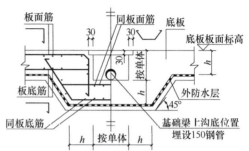

图 5.3-11　地下室盲沟排水节点大样[10]

改造需保证下部空间的天然采光、自然通风，有利于减少空间幽闭感以及增强空间开敞性，更好地满足人们的生理和心理需求，在自然通风采光不能满足要求时可利用通风井、采光井等构造措施（图5.3-12[11]～图5.3-14）来满足。采光和通风井施工时：在安装采光天窗时应确保窗口上的防水安全性，在洞口周边的墙面做好泛水处理；增加的采光井天窗应具备精密的排水系统，防止雨水从天窗进入地下室；通风百叶安装时应注意外部百叶方向朝下，避免雨水灌进地下室内。

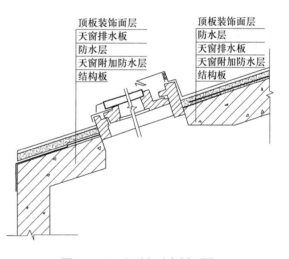

图 5.3-12　地下室天窗剖面图

图 5.3-13　地下室采光井室内效果

图 5.3-14　地下室天窗＋通风百叶天窗

5.3.6　应用案例

1. 上海某公寓加设夹层改造

上海某公寓（图 5.3-15），原有住宅开间 3.6m、使用面积 32.4m²。使用者希望将公寓改造为 SOHO。公寓的开间较小，平面空间扩张面积有限，可以采用竖向空间改造的方式，即加设夹层的方式优化内部空间，改造后使用面积为 37.05m²（图 5.3-16、图 5.3-17）。改造前 a 区为休息空间，由于使用者有办公居家一体化需求，既有空间集约化过高，因此将休息空间上移到夹层 D，以此增加既有住宅使用面积。改造前 b 区为活动空间，改造后 B 区为休息空间夹层下的工作区，因为插画师的大部分工作是坐着完成，而休息空间需满足的大部分活动为坐卧类，因此在工作区域 B 的上方加设夹层 D 作为业主的休息空间具有可操作性，仅需保证工作区域及休息空间净高满足 1010～1120mm 即可。因既有住宅净高为 3000mm，为更加合理的利用空间，考虑业主的使用感受和人体工程学原理，将工作空间的净高设置为 1950mm，休息空间的净高设置为 1050mm（图 5.3-18）。c 区厨卫空间保持不变。

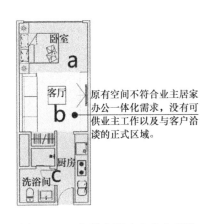

图 5.3-15　加设夹层改造前户型图

图 5.3-16　加设夹层改造后户型图

图 5.3-17　加设夹层改造后实景图

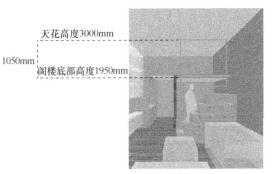

图 5.3-18　加设夹层示意图

2. 郑州某既有住宅竖向合并改造

在郑州某小区既有住宅改造中（图 5.3-19），改造前为一室两厅一厨一卫的户型布局，使用面积为 42.57m²。使用者为一对年轻夫妇，希望在既有空间中增加一个招待朋友兼影音视听室功能的娱乐空间，但原有住宅结构为混合结构，拆掉隔墙会影响原有结构承重。同时由于既有住宅的客厅与卧室空间连通，整体使用面积有限，因此将上下两层合并，改造后（图 5.3-20），户型使用面积为 95.04m²。娱乐空间通常使用频率高，噪声相对较大，而休息空间则需要相对安静的环境，将合并后的空间动静分区，一层设置娱乐厅等活动空间，二层设置卧室等休息空间。改造前 a 区域为阳台，由于将上下层合并，需设置垂直交通空间连接上下两层，改造后将阳台 a 改造为垂直交通空间 A。根据业主的使用需求和生活模式，改造前 b 区域为客厅与卧室，改造后将一楼的 b 区域改造为娱乐室 B，将二楼的 b 区域改造为起居室 C。改造前 d、e 区域分别为餐厅空间、厨卫空间，改造后一楼的 d、e 区域保持不变，将二楼的 d 区域改造为卧室 D，将二楼的 e 区域改造为卧室 E。

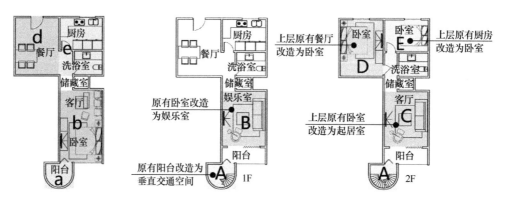

图 5.3-19　竖向合并
　改造前户型图

图 5.3-20　竖向合并改造后户型图

3. 长沙某既有住宅竖向合并改造

长沙某住宅改造前为一室一厅一厨一卫（图 5.3-21），使用面积为 42.57m²。使用者想将原户型的一个卧室改为三个卧室，但原有住宅结构为混合结构，拆掉隔墙会影响原有结构承重。对使用者而言，家中人口的增加，使住宿问题成为亟需解决的问题，原有户型仅有一间卧室并且面积受限，故考虑竖向合并的方式进行空间改造及拓展，改造后（图 5.3-22），户型使用面积为 95.04m²。根据业主的使用需求和生活模式，改造前 b 区域卧室，改造后将一楼的 b 区域改造为客厅 B，将二楼的 b 区域改造卧室 C。改造前 d、e 区域分别为餐厅空间、厨卫空间，改造后一楼的 d、e 区域不变，将二楼的 d 区域改造为卧室 D₂，将二楼的 e 区域改造为卧室与洗浴空间 E。由于将上下层合并，需设置垂直交通空间连接上下两层，可考虑将阳台改造为楼梯，但由于改造后紧挨阳台的空间为卧室

C，而卧室不宜作为交通流线必经之路。同时考虑到二楼的流线组织，为便于业主使用，适宜将楼梯设置在三间卧室的中心，故改造后将一楼门洞右移，餐厅空间 D_1 外移，将垂直交通空间楼梯 A 设置在原有 d 区域的餐厅空间来联系上下层。

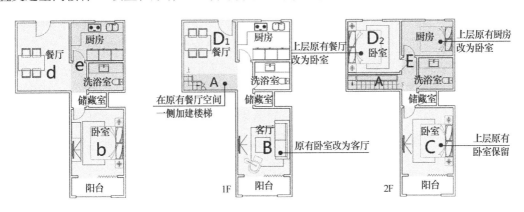

图 5.3-21　竖向合并
改造前户型图

图 5.3-22　竖向合并改造后户型图

4. 广东某公寓顶层竖向加建改造

广东某公寓改造前使用面积为 $56.61m^2$（图 5.3-23），使用者为一位建筑师，因其希望居住空间包含一个工作区域便于在家中处理工作相关事宜，同时增加一个卧室以便接待来访客人，但平面空间扩张程度有限不能满足使用者要求，同时考虑到日照要求，故采用偏移加建的方式加建，改造后（图 5.3-24），使用面积为 $103.5m^2$。改造前 a 区域为卧室，考虑到工作室的增设及分区变化，因此将其改造为一楼的工作室及书房 A。改造前 f 区域为闲置空间不常使用，但由于其处于整个户型的中心位置，符合的交通空间的特质，故将其改造为竖向交通空间 F。改造后在结构得到保证的情况下以及业主需求的推动下加建一层之后增加卧室空间 D、E。

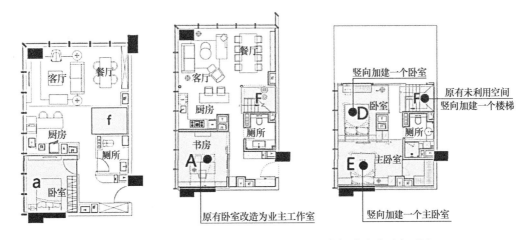

图 5.3-23　竖向加建改造前户型图　　图 5.3-24　竖向加建改造后户型图

5. 四川某既有住宅下沉式拓展改造

四川某住宅是一个建筑面积 160m² 的两层带地下室的底跃式住宅（图 5.3-25）。由于使用者养护植物的爱好及其锻炼身体的诉求，因此计划为其增加一个健身空间供其平时锻炼及一个户外空间供其养护植物。由于原有结构构件不能承载上部加建的荷载，加之平面扩建会占用公共道路，而负一层具有垂直交通空间，具备向下拓展空间的条件，故考虑通过向下拓展的方式优化空间。改造后（图 5.3-26），建筑面积为 188.32m²，负一层车库空间 A 和垂直交通空间 B 不变，同时增加一个健身空间 E 及一个下沉式庭院空间 D，另加设一个采光井，保证负一层健身空间的采光通风。一层改造后将娱乐室 C 的空间缩小，以便地下庭院采光通风；二层改造后空间不变，以休息空间为主，与活动空间做到动静分区。

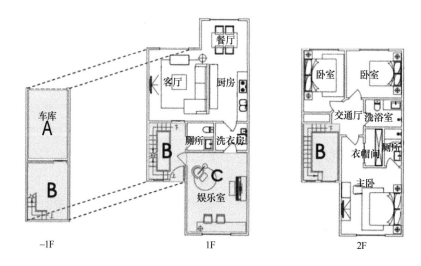

图 5.3-25 下沉式拓展改造前户型平面图

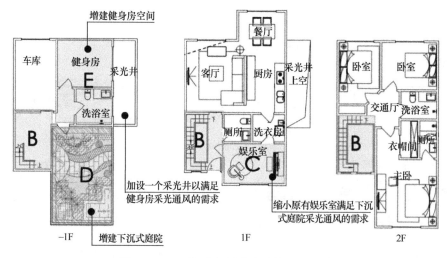

图 5.3-26 下沉式拓展改造后户型平面图

5.4　局部空间改造技术

5.4.1　概况

在经济条件有限的情况下选择住宅时，只能选择小户型或者单身公寓，此类住宅使用面积小，空间相对狭小，空间部分功能缺少。当水平空间和竖向空间不具备条件时，需要从局部空间进行优化改造。

在既有建筑局部空间改造时，应对空间功能转换的驱动因素进行深入分析并结合改造，根据功能需求不同，通常有社会角色、家庭衍变、个人发展三种因素驱动。

（1）社会角色：由于社会角色的不同，生活习惯和行为方式各异，空间使用频率、使用需求亦不同，因此对既有建筑空间功能也有新要求。

（2）家庭衍变：由于家庭结构的衍变，行为模式的不同，生活方式的变化，对既有建筑居住空间要求也不断更新。根据家庭结构的变化，对既有建筑内部空间进行功能置换，能有效降低改造成本，减少对建筑结构的影响，满足由于代际数增加而扩展的衍生活动的空间需求，从而实现住宅建筑生命周期的延长。

（3）个人发展驱动：随着社会发展，各类自由职业工作者涌现，例如作家、画家、设计师等等，使 SOHO 成为一种潮流。针对个人职业发展的不同，对住宅空间部分功能进行置换，可满足 SOHO 的基本配置需求。

5.4.2　分区合理化

根据各功能空间的使用对象、性质及使用时间等对原有户型平面布局进行合理分区，将性质和使用要求相近的空间组合在一起，避免空间相互干扰[8]，可分为动静分区、干湿分离。

1. 动静分区

通过对主要活动空间的流线整理和动静分区，可减少家庭成员因不同行为活动导致的交叉干扰，提高居住舒适度，通常采用以下两种手法：（1）以生活作息划分。日间活动以动态为主，使用频率较高的空间有厨房、餐厅、起居室；夜间活动以静态为主，使用频率较高的空间有书房、卧室。按照使用者生活作息习惯的偏好，适当将同质空间就近布置。（2）以交通流线划分。将使用频率较高的空间置于室内交通流线的前端。

在动静分区改造过程中，主要的改造方法有：（1）空间围透。结合建筑结构现状，利用隔墙或隔断对空间分区；通过家具的多义化使用，实现空间的动静分区。（2）隔声降噪。使用隔声板、吸声板等建筑材料隔绝噪声源，同时在动区和静区空间分隔部位采取措施以减少楼板及墙体撞击声等噪声，提升生活品质。

2. 干湿分离

扩增的厨卫空间用水频率较高时，适当干湿分离是提高生活品质的一种有效方式。因使用者代际数的增加或其具有改善生活的需求，而既有厨卫空间面积过小无法满足使用者的需求，可考虑采取拆除原有隔墙的方式拓展厨卫空间的使用面积。鉴于厨卫空间对灵活布局的高需求性，在确保满足厨卫空间净高不低于 2.2m 情况下，可通过架空地板层架设横向管线，实现厨卫空间平面的灵活布局。

卫生间常利用玻璃隔断或防水防潮轻质隔墙干湿分离。干湿分离一方面可避免交叉用水，满足卫生要求；另一方面则可减少触电漏电风险，确保人身安全。基于盥洗区域独立、可开放的特性，干湿分离可使卫生间实现同一时间段内，不同家庭成员的共同使用。

5.4.3 空间集约化

空间的集约化是通过居住空间内家具的多功能化，高效利用既有居住建筑的空间面积，同时增强空间灵活性，提高空间利用率，一般采取消极空间的集约化、空间功能转换与复合实现既有居住建筑的空间集约化。

1. 消极空间的集约化

由于户型和生活习惯的原因，消极的局部空间会存在闲置或浪费现象，比如竖向空间、零碎角落、转角处或者异形空间没有得到充分利用，还需通过水平空间和竖向空间的集约化，增强空间利用率。

1）水平消极空间集约化

通过选用多功能设计的家具，提高常规家具的扩展功能，增加既有建筑室内空间的使用功能。可利用卫生间中浴缸的侧面消极空间（图 5.4-1），充分把握狭小的侧面空间特性，增加适宜空间的洗浴用品存放功能，在沐浴时可直接拉开侧板方便就近取放物品，又节约空间。还可以选用多功能的沙发（图 5.4-2），充分利用沙发底部空间，增加书籍存放功能，方便人们在沙发休息时能就近取阅书籍，使得客厅能够减少书架等家具的占地面积，节省空间的同时又提高消极空间的利用率。还可以选用定制家具，有效利用床下空间，提升存储面积（图 5.4-3）。还可增加不同使用功能，比如隐藏式升降桌的设计，在既有床的基础功能上增加了会谈、办公的功能。在既有建筑局部空间改造时，可以利用这类多功能家具，在家具有限的空间内增强多功能性，满足多种使用需求，节约使用空间，提高空间利用率，解决水平消极空间的集约化。

图 5.4-1　多功能浴缸　　　　　图 5.4-2　多功能沙发

图 5.4-3　定制家具

2）竖向消极空间集约化

竖向空间不会占用过多的平面面积，同时也不会过多影响人的行为活动。人们活动行为的尺度范围主要集中在下部竖向面空间，上部空间呈现消极空间状态，使用较少。在对立面集约化改造时，可根据室内层高，对竖向空间重新组织规划。依靠墙面高度定制家具，在竖向空间上叠加休息和休闲功能空间（图 5.4-4）。而当靠墙的下部空间已有家具时，在不影响正常使用的条件下，可以将家具上部空间设计吊柜封顶，增加储物空间面积，高效利用竖向空间。还可以利用竖向空间的顶部空间，运用升降床需要使用时可将床降下，避免了床这类大体量的家具对空间的长时间占用（图 5.4-5）。楼梯作为垂直交通空间，但由于异形的体态，楼梯下部空间和台阶内部空间往往被忽略浪费。可依据楼梯形态，在台阶位置设计隐藏抽屉，也可在楼梯侧面设计储物抽屉或搁板（图 5.4-6），提升空间收纳面积，丰富竖向空间，增加空间层次。在既有建筑局部空间改造时，可以利用这类多功能家具和定制家具，在有限的室内空间内，增强空间功能的竖向叠加，满足多种使用需求，节约使用空间，提高空间利用率，解决竖向消极空间的集约化。

图 5.4-4　立面空间优化

2. 空间功能复合

根据使用频率的不同，功能复合通常以公共空间复合、私密空间复合为主，实现形式包括家具功能多元化、定制家具的应用等。通过家具和空间关系的研究，在家具未使用的状态时，尽量减少平面面积的占有率，充分利用竖向空间，实现空间功能转换与复合。家

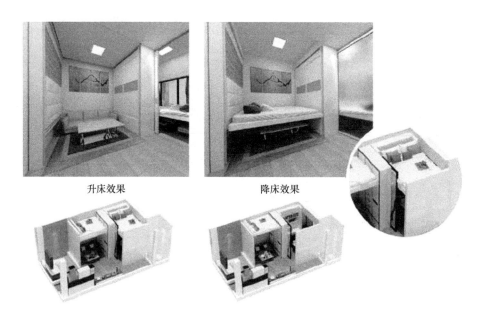

升床效果   降床效果

图 5.4-5　升降床

图 5.4-6　楼梯立面优化

具未使用时与空间保持一致，具有原本空间功能或隐藏于原本空间功能内部，在使用后转换空间功能的同时又不破坏原有空间形式[12]。

1）公共空间复合

一般指客厅、餐厅、活动室的功能复合。现代工作节奏的加快和生活压力的增大，一方面使亲友间的聚餐及其他娱乐活动减少，另一方面使大多数活动被安排在公共场所进行，这些行为习惯的改变使人们对"大"餐厅需求的降低；同时下班后加班的常态化也减少了夫妻二人见面交流的机会，可考虑通过公共空间的复合，增加家庭内部成员之间的沟通机会，形成良好的家庭氛围。公共空间复合的主要形式包括：一是家具功能多元化，如运用新型折叠式桌椅，实现小空间内的空间复合（图5.4-7）；二是去掉原有建筑中餐厅与客厅之间的隔墙，使之成为一个通透性空间，增加室内空间的通风、采光（图5.4-8）。

图5.4-7　画框、餐桌两用

图5.4-8　客厅、餐厅合并

2）私密空间复合

一般指卧室、书房空间的复合。生活工作模式的改变导致对书房、卧室的使用频率升高，为空间复合提供了实践基础。自由职业者的增加，使在家办公成为一种潮流，对家庭内书房的需求逐渐加大。私密空间复合的主要形式包括：直接在卧室内部安放书桌、书柜等家具，实现空间功能复合（图5.4-9、图5.4-10）；利用隔断在同一空间内对使用功能进行分区（图5.4-11）；运用定制家具，实现空间内部功能转换，完成工作与休息的两种不同状态间的切换（图5.4-12）。

图5.4-9　卧室书房空间复合　　　　　　　图5.4-10　榻榻米、书桌两用

图5.4-11　利用书柜隔断　　　　　　　图5.4-12　定制升降桌

5.4.4 空间多义化

空间的多义化是根据人们行为活动与居住空间之间的关系，消除单一空间原有功能上的界限，增强功能空间的适应性和可变性，形成丰富的动态变化层次，空间能适应多种功能需求并具有多重意义，以提高空间多义性。在局部空间改造中，功能空间的多义化有利于增强空间的适应能力、提高空间利用率和延长空间使用寿命，并满足人性化设计，采取中立设计、灵活构件利用的策略提高功能空间的多义性。

1. 中立设计策略

空间功能及形态不能为了满足单一空间的特定需要而固定不变，应考虑到未来的功能需求，保持中立的态度，提高空间的灵活性，满足多个不同功能。对于使用功能不明确的空间，不仅可以依据居住个性设计出多种功能空间，还可以与邻近空间水平合并，拓展空间尺寸，增加空间开阔性。在使用面积有限时，"拼图式"空间布局不能满足用户个性化需求，运用中立的设计策略，结合空间的开放性和灵活可变性，减少硬性的墙体，可通过帷幔、灵活构件进行弹性分割，协调各功能上的平衡，增强空间可塑性，为将来的功能需求提供可变条件。（如图 5.4-13）

图 5.4-13　中立策略的多义空间设计

2. 灵活构件利用

灵活构件利用包括灵活隔墙、隔断、地面和多功能家具等的利用[13]，使得多个空间可以合并、单个空间可以划分为多个，可达到模糊功能空间的作用，用户还可以根据自己的不同需求进行重新划分和调整。

1）灵活的隔墙应用

灵活的隔墙具有可移动、拆卸方便、结构坚固的特点，可随使用需求进行变动，且不影响空间承重结构，但隔声效果较差。厚纸做的隔扇具有灵活滑动调整的优点，安装于居住空间的地板和天花板的凹槽里，可移动到多种位置形成房间（图 5.4-14）[14]。在既有居住建筑改造时，可以运用这种隔扇的原理，如图 5.4-15 的公寓采用铰链门设计绕轴旋转的门板和橱柜，形成"铰链空间"。单元功能房间及流通空间的尺寸可随时调节，适应每天不同时间段对房间功能的多种使用需求，白天起居空间可延展扩宽，夜间可重新划分部分空间形成卧室休息区，增强私密性。不仅如此，还能适应不同时期家庭结构的变化，当新增小孩、孩子长大搬家或者老人同住，房间的数量可根据不同需求而变化。还可以选用如图 5.4-16 中的灵活的折叠门和立柜家具作为隔墙，折叠门打开前，空间开阔，形成起居功能，折叠门打开后形成隔墙，划分了功能空间，增强了私密性。还可运用立柜的推拉门形成隔墙，又可作卧室的门，一物多用，自由变换空间功能。

图 5.4-14　隔扇　　　　　　　　　　　图 5.4-15　"铰链空间"

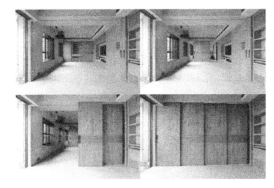

图 5.4-16　灵活的隔墙示意

2）灵活的幕帘应用

在既有居住建筑改造时，可以利用幕帘增强空间的多义性。如图 5.4-17～图 5.4-19 中的 33m² 的公寓，利用幕帘，融合了休息、娱乐、办公功能为一体，把不同的功能进行

图 5.4-17　公寓空间效果

重叠及压缩，形成紧凑的生活空间。采用了多功能家具，如床和沙发的功能重叠家具，底部还安装了滑轮，可移动并随意组合，家具的灵活性强，且增加了空间的多变性。平时的生活用品放置于幕帘后的格架，整洁干净，幕帘的使用状态为空间的不同功能创造了丰富的条件。

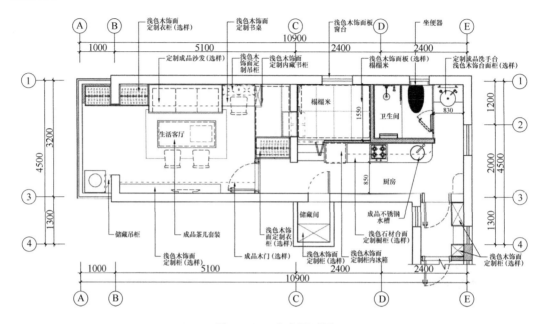

图 5.4-18 公寓平面图

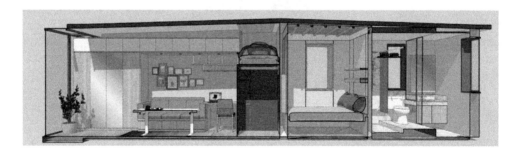

图 5.4-19 公寓立面图

5.4.5 应用案例

1. 浙江某既有住宅动静分区改造

在浙江既有住宅改造案例中（图 5.4-20），改造前面积为 $57m^2$，户型为两室一厅。使用者为一对夫妇和一个两岁的孩子，由于新增成员产生的衍生活动需在卫生间内部开展，包括洗澡、洗衣等，原有空间已不能满足两至三人同时使用。同时由于家庭内部儿童用品种类、数量增多，且家庭行为活动主要以照顾孩子为主，因此使用者希望家务流线需更加紧凑，并增加一定储物空间。改造后（图 5.4-21），为提升使用者的居住体验，一是将原有次卧空间改造为起居室空间，由原有沿进深方向的动静分区改造为按照面宽方向分隔的动静分区，缩短活动空间流线，满足现有家庭实现以照顾小孩为核心的生活方式，促使家务流线更便利及紧凑。二是将隔墙 A 向厨房方向扩建 600mm，用于安放尺寸为 840mm×595mm×600mm 的滚筒洗衣机，并将隔墙 B 扩建至隔墙 C 位置，用于安放宽度 600mm，长度为 700～1200mm 的洗漱台，以此增大内部空间，满足其他衍生活动对卫生间空间的需求。三是拆除隔墙 C，形成开放式厨房，增加空间的多义性，将原有的厨房空间引入了其他的功能，如客厅渗透、家庭交流等，减少卫生间扩大后对原有生活空间的侵蚀。

图 5.4-20　改造前平面图（动静分区）

图 5.4-21　改造后平面图（动静分区）

2. 安徽某既有住宅干湿分离案例

安徽某既有住宅，改造前住宅建筑面积为 44m²，使用面积为 38m²，户型为两室一厅（图 5.4-22）。现有住宅居住时间较长、房屋老化严重、居住条件较差。既有卫生间由内到外分别放置浴缸、坐便器、洗漱池，空间狭小、物品堆积、私密性较差（图 5.4-24）；而厨房设置在入口空间，妨碍交通通行（图 5.4-26）。为改善使用者的居住条件，对其进行改造，改造后平面图见图 5.4-23。一是将原有隔墙 A 外扩，增加现有卫生间的使用面积，合理布置淋浴、坐便器、洗漱台与洗衣机的位置，利用雾化玻璃、镜子，进行空间分隔与视线遮挡，以满足洗澡、洗漱可同时进行，实现干湿分离与私密性的提升（图 5.4-25）；二是拆除隔墙 B，增加住宅有效使用面积，合理布置取菜、洗菜、切菜、炒菜的厨房操作使用流线（图 5.4-27）。

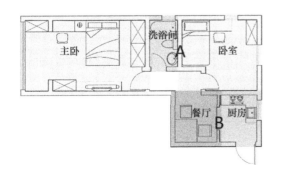

图 5.4-22　改造前平面图

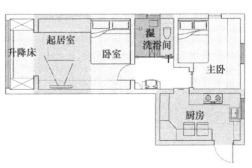

图 5.4-23　改造后平面图

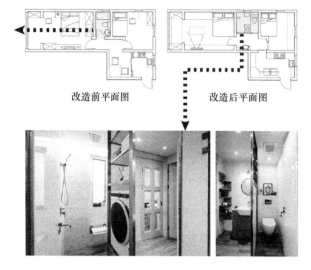
改造前平面图　　　　改造后平面图

图 5.4-24　改造前卫生间　　　　　　图 5.4-25　改造后卫生间

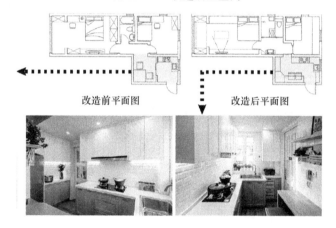
改造前平面图　　　　改造后平面图

图 5.4-26　改造前厨房　　　　　　图 5.4-27　改造后厨房

3. 微山新村某既有住宅消极空间的集约化改造

微山新村某既有住宅，改造前面积为 40m²，户型为两室一厨一卫（图 5.4-28），使用者为一对夫妇和两位老人。既有住宅缺少起居室空间，且居住时间较长，物品堆积现象严重。使用者希望增加储物空间，改善住宅内物品堆积现象严重，并增加起居室空间，更新住宅内设施设备，改善居住条件，改造后的平面见图 5.4-29，改造方式一是通过将既有

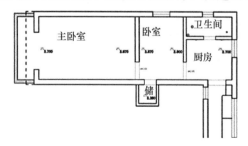

图 5.4-28　改造前平面图（集约化）　　　图 5.4-29　改造后平面图（集约化）

主卧空间床具架高，分隔出起居室空间（图 5.4-30）。二是充分利用床具下部空间储物，确保空间干净整洁，提高空间利用率（图 5.4-31）。

图 5.4-30　架高床具分隔出起居室空间

图 5.4-31　床具下部做储藏

4. 安徽某既有住宅消极空间的集约化改造

安徽某既有住宅改造前住宅建筑面积为 44m²，使用面积为 38m²，户型为两室一厅（图 5.4-32）。使用者为一家三代共 5 口人，10 岁的孙子和爷爷奶奶生活在不足 10m² 的卧室。使用者希望增加卧室空间，改善居住条件，通过对阳台空间的改造，同时借助定制家具的集约化设计，安装升降床（图 5.4-33），使该空间具有多种功能，如根据床具对空间

图 5.4-32　改造前平面图及实景　　　　图 5.4-33　改造后平面图及效果

高度分隔的不同：一是升高至 40cm，既可以当作床具使用，也可以和周边的沙发构成一个能够容纳多人坐卧的转角沙发；二是升高至 75cm，可作为书桌使用，并配合折叠椅构成一个小型学习空间；三是升高至窗顶，可利用床具下部空间进行衣物晾晒。

5. 社会角色驱动空间功能转换改造

在既有住宅改造案例中，使用者为刚步入社会的毕业生，由学生这个单一角色转变为各个行业的从业者。原有的以学习、休息为主的生活方式转变为以工作、活动为主的社交型生活方式（图 5.4-34），对空间的使用频率由原有的主卧空间、书房空间为主转移到以起居室空间、活动空间为主，同时对居住环境要求较高，私密性要求较强。常用的空间功能转换进行改造（图 5.4-35），通过对休息空间与活动空间的转换，将起居室、活动室、餐厅等公共空间置于入户空间处，厨房、公卫、主卫集中布置，强化动静分区与干湿分离；通过拆除隔墙 A，增加既有建筑的使用面积，扩大起居室、活动室的可使用范围；拆除隔墙 B、新增隔墙 C，扩大主卧的使用面积，完善使用功能，确保私密性。

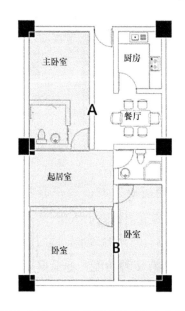

图 5.4-34　改造前平面图（社会角色）

图 5.4-35　改造后平面图（社会角色）

6. 家庭衍变驱动空间功能转换改造

1）家庭形成初期（图 5.4-36），生活方式由单人的独居式变为双人的居家式，从而对起居室、活动室、餐厅、厨房空间的需求增加；其次，基于个人对私人空间的需求，设计可考虑强化书房空间或其他可私人化的空间。家庭形成期常用的空间功能转换进行改造（图 5.4-37），将原有次卧 B 置换为书房 B1，并将隔墙 a 前移，扩大主卧 A 的使用面积，使书房 B1 与主卧 A1 空间相通，完善主卧使用功能，以达到个人空间与公共空间分隔的目的，确保空间私密性。

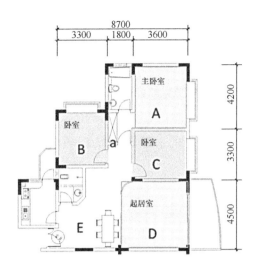

图 5.4-36 改造前平面图（形成期）　　　　图 5.4-37 改造后平面图（形成期）

2）家庭进入发展期（图 5.4-38）后，家庭成员发生变化，如孩子或老人的增加。家庭模式由以前的社交型逐渐转变为居家型，生活行为模式围绕照顾孩子开展，对新生儿童休息空间、活动空间的需求增加。家庭发展期常用的空间功能转换进行改造（图 5.4-39），将书房 B1 改造成婴儿房 B2，方便父母照顾孩子；通过在起居室空间划定儿童活动室 E2，方便家庭成员在进行家务同时照顾孩子；利用活动室 C1 具有良好的隔声效果，将其改造为老人的卧室 C2，减少小孩夜间哭闹对长辈们的影响，确保良好的休息环境。

图 5.4-38 改造后平面图（发展期）　　　　图 5.4-39 改造后平面图（稳定期）

3）家庭进入稳定期后，家庭成员稳定在三口。由于孩子逐渐成长，对个人生活空间和学习空间的需求增加，和父母的交流相应减少，整个家庭对起居室空间和活动空间的需求降低。家庭稳定期常用的空间置换手法，将次卧空间 C2 改造为孩子的休息、学习空间 C3；将婴儿房 B2 改造为书房 B3。

4）家庭进入收缩期后，常住人口减少，夫妻双方退休在家，日常娱乐活动以喝茶、养花、种树、弹琴等活动为主，起居室和活动空间的使用频率增加。家庭收缩期常用的空间功能转换进行改造（图 5.4-40、图 5.4-41），将次卧 C3 置换为活动室 C4，满足使用者不同兴趣爱好的需求；将阳台 F4 进行改造，以使用者爱好为基础构建活动空间 F5，为了保证良好的睡眠环境，避免两位老年人之间的相互打扰，将卧室空间 A4 扩建或者增添卧室，实现分床睡或分房睡；对于行动不便的老人，将原有的书房 B4 改为护理人员的休息间 B5，方便及时照顾。

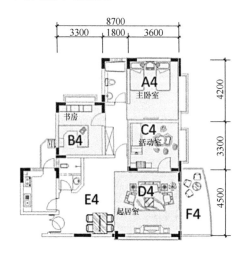

图 5.4-40　改造后平面图 a（收缩期）

图 5.4-41　改造后平面图 b（收缩期）

7. 安徽某既有住宅空间功能复合改造

在安徽既有住宅改造案例中，改造前住宅建筑面积为 $44m^2$，使用面积为 $38m^2$，户型为两室一厅。业主为一对夫妻、两位老人和一个高中学生。由于面积过小很难分隔出独立的就餐空间和书房空间，因此在改造过程中，运用空间功能复合方法，实现一个空间的多种功能。一方面为满足日常就餐需求，选择可折叠移动的餐桌，实现容纳 6 个人就餐的需求（图 5.4-42）；另一方面考虑到夫妻二人在有限的条件下需要独立的工作空间，因此在卧室床下设计出可推拉的办公桌椅，实现卧室空间与书放空间的功能复合（图 5.4-43）。

图 5.4-42　茶几、餐桌两用空间

同时，将床的功能和衣柜的功能复合，将床置于距离地面 1.1m 的高度，使其不仅有着储物功能，且实现使用者对步入式衣帽间空间的需求。U 字形的衣帽柜设计，可自由选择换季衣物，同时便于挂烫机的推拉以及对衣物的挂烫。

图 5.4-43 卧室与书房两用空间

本章参考文献

[1] 雷鸣，王淑敏，付月. 论扩展小户型家居的产品创新设计[J]. 包装工程，2014(22)：37-40，67.

[2] 王莉雯，段晓丹. 空间再造——一次建筑和室内环境改造的尝试[J]. 室内设计，2003(3)：19-20，29-32.

[3] 宋然然. 既有住宅再生设计模式研究[D]. 大连理工大学，2010.

[4] 孟冬华. 面向廉租房的重庆旧厂区住宅改造研究[D]. 重庆大学，2010.

[5] 高祥生. 室内装饰装修构造图集[M]. 北京：中国建筑工业出版社，2018.

[6] 王毅，徐辉. 从世纪嘉园室内噪声监测结果谈室内声环境保护[J]. 工程建设与设计，2003(3)：13-14.

[7] 李必瑜. 建筑构造上册第三版[M]. 北京：中国建筑工业出版社，2005.

[8] 朱忠业. 旧住宅空间改造设计[D]. 重庆大学，2007.

[9] 吕剑英. 我国地铁工程建筑物基础托换技术综述[J]. 施工技术，2010，39(9)：8-12.

[10] 中国建筑标准设计研究院. 国标图集 15CJ40-5 建筑防水系统构造 5[M]. 北京：中国计划出版社，2015.

[11] 林祥华. 提高别墅地下室使用功能之采光井的设计优化与施工要点[J]. 福建建材，2012(8)：34-36.

[12] 任向天. 基于多功能家具的小户型室内个性化设计研究[D]. 北京理工大学，2015.

[13] 刘经纬. 基于多义空间理论的商住两用公寓研究[D]. 中国矿业大学，2015.

[14] 李海乐. 多义空间——空间适应性研究及设计策略[D]. 重庆大学，2004.

第6章 适老化改造技术

6.1 概述

自 2000 年我国步入老龄化社会以来,人口老龄化程度不断加深(图 6.1-1)。我国老龄人口呈现基数大、密度高、增长快三大特征。据国家统计局统计,截止到 2019 年底,我国 60 周岁及以上人口 2.54 亿人,占总人口的 18.1%,其中 65 周岁及以上人口 1.76 亿人,占总人口的 12.6%。未来 20 年将是我国老年人口增长最快的时期,平均每年增加 1000 万人口,2040 年老年人口将增长到 4 亿,成为全球人口老龄化程度最高的国家,到 2050 年,我国社会将进入深度老龄化、超老龄化阶段[1]。人步入老年后,生理功能退化,代谢减慢,各器官随年龄的增加而衰退,免疫功能下降,对外界和体内环境改变的适应能力降低,主要表现在:机体协调性差、反应迟钝;视力、听力下降;骨关节病发病率高,身体平衡能力差;慢性病发病率高,老年人体力下降,易头晕乏力。

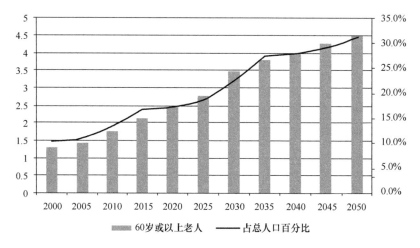

图 6.1-1 2020—2025 年中国 60 岁以上人口趋势图

(数据来源:中国统计年鉴 2019、中国发展报告 2020)

目前,我国养老服务产业仍处于初期发展阶段,在相应的养老服务设施、养老服务产品、制度建设和从业人员方面存在供给不足。具体表现在以下三个方面[2]:(1)养老机构和配套设施不足。据统计,2017 年中国养老服务机构床位约 744.8 万张,2019 年中国养老服务机构床位约 761.4 万张,每千名老人拥有的床位数整体趋于上升,但总体数量不足。(2)养老机构的医养配置比例较低。仅有 54.7% 的养老机构有医疗设施,46.6% 的养老机构有康复设施,将近一半的养老机构没有医疗和康复设施,这直接造成部分养老机构床位空置,而另一些需要医疗护理的失能老人有需求,却无法入住。(3)社区养老服务设施不健全。我国现阶段的社区养老，仍无法全面覆盖医疗护理、生活照料、饮食安排、娱乐活动等诸多方面，无法在更大程度上满足老人的精神需求。

受传统文化影响，居家养老仍然是养老的主要方式。"十二五"期间国家制定的养老政策是"以居家养老为基础，社区服务为依托，机构养老为补充"，我国各地方政府大力推出的"9064"或"9073"实施细则更明确了居家养老模式占90％以上[3]，意味着我国现今2亿多老人中有1.8亿人是以既有住宅为居所，通过家庭照顾和社会化服务安度晚年的。

自我国实行住房制度改革至今，住宅面积呈直线上升趋势，然而高速的开发模式却没有带来高适应性的住宅。福利分房年代的老旧住宅多为砖混结构，走道和门洞口较为狭窄，承重墙体无法拆改，绝大多数多层住宅没有配备电梯；后期建造的住宅相对较新，但由于缺乏统筹的规划设计，同样存在适老化性能差、适老化设施不足等问题。住宅性能功能落后于时代发展，无法长期满足老年人的居住需求。

适老化是适应老年生活的成套解决方案，包括环境、居所、设计、产品和服务等。适老化改造是针对高龄人群居住的房屋精细化改造，即参照医学评价标准对老年人生活进行全面系统的状态评估，并依据评估结果，对老年人家庭的通道、居室、厨房、卫生间等生活场所，以及家具配置、生活辅助器具、细节保护等进行一定调整、升级改造，达到利于老年人日常生活和活动，缓解老年人因生理机能变化导致的不适应，避免老年人受到人身伤害，增强老年人居家生活的安全性和便利性，为居家养老的老年人提供更安全、舒适、便捷的生活环境。

适老化改造是既有居住建筑宜居改造体系中的重要组成部分。特别是在老龄人口背景下，适老化改造是关乎老年期生命安全和生活质量的重大问题。按改造空间位置不同，适老化改造可分为套内空间改造、室内公用空间改造和配套服务设施改造等。

6.2 适老化改造评估

6.2.1 评估原则

适老化改造前进行需求评估，应遵循以下原则[4]：

综合性原则：全面掌握老年人的需求，综合评估老年人生活能力、居家环境、康复辅具需求等方面。

时效性原则：充分考虑当前需求的时效性，满足老年人当前及较长一段时间内的可持续性需求。

定性与定量相结合：综合分析需求和改造的可行性，注重改造的可操作性，将经济性与便利性达到平衡。

6.2.2 评估要点

1. 老年人健康状况评估

记录老年人的自理能力、行走情况、患病情况和是否有跌倒经历，判断是否属于高龄老年人、介护老年人、失能老年人、失智老年人。

2. 整体环境评估

1）空间的通过性是否满足老年人借助辅具或搀扶行走。

2）日常活动路线是否合理，沿线是否安全，有无高差。

3）套内各房间是否有防跌防撞保护措施。

4）套内各房间地面材料是否防滑。

5）套内是否有紧急呼叫报警设备。

6）室内照明强度是否适合老年人。

7）有无安装双联双控开关和夜间感应照明，便于老年人起夜。

8）家中是否整洁卫生，是否有足够的收纳空间。

9）桌椅沙发等家具是否适合老年人使用。

10）供暖期前两周及停暖期后两周是否具备辅助取暖措施。

11）现有装修是否采用达到国家标准的绿色环保材料。

12）有无空气净化装置和水净化设备。

13）家中是否种植绿色植物。

3. 卫生间评估

1）是否干湿分离。

2）洗浴空间、马桶及洗手盆有无安全防跌倒扶手。

3）老年人能否坐浴，如需帮助是否有足够空间。

4）是否是坐式马桶，是否方便老年人日常如厕冲洗。

4. 卧室评估

1）老年人卧室是否隔声通风良好，睡眠不被打扰。

2）床的摆放位置是否恰当，适合双面护理。

3）床的高度、硬度是否适合上下床能安全移动，有没有扶手。

4）床头是否安装呼叫系统。

5. 厨房餐厅评估

1）操作台高度是否方便老年人操作。

2）橱柜把手以及吊柜高度是否方便老年人拿取物品。

3）厨房储物有无足够的空间，橱柜分隔合理，餐厨用品分类收纳。

4）餐厅桌椅的高度是否方便制作食物、家务操作和日常就餐。

6. 起居室（玄关、储物间、阳台及其他）评估

1）起居室与厨房、阳台、老年人卧室、卫生间是否有洄游动线，加强视线交流与声音穿透。

2）玄关是否可以坐下来换鞋，有组合鞋柜以放置鞋子、雨具、手袋等物品。

3）储物空间设置是否能够分类收纳家内杂物。

4）阳台内外有无高差。

6.3　套内空间适老化改造技术

6.3.1　概况

既有居住建筑特别是老旧住宅，一般室内空间面积较小，室内阳台、厨房、卫生间与起居室地面有高低差，卫生间和厨房没有针对老年人的辅助设施，墙面和地面也没有针对老年人的防撞防滑措施等。套内空间主要存在以下问题：

1. 门厅及过道

门洞和过道宽度普遍较窄，室内能留出的通行空间有限。

2. 起居空间

老旧房屋室内面积狭小，通行宽度不足。对于需要使用轮椅的老年人，室内通行和回转会受到较大的阻碍，无法为照护者提供充足的协助操作空间。

3. 卫生间

卫生间地面与相邻地面有高差；空间狭小，老年人通过困难；地面材料不防滑；没有防跌防撞保护措施；没有紧急呼叫报警设备；蹲式马桶，不方便老年人如厕；洗浴空间没有干湿分离；不能坐下洗浴；空间狭小，助老设备无回转空间；洗面盆高度不合理；灯光照明不足，开关位置不当；传统装修没有考虑半失能或失能老人的辅助需求。

4. 厨房

厨房面积一般较小，与相邻空间地面存在高低差；厨房操作台的高度不适合，没有连续的台面，没有为老年轮椅使用者在操作台下预留方便轮椅接近的容膝空间；橱柜高度和进深不适合老年人使用，老年人弯腰取物困难，吊柜高度过高取物不方便；缺少必要的燃气报警或自动断火装置。

5. 阳台

老旧房屋阳台进深不够大，阳台与地面空间有高低差，晾衣竿位置较高，不方便老年人使用。

确定套内空间的适老化改造策略和筛选改造技术时，应根据老年人的生理、心理特征，从实际生活需求的角度出发，以老年人体工程学数据为参照，分别对门厅、起居室、卧室、厨房、餐厅、卫生间、阳台、储藏间等套内空间进行改造[5]。

6.3.2　室内空间改造

1. 门厅空间

1）门厅上空设置照明。

2）门厅处已留有鞋柜空间的，设置坐凳和扶手，方便老年人换鞋时起身坐下，见图 6.3-1。

3）若空间许可，门厅处留有满足轮椅转圈的空间需求，并留有折叠后轮椅的存放空间。

2. 起居及卧室空间

1）地面进行防滑处理，保障通行安全。一是地面宜选用以木质或塑胶材料为主的有弹性耐磨损的环保材料。二是铺设地砖时选择防滑地砖，增加地板与人体脚底或鞋底的摩擦力，防止走动时滑倒。三是若已铺设地砖的防滑性变差且不想进行整体更换，可以使用止滑条或者涂抹防滑层进行处理。

2）消除地面高低差，方便老年人走动和轮椅移动。一是调整地板面层厚度避免不同铺装材料间的高度差。二是尽量避免门槛，必须做高差的地方，高差不宜超过 20mm，并采用小斜面加以过渡（图 6.3-2）。三是客厅和卧室与阳台连接处地面压条，可通过对齐进行抹圆角或八字脚等方式处理。四是高度差变化部位，通过明显的颜色变化等方式区别。

图 6.3-1　门厅空间

图 6.3-2　地面高差改造

3）墙面采用耐碰撞、易擦拭的装修材料。卧室、起居室等生活空间的墙面应反光柔和，手感温润。阳角部位宜采用圆角或者用弹性材料做护角保护措施，墙体阳角 1.8m 以下高度安装防撞条。使用轮椅的室内空间在距离地面 200～300mm 高度范围内采用弹性材料做墙面及转角防撞处理。

4）顶棚材料宜采用反光柔和的材料，卧室顶棚材料避免使用反光强烈的材料。

5）卧室采用推拉门或采用杆式门把手的平开门，且锁具内外均可开启。推拉门下部轨道应嵌入地面，避免高差。门把手应当选用容易用力的形式，不宜采用圆球形门把手。杠式门把手的端部应当有回形弯，把手手持部分不宜使用手感冰冷的材料。把手距离门扇边缘不得小于 30mm，避免手被门缝夹伤。把手中心点距离地面高度 900～1000mm，一般平开门的把手设置较低，推拉门的把手设置稍高。

6）老人房间宜采用暖色，整体颜色不宜太暗。地面色彩鲜艳度和对比度不宜过大，不宜选用立体感或流动感的图案纹理。墙面宜采用明亮的浅色调，保证室内亮度。顶棚色彩宜采用白色调。

7）针对可自理的老年人，床应至少两侧临空，并预留与相邻家具或墙之间净宽不小于 0.80m 的通行空间；针对乘坐轮椅的老年人，床宜三侧临空并采用防跌落措施，其中至少一侧长边应预留与相邻家具或墙之间净宽不小于 1.00m 的护理空间。卧室内应预留直径不小于 1.50m 的轮椅回转空间或不小于 1.20m×1.60m 的轮椅转向空间。床对侧的通行净宽不应小于 0.80m。

8）在床边、沙发边、过道墙上宜设置扶手（图 6.3-3）。辅助蹲姿、坐姿转变为站姿的动作辅助类扶手可以竖直设置，扶手下部高度距离地面不宜小于 700mm，扶手上部高度不低于 1400mm。安全扶手的尺寸和形式应易于握持。扶手表面采用抗菌的 PVC、ABS 材质，不宜使用手感冰冷的材料。扶手内侧距离墙面 40～50mm。扶手的两端应采取向墙壁或下方弯曲。

图 6.3-3　辅助扶手

3. 卫浴空间

1）卫生间应采用清扫方便、遇水后依然有良好防滑性能的地砖。若已铺设地砖的防滑性变差，可以使用止滑条或者涂抹防滑层。

2）蹲便器改造成坐便器，便器高度不宜低于 450mm，坐便器旁边宜设置插座，便于安装智能马桶。当无法改造成坐便器时，可设置坐便椅、移动马桶等。

3）洗手盆、马桶、花洒边加装扶手及握杆（图 6.3-4）。在浴室或卫生间蹲下、起立时，需要能抓紧的直径较细的扶手，当简单的移动和起立行为连续发生时，安装 L 形扶手更为有效。

4）浴室增加安全浴凳或助浴椅（图 6.3-5）。

图 6.3-4　卫生间扶手

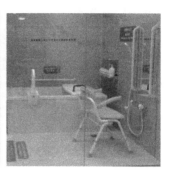

图 6.3-5　助浴椅

5）改造洗手盆进深空间，下方预留空间，方便轮椅进出，洗手盆宜浅而宽，高度800mm 为宜。

6）宜采用白色卫生洁具。

7）卫生间平开门宜改为推拉门；若为平开门，应向外开或者设置从外部开启的装置，防止老人在卫生间内倒下后挡住门，外部人员无法进入救护。

8）卫生间处的过门石可通过对齐进行抹圆角或八字脚等方式处理。高度差变化部位，应通过明显的颜色变化等方式区别。

4. 厨房空间

1）炉灶要有自动断火功能，厨房内安装煤气泄漏报警器和火灾报警器。

2）橱柜应根据老年人使用特点，改造成距离地面 1.5m 左右的中部吊柜。

3）厨房地面压条可通过对齐进行抹圆角或八字脚等方式处理。高度差变化部位，应通过明显的颜色变化等方式区别。尽量避免门槛，必须做高差的地方，高度不宜超过20mm，并采用小斜面加以过渡。

图 6.3-6　厨房空间

4）针对轮椅使用者，操作台面、灶台前应设安全抓杆；橱柜下方留有空间，柜底离地面高度 1.2m，吊柜深度比台面退进 250mm，地柜距离地面 250～300mm 处应凹进，以便坐轮椅使用者脚部插入（图 6.3-6）。

5. 阳台空间

1）对于封闭阳台，消除阳台与室内地面高低差，方便老年人走动和轮椅移动。

2）阳台上设置电动或手摇升降式晾衣架，手摇器的位置、高度应方便操作。

6.3.3　室内设施改造

1. 智能化设施

1）紧急救援呼叫系统。在卫生间、卧室的空白墙面上安装紧急呼叫报警装置（图

6.3-7）。报警器的高度距地面宜为 900mm，可加设拉绳，下垂距地面 100mm，便于倒地后呼叫使用。有条件时，报警装置宜与物业或社区联通，或与亲人电话联通，无条件时在户外设置报警灯。

2）智能化助老服务设施。利用信息网络，通过专项终端和布线，为老年人及其家庭实施实时快捷高效的智能化养老服务，包括智能家居、远程监控、物联网健康管理等。

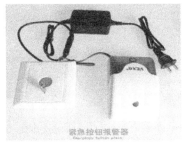

图 6.3-7 智能化助老服务设施

2. 照明灯具

1）增设局部照明灯具。除了一般照明，还应在厨房操作台、水池上方、卫生间梳妆镜上方等处增设局部照明。

2）采用大面板开关，安装位置要明显。较长的走道和卧室床头，应考虑安装双控电源开关或遥控开关。

3）采用可调明暗的暖色调灯具。卧室可设置低照度的夜灯、安全地灯；在室内拐角处、高差变化处、容易滑倒处要保证一定的照度。

3. 家具

1）家具棱角圆滑处理或安装角套，家具的边缘安装防撞条或防撞贴。

2）家具尽量沿房间墙面周边放置，避免突出的家具挡道。

3）家具放置时应在床前留出足够的轮椅旋转和护理人员操作的空间。

6.4 公共空间适老化改造技术

6.4.1 概况

楼内公共空间是建筑室内空间和室外空间的衔接部位，包括楼梯、电梯厅及公共走道。楼内公共空间主要存在以下主要问题：

1. 楼梯间

多层住宅的楼梯扶手较高，不方便老年人使用；靠墙一侧通常没有安装扶手。高层住宅的楼梯一般是消防疏散楼梯，通常两侧都是墙壁，没有扶手（图 6.4-1）。此外，老旧住宅楼梯间堆放杂物较多（图 6.4-2），影响通行，且易产生安全隐患。

图 6.4-1　楼梯扶手问题　　　　　　　图 6.4-2　楼道堆积杂物

2. 电梯厅

大多数低多层住宅没有电梯，老年人上下楼非常不方便，且容易发生危险。老旧高层住宅部分电梯年久失修，故障频发。

3. 走道

走道照明设施陈旧老化，光线照度不足，部分走道内堆积杂物，通行不便。

6.4.2　入口无障碍改造

建筑出入口作为室内空间与室外空间的过渡空间，应从楼栋标识、出入口平台与地面高差、出入口照明、出入口位置与空间等方面进行改造。

1) 在建筑外墙合适的高度安装楼栋号单元号等识别标牌，数字标牌采用黄色等亮色系的 LED 灯显示，保证老人白天和夜晚都容易看到标识。

2) 当入口平台与室外地坪的高差在 150mm 以内时，可直接用平缓的坡道相连。当设置三级及以上台阶时，台阶上行及下行的第一阶宜在颜色或材质上与平台地面有明显区别，或在踏面和踢面的边缘做垂直和水平的色带，提示前方踏步的变化，便于弱视人群识别。

3) 楼栋出入口与室外地面的高差超过两个台阶时，应设置带扶手的缓坡道（图 6.4-3）。坡道应便捷可达、美观醒目，并设置无障碍通行标志。坡道可为直线形、L 形和 U 形等形状，但是不可为圆形或弧形，避免轮椅使用者因重心侧倾而倾倒。在起点、终点处轮椅可进行回转。起始点有较醒目的颜色提示条，坡道采用坚固耐磨的防滑地面。坡道坡度应小于 1:12，宽度应不小于 1.20m；在坡道的休息转弯处还应考虑设置休息平台，并

图 6.4-3　出入口坡道

且休息平台的深度要大于1.50m；在坡道的两侧应设置两层扶手，扶手以木材为主，部分构件可采用钢材，形状设计易于抓握，材质保证坚固，上扶手高度不大于0.90m，下扶手0.65m，在坡道的起点和终点处扶手应沿水平向延伸至少0.30m。当入口空间不允许时，可设置折叠式坡道或电动升降机。

4）在出入口设置照度充足、具有声控或人体感应等功能的照明灯具，并适当增加局部照明。

5）合理设置入口门、坡道、台阶的位置与各类人流的关系，为人的活动和门扇的开启留出足够的空间，避免发生碰撞。

6.4.3　首层门厅改造

1）空间许可时，宜在首层门厅设置交往、休息空间。

2）设置通往各功能空间及设施的标识指示牌。

3）每一楼层可以使用一个视觉主题，对于有视觉或记忆障碍的老人可以通过记住颜色或图片而不仅是楼层号。

4）考虑到老年人助行器具的使用空间、护理者及其他人的通行，应适当增大单扇门开启后的通行净宽度。当设置旋转门或弹簧门时，应在两侧设置平开门。当设置玻璃门时，门上应有醒目的提示标志。出入口的门宜安装具有延时作用的感应开闭门装置，便于肢体不便者通行，且避免意外撞伤或夹伤。出入口的门宜消除门槛。当门槛无法消除时，门槛高度不宜过高，并应以斜面过渡。出入口的门宜采用横杆式把手等方便开启的门把手形式，便于手部功能不良的人群使用。对于乘坐轮椅者，门把手的高度不宜过高。

5）墙面不应有突出物，灭火器和标识板等应设置在不妨碍使用轮椅或拐杖通行的位置上。

6.4.4　楼梯间改造

楼梯作为建筑重要的垂直交通方式，是适老化改造的重点区域之一，从老龄人群的特殊步态及心理需求出发，对楼梯踏步、扶手、无障碍设施等方面进行适老化改造。

1. 楼梯踏步

1）楼梯的踏面应平整防滑。在不进行大规模改动的前提下，采用细石混凝土、水泥抹面，对原楼梯进行翻新。

2）在楼梯边缘设置色彩较鲜艳的防滑条（图6.4-4），用较醒目的明黄色在前缘增加水平色带和垂直色带，区分踏步，提示高差的变化。

3）同一楼梯梯段的踏步高度应一致，避免由于个别梯级高度异常而发生危险。

4）楼梯不应采用无踢面的踏步，且有踢面的踏步的凸沿缩进尺寸不应过大，避免刮绊老年人的脚面或拐杖头。

5）对于新增楼梯，楼梯应尽量平缓，但不应采用过高或过低的踏步。

6）楼梯间除了顶棚增加声控开关的灯具，在楼梯间的侧墙上也可增加嵌入式的感应

图 6.4-4　踏步防滑条

地灯。照明灯具光线不宜过强且不使用频闪光源，防止对眼睛造成不适。

2. 楼梯扶手

1）梯段两侧均宜设置连续扶手，并与走廊扶手相连，临空一侧与平台相接时应适当水平延伸并下弯。

2）宜设置高度为 850～900mm 与高度为 650～700mm 的上下双层扶手（图 6.4-5），便于成年人与儿童同时使用。

3）扶手起点处和终点处均应水平延伸不小于 300mm，防止身体前倾时摔倒（图 6.4-5）。

4）扶手宜选用质地较硬、热惰性指标大的材质，并对其表面进行防滑处理。

图 6.4-5　楼梯扶手

3. 楼梯无障碍设施

1）没有条件增加电梯的，宜设置爬楼机，方便老人或轮椅使用者上下楼梯。爬楼机必须安装安全可靠的防护装置。

2）爬楼机主要分为载物爬楼机和载人爬楼机两大类。载物爬楼机常被用于物流搬运领域，可以帮助人们轻松的搬运重物上下楼。载人爬楼机（图 6.4-6）适用于需要上下楼梯的残疾人和老年人，使其在没有合适的上下楼梯设备的建筑物楼梯上无障碍通行。爬楼机包含一个采用转换支撑系统、可在楼梯上移动的金属骨架，和在平地上使用的一对轮子。爬楼机操作杆可配合大多数轮椅使用。

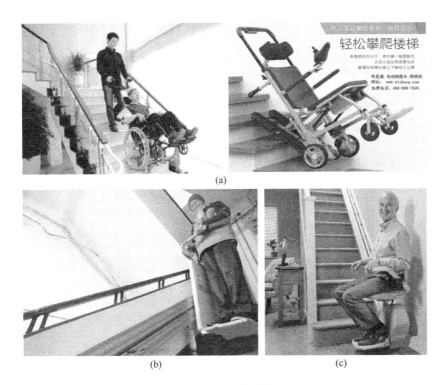

图 6.4-6 电动爬楼机
（a）样式一；（b）样式二；（c）样式三

6.4.5 电梯厅改造

1）电梯厅宜在不影响正常交通的前提下，每层可设置折叠式休息座椅。候梯厅内宜设置电梯运行显示装置和抵达提示音，电梯按钮应设置在合适高度，便于不同人群使用。

2）每层电梯口应安装楼层标志，每一楼层可以使用一个视觉主题，有视觉或记忆障碍的老人就可以通过记住颜色或图片识别楼层。

3）候梯厅地面宜采用防滑耐污类地面装饰材料。

4）老旧的多层住宅宜加装电梯。三层及三层以上设老年人及活动空间的建筑应安装电梯，应每层设站，宜按照无障碍电梯标准设置。

5）增设电梯轿厢的尺寸宜满足轮椅乘坐的要求，轿厢门开启的净宽度不应过小。电梯停稳后，轿厢地面与候梯厅地面不宜有高差，缝隙不应过大。三面轿厢壁均宜设置扶手，轿厢正面顶部应安装镜子或采用有镜面效果的材料。

6.4.6 走道改造

1）在走廊和入口区域，通过安装顶部照明装置或壁灯来确保所有通道照明充足。选择节能、暖色的光源。对于有外开窗的走廊，避免强光直接介入，可选择百叶窗等来阻挡部分强光。

2）走廊布局宜简单直接，避免采用曲折、漫长、黑暗的走廊模式，地面平整无高差。

图 6.4-7　走道扶手

当有不可避免的高差时，应以缓坡过渡，并设置明显的警示标志，如将地面分色或变化材料。

3）走廊的墙面不应有突出物，应在墙裙位置做防撞处理。

4）在距离较长的通道、走廊两侧设置步行类扶手（图 6.4-7），走廊空间宜设置连续扶手，便于使用者在行走时可随时撑扶。扶手的设置不应影响疏散宽度。部分扶手可采用平板式扶手，以便于使用者倚靠。

5）宜尽量对外开窗，但应避免产生眩光。人工照明的照度应均匀、充足，避免产生阴影区。

6）走廊的地面材质宜防滑、耐磨。

6.5　养老服务设施增设

6.5.1　概况

老年人在居住区内居家养老，日常的娱乐活动、体育锻炼、医疗保健、采买生活必需品、饮食等都是必不可少的日常活动。居住区内的各类配套公共服务设施主要存在以下问题：

1. 适老社区比重低

据不完全统计，考虑适老性的居住区在所有居住区的比重较低，设有专门针对老年人的公共服务设施比例为 12%，各年龄层人群混用的比例为 6.6%，社区有养老机构的仅为 1%，有无障碍设施的为 3.3%。这些问题在 20 世纪 80 年代以前建成的居住区表现尤为明显。

2. 适老服务设施少、种类单一

适老公共服务设施的种类较为单一，缺乏基于老年人生理和心理需求的精细化设计，难以满足老年人丰富多彩的精神文化需求。

3. 缺乏照顾老人生活和医疗的机构

居住区的公共服务设施缺少日间料理站、医疗服务机构。

4. 社区中无障碍设施配置低

据统计，社区中无障碍设施的配置比例较低，近六成社区未配置任何公共无障碍设施，仅两成社区配置有坡道和清晰的标识，而无障碍电梯的配置比例仅为 4.2%。不同类型社区中的无障碍设施的配置状况差异较大，新建商品房小区配置比例相对较高，老旧社区配置比例相对较低[6]。

针对上述问题，应加强适老社区环境营建，养老医疗服务设施、户外活动适老设施等方面的改造。

6.5.2 养老医疗服务设施

1. 社区养老服务驿站

社区养老服务驿站应综合考虑地区人口密度、老年人口的分布状况、服务需求、服务半径等因素，同时参考街道养老照料中心分布情况规划设置。原则上，社区养老服务驿站的服务半径不超过 1000m。

社区养老服务驿站需设置生活用房、医疗保健用房、公共活动用房和服务用房。在满足使用功能的前提下，生活用房、公共活动用房和服务用房可合并使用。其中，生活用房主要包含老年人休息室、公共卫生间、公共餐厅，老年人的休息室不与电梯井道、有噪声振动的设备机房等贴邻布置。根据驿站规模大小和老年人需求设置床（椅）位，且平均使用面积每张不小于 $5m^2$。公共卫生间设置无障碍厕所，便器旁安装扶手。社区养老服务驿站根据设施情况和实际需要设置医务室、护理站、心理疏导室、保健室、康复室等医疗保健用房。公共活动用房包括阅览室、棋牌室、书画室、健身室和多功能厅。公共活动用房要有良好的天然采光与自然通风条件，配备电视、音响、健身器材、休闲棋牌类用品、书籍报刊等。驿站还可根据自身条件设置值班室、厨房（或备餐间）、居家养老服务用房、职工用房、洗衣房等服务用房。居家养老服务用房主要为居家老年人提供助餐、生活照料、助医等上门服务使用。老年人公共空间沿墙安装安全扶手，并尽量保持连续。老年人居住用房内设置安全疏散指示标识，老年人活动空间墙面凸出和临空突出物需采用醒目的色彩或采取图案分区和警示标识。

社区养老服务驿站还需设置火灾自动报警系统、消防应急照明灯、低位照明等及疏散指示标志并配备防火毯、独立烟感报警器、消防过滤式自救呼吸器等消防器材。

2. 社区养老服务设施综合体

社区养老服务设施如社区医院、社区活动中心、社区服务点等的管理权属不同，形成了分散布置的空间格局。针对分散布置的养老服务设施使用不便、利用效率低下以及阻碍交往等问题，提出建设养老服务设施综合体，以养老服务设施为核心，交通系统、景观系统为辅助，并通过吸引多年龄层活动，增强老人晚年生活便捷性、安全性。社区养老服务设施综合体首先强调养老设施的综合性，同时强调与交通站点、便利店、幼儿园等其他与老人生活相关的设施的连通，以真正从生活方式层面使得老年人获得生活便利性。另外通过融入各类社区的功能，如公交站点、菜市场、公园等，加强老年人的活动丰富性以及老年人与其他年龄层人群的接触机会，在提高便捷性的同时使得老年人真正融入社区。

统筹规划各类医疗服务设施在住区的布局，达到医疗服务资源使用便捷、高效；医疗服务设施依据使用功能的不同，在布局上需要区别对待。如简便的卫生服务站为方便老年人步行使用，可嵌入每个居住小区内，服务半径不超过 500m；提供更丰富、更专业医疗服务的康复医院，宜作为整个住区的核心，形成以围绕核心向外辐射展开，具有一定使用半径的圈层式住区布局结构，服务半径以不超过30min车程为宜。

除提供满足老年人使用的商业、餐饮、娱乐、健身、文化等生活服务设施外，还需配套有针对性的助餐点、老年人日托站、老年人活动中心等。考虑到老年人的行动能力有限，应将与老年人日常生活密切相关的服务设施，如助餐点、老年人日托站、老年人活动中心、便利店等布置在近家范围的居住组团内。社区内超市、菜站、卫生服务站等配套设施的数量和距离，决定了老人生活的方便程度。改造时，应通过简化交通流线、增加标识系统等方式，帮助老人在户外明确方向，进一步提高老人到达配套服务设施的便捷性。

3. 智慧养老服务应用平台

智慧养老服务应用平台（图6.5-1）分为以下几大部分：机构养老管理系统、社区居家养老服务系统、养老服务综合数据分析系统、养老微服务平台、养老智能化服务应用等。各个系统相互关联，可以单独使用也可以整套使用，平台能让分散的社会养老服务资源、民政监管服务信息、机构服务信息、老人享受服务信息有机地整合到一起，实现老年人养老需求和养老机构提供的服务进行准确的对接，政府监管及机构运营规范化变成现实，最终可以形成老年人、养老机构、政府三方的快速信息通道。

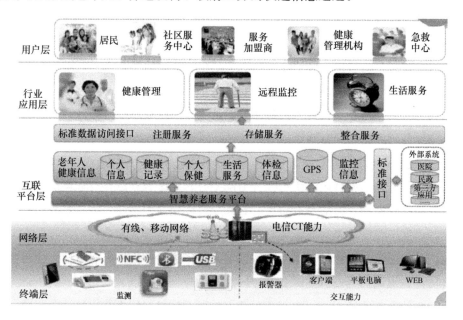

图6.5-1　智慧养老服务平台

结合移动互联网、物联网、智能硬件，通过云计算、人工智能、大数据等技术手段，实现社会资源、信息资源、健康数据的有效整合，建设全方位、一体式、智能化的智慧养老服务平台，创建"系统＋服务＋老人＋终端"的智慧养老服务模式，并且涵盖了机构养老、居家养老、社区日间照料等多种养老形式。通过跨终端的数据互联及同步，连通各部门和角色，形成一个完整的智慧管理闭环，实现老人与子女、服务机构、医护人员的信息交互，对老人的身体状态、安全情况和日常活动进行有效监控，及时满足老人在生活、健康、安全、娱乐等各方面的需求。

6.5.3 户外活动适老设施

除了小区内的健身活动设施，可结合城市街区公园、广场、绿地及居住区、居住组团等，创造更多适合老年人户外活动的空间，以便扩大老年人交往、健身的活动范围。

1. 休息座椅

老旧小区的公共座椅（图 6.5-2）的高度宜为 400～420mm，深度 500mm。主体材料宜采用木材等不良导热体，对于使用大理石等导热性较好材料的座椅，需加设宽 60mm 高 10mm 的橡胶条，橡胶条中间间隔 20mm。座椅应设置靠背和 600mm 扶手，扶手为易于抓握的圆柱形，外表面材料采用摩擦力较大的橡胶或木材。

在休闲座椅旁设置轮椅停留空间，便于乘坐轮椅老年人休闲和交谈。宜结合休闲座椅设置小型儿童游乐区，便于儿童与老人共同使用。

2. 适老健身器材

社区的健身设施（图 6.5-3）的旁边设置使用说明标识。健身器材的摆放应避免一字排开的形式。大部分社区的健身器材采用整体蓝色局部黄色的配色，针对老年人的晶状体的透光能力减弱，短波光被过滤蓝色和绿色传到视网膜的总量减小，健身设施宜使用长波颜色，将短波颜色蓝色涂成长波颜色红色，适老健身设施配色主体宜呈现红色和黄色。

图 6.5-2 小区休息座椅　　　　　图 6.5-3 适老健身器材

3. 愈疗景观

随着人们对健康越来越重视，康复疗养景观也逐渐发展起来。人们将主要的景观特征和医学发展相结合，利用自然景观来达到延年益寿、缓解身心的效果。在室外环境的适老化改造时，结合绿化种植、景观小品等改造，融入愈疗景观的元素，起到治疗疾病、净化心灵、调节情绪、陶冶情操的作用。

1）绿化种植

对既有植被进行无毒脱敏化处理；增种果实类植被树木，可组织老年人进行维护及采摘；选用色彩鲜艳的绿色植物和花卉、沁人心脾的芳香植物、营造怡人的环境，使老年人产生积极的情绪，身心放松，进而创造人与自然交流的空间；人行道路至少一侧设置行道树，便于遮阳；活动场地的树池应高出地面或增设与地面相平的箅子，避免轮椅掉进树坑；增加一些花、叶、果较大的观赏植物，以吸引老年人等弱视力者的注意和兴趣，但应保持较好的可通视性。

针对老年人生理特点，为乘坐轮椅的老年人、关节炎患者和腰背不好的老年人提供一些抬高花床、浅盘种植床。浅盘式种植床的设计需要提供 60cm、90cm 等几种不同的高度，浅盘的下部是空的，为乘坐轮椅的人提供空间；也可以设置一定数量的可移动花池、花园装饰物，根据老年人喜好改变景观布局。考虑老年人记忆力退化的特点，景观小品的设置除考虑文化、艺术、造型等特点外，还应考虑设置水景、雕塑等标识物来帮助其进行空间定位。

2）水景改造

流动的水可产生负氧离子，有益身心健康，有条件的小区宜增加喷泉和水景设计。旱地喷泉应标注其区位，地面铺装应采用防滑材料；喷水前，应有音响或灯光提示，水柱应缓慢增大。

4. 室外场地

1）室外台阶的踏步数不宜小于两级，避免因看不清台阶而被绊倒。

2）盲道设计应满足相关规范，并应与室内盲道相联系，并在场地内实现关键部位的可达性。

3）应在坡道、拐角及台阶处设置照明设施。照明设施可采用嵌入式地脚灯、草坪灯、庭院灯等形式，宜选用柔和漫射的光源，并采用节能控制方式。

4）对于室外场地中的休闲空间，应与道路系统保持恰当的距离，保证休闲空间的私密性、安全性及可达性，并应选择在避风、向阳处。

5）休闲空间内应保证足够的轮椅回转半径，且地面不宜有高差，有高差时应设轮椅坡道。

6）在老年活动室等老人聚集较多的地方，建筑外墙上增加紧急救助呼叫按钮，方便及时发现老人的意外情况时尽早报警。呼叫设备安装在距地面 1200mm 处，并采用醒目的提示标语。

7）活动场地的路边不设路牙石，避免老人绊倒；在可以坐的花坛边缘设计扶手，便于老人站起。

6.6 应用案例

6.6.1 某居民楼适老化改造

1. 项目概况

某老人，93岁，身高147cm，独居在30多年前建的一栋六层居民楼的一楼。生活起居能基本自理，白天独居，晚上子女陪护。现居住环境存在无障碍设施不足、格局布置不合理、家具尺度不适老等问题（图6.6-1），不能满足老人自理生活的需要[7]。主要表现在：（1）入户的台阶过高，正门过窄，不方便老人活动；（2）卫生间和淋浴间一体，洗澡用水常导致地面湿滑，如厕容易摔倒；（3）厨房的操作台、燃气灶过高，身高仅有147cm的老人在做饭时需要高举手臂，非常费力；（4）客厅动线曲折，不方便平时走动；（5）室内地面有高低差等。

图6.6-1 改造前问题
(a) 入户门；(b) 卫浴间；(c) 厨房；(d) 客厅；(e) 地面

2. 改造技术及效果

1）客厅改造

改造前问题：入户大门的宽度仅71cm（实际门洞63cm），不足以通过轮椅；客厅桌子摆放位置不合理，动线曲折；西侧墙面无可借力的家具或扶手；整体墙面乳胶漆脱落，颜色发黄，加之灯光晦暗，客厅整体光线不足；开关太高，老人使用时垫脚费力。

改造方案：拓宽入户大门，更换为成品防盗门；将桌子移至窗下；在墙面做连续扶手

（800mm 高）；墙面重粉刷乳胶漆，更换顶灯，增加光源；降低开关高度，同时客厅两边增加双控开关。客厅改造前后对比见图 6.6-2。

(a)   (b)

图 6.6-2　客厅改造

（a）改造前；（b）改造后

2）卧室改造

改造前问题：开关设在门口，晚上起夜不便；卧室内收纳柜太多，阻碍通行；乳胶漆脱落发黄，灯位于墙角，屋内灯光晦暗；卧室缺少坐具，只能坐在床上看电视。

改造方案：在床头和门口设双控开关；移走旧箱子，保留五斗柜；粉刷墙体，更换顶灯，增强照明；增加一张休闲沙发，便于老人平时看电视。卧室改造前后见图 6.6-3。

(a)   (b)

图 6.6-3　卧室改造

（a）改造前；（b）改造后

3）卫生间改造

改造前问题：卫生间空间太小，马桶直面墙壁，通向淋浴很困难，且马桶太低，四周无扶手支撑，老人起身困难；无洗漱台盆，日常洗漱只能在厨房解决；地面不平整，走廊、马桶、淋浴区均有高差，存在安全隐患。

改造方案：将淋浴区移至北阳台，调整马桶位置，更换合适高度的马桶。增加 L 形多功能扶手，增加前置扶手；增加洗漱台，同时配备：镜子、镜前灯、小橱柜；取消各区域高差，重新铺设上下水管道；重做地面防水层等、铺设防滑地胶；重贴瓷砖，安装地漏、排气扇，厕纸架，毛巾架，镜子；扶手和防滑地胶可以降低老人摔跤的风险。为使老人照镜子时看起来气色更好，安装暖黄色的镜前灯。卫生间改造前后对比见图 6.6-4。

(a)　　　　　　　　　　　　　　(b)

图 6.6-4　卫生间改造

（a）改造前；（b）改造后

4）北阳台改造

改造前问题：堆满物品，空间浪费。

改造方案：清空北阳台，将北阳台一分为二，分别为淋浴间和洗衣间；安装浴霸、淋浴龙头、扶手、毛巾架、洗护用品架、地漏，放置浴凳，原门改为铝合金折叠门。为老人专门配备防滑淋浴凳。北阳台改造前后对比见图 6.6-5。

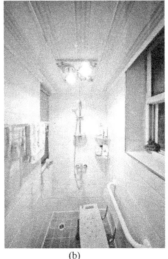

(a)　　　　　　　　　　(b)

图 6.6-5　阳台改造

（a）改造前；（b）改造后

5）储藏间改造

改造前问题：储物空间不够，物品摆放混乱；与北阳台交界的窗户陈旧，没有将北阳台合理利用。

改造方案：增加一个新的大衣柜（2400mm×600mm×2400mm），满足不同物品和衣服的储物要求；将窗所在墙体打掉，原窗后北阳台空间改为洗衣房。拓宽储藏室的收纳功能，减少卧室及客厅的收纳负担。满足老人收纳需求的同时，增加老人的活动空间。储藏间改造前后对比见图6.6-6。

(a)   (b)

图 6.6-6 储藏间改造

（a）改造前；（b）改造后

6）餐厅改造

改造前问题：放置了两张餐桌，多余且占用空间；墙面发黄，顶灯位于墙角，光线昏暗；后门不通，被旧橱柜堵死，出入不便。

改造方案：撤掉一张餐桌，增加2把适老化座椅；刷乳胶漆，更换顶灯，增加照明；撤掉旧橱柜，更换后防盗门；卫生间至淋浴间的墙面增加连续扶手。餐厅改造前后对比见图6.6-7。

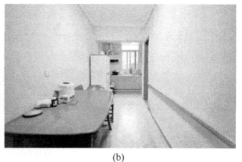

(a)   (b)

图 6.6-7 餐厅改造

（a）改造前；（b）改造后

7）厨房改造

改造前问题：橱柜加煤气灶太高，老人需举高手臂才能做菜；水管煤气管洞口太大，屋内虫蚁成灾；老式的碗柜占地方且不实用；操作台的水易流到地面，导致地面湿滑，存在安全隐患。

改造方案：更换橱柜，换内嵌式灶台，降低总高度；墙面铺砖，重做吊顶，吊顶中央加灯；去掉碗柜，增加吊柜；采用防滑地胶的同时，将操作台面边缘做高。厨房改造前后对比见图 6.6-8。

(a)　　　　　　　　　　(b)

图 6.6-8　厨房改造

（a）改造前；（b）改造后

8）无障碍改造

屋内地面全部消除高差、台阶，并使用防滑地胶垫（图 6.6-9）进行铺设，尽可能降低老人在屋内摔倒的风险，也为将来老人使用轮椅做准备。

6.6.2　某高校教职工住宅小区适老化改造

1. 项目概况

某教职工住宅小区建于 20 世纪 70 年代末。该小区的户型面积 50～120m² 不等，一般为一梯两户，多为两室一厅、三室一厅、三室两厅，住宅楼高度为 4～7 层，居住在其中的主要是某大学一些在职的或者

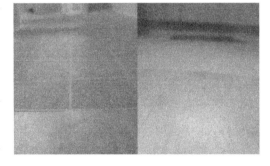

图 6.6-9　防滑地胶垫

退休的教职工。近年来，该小区的住户逐渐步入老年，普遍反映旧小区的住宅楼没有电梯，住在较高楼层的老人上下楼不方便等问题[8]。

2. 改造技术及效果

1）单元入口改造

改造前问题：住宅楼单元入口普遍设在楼梯口处，无入口平台、门厅以及信报箱等。这种单元入口结构单一，功能简单，不能够满足老年人的居住需求。

改造方案：入口处无任何公共设施，在门厅内设置信报箱，方便老年住户日常收取报

纸或牛奶等；入口门外进行扩建，扩大门厅、形成交流空间；将一楼的入户台阶改为坡道；入口处的地面低于道路地面，将入口处的地面填平，与道路保持一致。单元入口改造前后对比见图 6.6-10。

 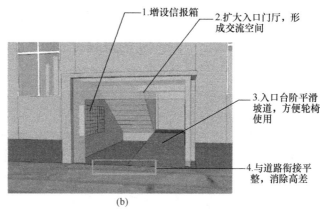

（a）　　　　　　　　　　（b）

图 6.6-10　单元入口改造

（a）改造前；（b）改造后

2）增设电梯改造

改造前问题：多层住宅无电梯，住在 4 层以上的年龄较大的居民反应强烈。住宅小区的东 32-3 号楼为例，该楼的户型设置为一梯两户，共七层，每户面积约为 129m²，每户设三室两厅一厨两卫，其中三室均为南向，两间大卧室一间书房，两间卧室南侧均设有南阳台，餐厅和客厅均为北向，餐厅北侧设厨房，客厅北侧设北阳台，两个卫生间分别位于入口处和卧室北面。

改造方案：在楼梯外侧增加一个入户平台，让住户出电梯以后通过平台进入阳台，再进入家中，需在二层以上每层都设入口平台，即可满足整栋楼的无障碍通行。此方案将电梯设在北侧的挡墙内，拆除挡墙的自行车棚。加装电梯前后平面对比见图 6.6-11。

3）配套设施改造

改造前问题：小区没有公共卫生间，老人需要如厕时必须回家进行，有的老人住在较高楼层，非常不便；没有设置老年人活动场地和健身设施，不能满足老人平日在小区内活动健身的需要。

改造方案：将原建设银行旁边一间空房改造成爱心卫生间，极大地方便了在小区中活动的老人；将住宅小区的部分转角和广场空地等地改造成了专门供老人活动的场地，让老人能够更多的在室外进行健身活动，有利于身心健康；将原测试中心实验室改造为离退休职工活动中心，并在此开设老年大学，同时供离退休的老人举办各类活动，举办老年乒乓球比赛、老年扑克象棋比赛、文化体育节等活动，丰富了居民老年生活。改造后效果见图 6.6-12。

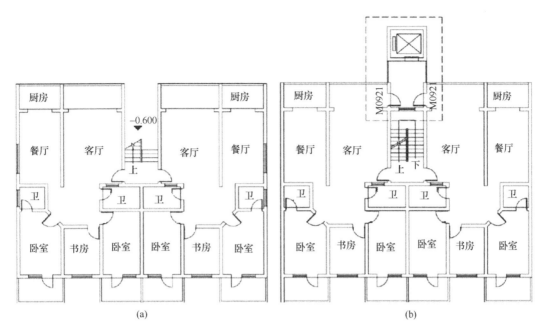

图 6.6-11 增设电梯改造

（a）改造前；（b）改造后

图 6.6-12 配套设施改造

（a）爱心卫生间；（b）健身活动场地；（c）离退休职工活动中心

本章参考文献

［1］ 李慧，郭宪美，闫胜强. 既有建筑适老化改造思路初探［J］. 建设科技，2018，(7).

［2］ 林曦，姚琪，章曲等. 家养老——居家养老住宅适老化改造［M］. 北京：中国建材工业出版社，2017.

［3］ 何凌华，魏钢. 既有社区室外环境适老化改造的问题与对策［J］. 规划师论坛，2015，31(11).

［4］ 王友广等. 中国居家养老住宅适老化改造实操与案例［M］. 北京：中国建筑工业出版社，2018.

［5］ 全国老龄工作委员会办公室. 适老家装图集——从 9 个原则到 60 条要点［M］. 北京：中国建筑工业出版社，2018.

［6］ 全国老龄工作委员会办公室. 适老社区环境营建图集——从 8 个原则到 50 条要点［M］. 北京：中国建筑工业出版社，2018.

[7] 阿沐养老. 在凛冬到来之前，我们改造了这位老奶奶的家…[EB/OL]. https：//mp. weix-in. qq. com/s? ＿ biz ＝ MzA5NTMyMTM3NQ ＝＝ ＆mid ＝ 401366970＆idx ＝ 1＆sn ＝ 10875fc 3192b145b0444ca9cf29a2867＆scene＝21♯wechat ＿ redirect. 2016-01-22.

[8] 苏清. 社区养老模式下旧住宅小区适老化改造设计研究——以徐州市为例[D]. 中国矿业大学，2015.

第7章　加装电梯技术

7.1　概述

我国既有多层住宅，因建设时标准规范、经济水平所限，绝大多数未安装电梯，给居民尤其是行走困难的老年人的日常出行带来诸多不便。据统计，全国1980年至2000年建成的老旧住宅约80亿m^2，70%以上城镇老年人口居住在没有电梯的老旧楼房。随着城市居民生活水平的提升以及老龄化问题日益突出，居民对老旧住宅改造提出了更高要求，既有多层住宅加装电梯已经成为新时代发展的必然要求，是应对社会老龄化、惠及民生的重点工程，也成为各级政府高度重视的重大民生问题。

自2018年，鼓励和支持加装电梯连续三年写入国务院政府工作报告。据不完全统计，全国20多个省、自治区、直辖市出台了加装电梯的指导意见，186个地级市出台了加装电梯的实施方案。为规范加装电梯工作，加强质量监管，诸多社会团体和各省市主管部门相继出台加装电梯标准、导则、指南和图集，已发布实施加装电梯相关的国家标准1部、行业标准1部、团体标准6部，全国超过一半的省、直辖市、自治区出台了加装电梯地方标准。

既有居住建筑增设电梯是在既有建筑的合适位置加装电梯，解决居民垂直交通出行困难的问题。加装电梯不同于新建建筑安装电梯，加装电梯涉及加装电梯可行性评估、合理确定加梯布置方案和结构方案、遴选合适的电梯类型，并应采用装配式技术加快现场安装施工的进度，尽可能减少扰民。电梯运维护阶段应采用合适的管理和维保模式，确保电梯的正常使用。

本章按照加装电梯的流程，从加梯前可行性评估、加装电梯建筑方案、结构方案、电梯选型、加梯施工、电梯运维等方面分别介绍加装电梯技术。

7.2　加装电梯可行性评估

7.2.1　影响加装电梯的因素

既有居住建筑加装电梯工程涉及规划、建筑、结构、管线、环境等因素。

1. 规划方面

既有居住建筑按当时规划标准、楼间距要求进行规划和建设，加装电梯所占空间通常会凸出原建筑平面，增加建筑占地面积，减少了相邻建筑楼间距，还可能占用绿化用地、停车位，甚至影响消防通道。

由于当时规划原因，既有楼栋之间距离较小，而加装电梯往往需要凸出原住宅平面，增大建筑占地面积，缩小相邻建筑的间距，在空间局促、不采取措施情况下会影响相邻建筑物的日照（图 7.2-1），增大建筑密度、容积率等指标。每个老旧楼房周围环境不一、情况错综复杂，地下管线交叉重合多，要想成功加装电梯，必须根据每一栋老旧楼房的特点，因地制宜，制定不同的技术方案，解决场地受限问题。

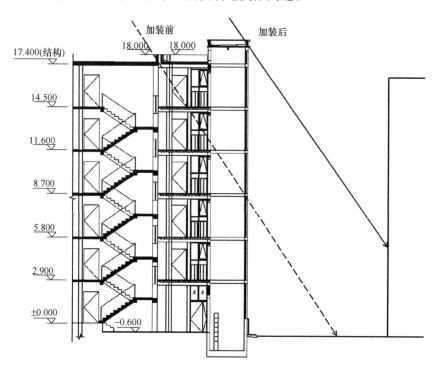

图 7.2-1　加装电梯日照影响示意图

2. 建筑方面

加装电梯可能会遮挡住户部分房间，影响部分房间的采光和通风，对舒适度有一定影响。电梯的增加改变了既有住宅的建筑平面，还会造成建筑通行流线变化。此外，电梯紧邻既有住宅时，电梯运行产生的噪声、振动等也会对相邻房间造成一定影响，尤其是卧室和起居室。

3. 结构方面

首先，既有住宅受建设时的经济水平、设计标准、技术水平等影响，部分住宅结构可能存在抗震性能差、结构老化，安全耐久性降低等问题。其次，加装电梯井道与既有建筑连接时，也会对既有建筑结构产生不同程度的影响。第三，老旧住宅经过多年使用后地基已固结，建筑物沉降已趋于稳定，新加电梯的基础可能会与既有建筑基础的沉降不同步，应采取措施解决。

4. 地下管线方面

老旧小区的市政管线通常在楼栋单元出入口处进入室内，加装电梯的平面位置通常与燃气、电力、供热、给水排水等市政管网位置重叠，管线挪移协调工作量大、费用高、周期长。

7.2.2　规划评估

规划评估是加装电梯可行性评估的首要环节，需对加装电梯后的防火间距、日照、用地红线、绿化率、场地道路等内容进行评估。

1. 防火间距

中国建筑学会标准《既有住宅加装电梯工程技术标准》T/ASC 03-2019（在本节，以下简称《加装电梯标准》）规定，加装电梯的井道、电梯厅及连廊、平台等新建部分，与周边建筑之间的防火间距应符合现行国家标准《建筑设计防火规范》GB 50016 的相关规定，见表 7.2-1。

民用建筑之间的防火间距（m）　　　　表 7.2-1

建筑类别		高层民用建筑	裙房和其他民用建筑		
		一、二级	一、二级	三级	四级
高层民用建筑	一、二级	13	9	11	14
裙房和其他民用建筑	一、二级	9	6	7	9
	三级	11	7	8	10
	四级	14	9	10	12

评估方法：查阅既有建筑的图纸、现场量测相邻建筑的间距，同时考虑加装电梯的位置及占地面积，现有楼间距减去加梯凸出尺寸后，与表 7.2-1 中数据相对比。

加梯凸出原建筑进深方向的长度，当采用层间入户时，可初步考虑加装电梯凸出建筑物 4m；当采用平层入户时，通常需要增加连廊或平台，可初步考虑加装电梯凸出建筑物 6m，连廊凸出建筑物 2m。也可根据各省市的具体规定进行估算，如《济南市既有住宅增设电梯有关手续办理导则》中规定，增设电梯的外轮廓尺寸满足电梯基本使用要求即可，外轮廓尺寸不宜大于 4.70m×2.80m，通过连廊与原住宅楼相连的，连廊伸出长度不宜大于 2.00m；《浙江省现有多层住宅增设电梯设计导则》建议：面宽宜小于所属住宅单元面宽的 1/4，凸出深度不宜大于 4m，并宜贴邻原有楼梯间；《南京市既有住宅增设电梯设计导则（试行）》规定，电梯井和候梯厅合计尺寸不宜大于 4.00m×2.40m。

评估建议：对既有多层住宅加装电梯，优先加装 300kg、450kg 等小型电梯；当楼间距较小，加装常规尺寸电梯不能满足表 7.2-1 规定的防火间距时，应结合建筑平面，优化电梯加装的位置，保证加梯后的楼间距仍能满足防火间距要求。当楼间距较大，可根据是否需要放置担架等需要，在满足消防间距要求的前提下布置合适规格的电梯。

2. 日照标准

《加装电梯标准》规定，除加装电梯井道外，加装电梯不应降低相邻建筑原有的日照水平，或应符合现行国家相关规范对日照的规定。日照时间应符合现行国家标准《城市居住区规划设计规范》GB 50180 对住宅建筑的日照标准规定，见表 7.2-2。老旧小区改建的项目内新建住宅的日照标准可酌情降低，但不应低于大寒日日照 1h 的标准。

住宅建筑日照标准

表 7.2-2

建筑气候区划	Ⅰ、Ⅱ、Ⅲ、Ⅶ气候区		Ⅳ气候区		Ⅴ、Ⅵ气候区
	大城市	中小城市	大城市	中小城市	
日照标准	大寒日				冬至日
日照时数（h）	≥2		≥3		≥1
有效日照时间带（h）	8～16				9～15
计算起点	底层窗台面				

《厦门市城市既有住宅增设电梯指导意见》（2018 修订版）规定，增设电梯前能满足厦门市现行日照标准的，增设电梯后也应满足该日照标准；增设电梯前日照标准低于厦门市现行标准的，增设电梯后不应对其日照造成恶劣影响。《既有住宅建筑功能改造技术规范》JGJ/T 390 规定，加装电梯的平面位置应减少对有效日照时段内日照平面角的遮挡，加建部分的高度不宜超过原有建筑高度 2.00m。《济南市既有住宅增设电梯有关手续办理导则》规定：增设电梯部分高度不宜超过建筑高度 2.00m。

评估方法：查阅既有建筑图纸、现场测量拟加梯建筑与其相邻建筑的楼间距，同时考虑加装电梯的平面位置、电梯井道超出原有屋顶的高度等，根据建筑物所处的位置，采用日照分析软件计算日照时数，并与表 7.2-2 的要求对比。

评估建议：由于日照时间不涉及安全问题，除不能降低相邻幼儿园、托儿所、养老院及中小学教学楼等的日照标准外，当按常规电梯尺寸和电梯机房不满足表 7.2-2 日照时间要求时，优先通过协商解决。或选用无机房或小型电梯方案，并优化平面布置，尽量减少加梯对日照时间的影响。

3. 用地红线

用地红线是各类建筑工程项目用地的使用权属范围的边界线，《加装电梯标准》规定，既有住宅加装电梯不应超出用地红线。

评估方法：查阅既有建筑图纸、现场测量用地红线与既有住宅的距离，同时考虑加装电梯的位置、占地面积以及建筑退让红线的距离，检查现场是否能满足要求。

评估建议：用地红线之内为建设许可的法定用地范围，加装电梯不应超出法定用地范围。若能满足要求则可以加装电梯，若不能满足要求则不能实施加梯。

4. 场地绿化

《加装电梯标准》规定，既有住宅加装电梯应综合考虑周边环境，合理规划，减少加装电梯对周边场地、空间、绿化的影响。现行国家标准《城市居住区规划设计规范》GB 50180 规定，旧区改建绿地率不宜低于 25%。

评估方法：查阅既有建筑图纸、现场踏勘测量，考虑加装电梯的位置和占地面积，以及对现有的绿化影响。

评估建议：若不占用现有绿地，则不考虑此因素；若占用现有绿地，初步估算需占用绿地的面积，并通过垂直绿化、异地增加绿地面积等方式对占用的绿地进行弥补。

5. 场地道路

《加装电梯标准》规定，既有住宅加装电梯不应降低消防车原有通行条件。现行国家标准《建筑防火设计规范》GB 50016 规定，消防车道的净宽度和净空高度均不应小于4.0m，转弯半径应满足消防车转弯的要求。

现行国家标准《民用建筑设计统一标准》GB 50352 规定，人行道路宽度不应小于1.5m，单车道路宽度不应小于4m，双车道路宽住宅区内不应小于6m。

评估方法：查阅既有建筑图纸、现场踏勘测量，考虑加装电梯的位置和占地面积，核查是否会对场地道路、停车位等产生影响。

评估建议：若加装电梯位置不占用现场道路及停车位，则不影响；若加装电梯需要占用消防通道，消防通道必须改道，保证改造后消防车道净宽不小于4m，且能满足消防车最小转弯半径要求，方可加装电梯；若加装电梯影响现有停车位，可以在小区其他位置进行补充调整。

7.2.3　建筑评估

加装电梯后，与梯井相邻的既有建筑部分房间的自然采光、通风及噪声等建筑性能可能会受到一定影响，需要根据国家相关标准中指标限值，分析加装电梯对建筑方面的影响，评估加装电梯的可行性。

1. 采光

住宅建筑的采光系数不应低于《建筑采光设计标准》GB 50033 的要求（表 7.2-3）。住宅建筑的卧室、起居室（厅）的采光不应低于采光等级Ⅳ级的采光标准值，侧面采光的采光系数不应低于2.0%，室内天然光照度不应低于300lx。加装电梯后会对部分居室的采光产生一定影响，但建议不低于标准中的要求。

住宅建筑的采光系数标准值　　　　　　　　　表 7.2-3

采光等级	场所名称	侧面采光	
		采光系数标准值（%）	室内天然光照度标准值（lx）
Ⅳ	厨房	2.0	300
Ⅴ	卫生间、过道、餐厅、楼梯间	1.0	500

评估方法：查阅既有建筑图纸，进行现场踏勘，根据拟加装电梯位置及其与既有建筑的位置关系，评估其对相连房间的采光影响。有条件时，也可采用照度计现场测量的方式，评估加梯后采光系数和天然光照度是否满足表 7.2-3 的要求。

评估建议：若自然采光满足要求则可以进行电梯加装；若不满足要求，可通过对受影响的部分房间增加其他照明方式对照度进行弥补。

2. 通风

《加装电梯标准》规定，既有住宅加装电梯与既有住宅的连接可选择公共楼梯间、外窗、阳台等部位。选择外窗、阳台等部位连接时，可能影响自然通风。现行国家标准《住宅建筑规范》GB 50368 规定，住宅应能自然通风，每套住宅的通风开口面积不应小于地面面积的 5%。《住宅设计规范》GB 50096 规定，卧室、起居室（厅）、厨房应有自然通风，每套住宅的自然通风开口面积不应小于地面面积的 5%。

评估方法：进行现场踏勘，根据拟加装电梯位置、尺寸及其与既有建筑的位置关系，评估其对相连房间的通风的影响。

评估建议：加装电梯位置连接在公共楼梯间，电梯通常不会遮挡住户房间，对通风无影响。加装电梯连接在既有建筑的外窗、阳台等位置，通过连廊或平台进入室内，形成新的入户流线，需评估连廊或平台对原有窗户和阳台通风的影响。若不满足通风要求，可在增加的连廊上设置带开启扇的窗户，增加通风开口面积。

3. 噪声

《加装电梯标准》规定，加装电梯后，电梯运行产生的噪声应控制在规范允许范围内[1]。现行国家标准《民用建筑隔声设计规范》GB 50118 规定了住宅建筑卧室、起居室内允许的噪声级（表 7.2-4）。

卧室、起居室（厅）内的允许噪声级　　　　　　表 7.2-4

房间名称	允许噪声级（A 声级，dB）	
	昼间	夜间
卧室	≤45	≤37
起居室（厅）	≤45	

评估方法：首先进行现场踏勘，根据相关资料估计墙体的隔声性能（老旧住宅通常为砖砌体结构或框架结构，250mm 实心砖墙隔声量 52dB，120mm 混凝土墙隔声量 49dB，210mm 厚空心砌块隔声量 46dB）。其次，根据常规电梯运行过程中的噪声值（国家标准《电梯技术条件》GB/T 10058 规定，额定速度在 2.5m/s 以下的电梯，额定速度运行时机房内平均噪声值不大于 80dB，运行中轿厢内最大噪声值不大于 55dB，开关门过程最大噪声值不大于 65dB）。最后根据噪声值和墙体隔声性能，评估加梯后室内噪声能否满足表 7.2-4 的要求。

评估建议：通常情况下，卧室、起居室墙体厚度大于 200mm，噪声值在允许范围内，可以进行电梯加装。若不能满足隔声要求，结合具体项目情况，采用相应的隔声降噪措施。

7.2.4 结构评估

结构评估包括既有建筑结构现状安全评估和加装电梯对既有结构安全影响两方面。

1. 既有建筑结构现状安全评估

现行国家标准《民用建筑可靠性鉴定标准》GB 50292 规定，建筑物改造前应进行建筑的可靠性鉴定。但对于老旧住宅加装电梯工程，若在可行性评估阶段进行可靠性鉴定，将增加投资，因此宜先对既有建筑结构现状进行宏观上的检查，根据具体情况再决定是否进行检测鉴定。

评估方法：首先对原结构构件的布置进行评估。有图纸时，审查原设计图纸，重点对原结构构件布置和构造措施的合理性进行评估，无图纸时通过现场踏勘、测量，对结构体系进行摸排。其次，对原结构工作状态进行评估。采用现场查看、测量等方法观察原有结构有无开裂、构件有无变形；有无不均匀沉降或倾斜；基础是否腐蚀、酥碱、松散或剥落现象以及其他损伤。

评估建议：若结构布置和构造措施合理、无明显外观质量缺陷、建筑物和基础无不均匀沉降时，使用过程中无改动，可不进行结构鉴定，直接判定实施加梯。若局部次要构件有变形或开裂，或既有结构有不影响整体安全性的局部质量缺陷，或使用过程中有局部改动，但结构整体服役状态正常，则加梯前需要对局部进行处理，在加梯设计时规避有缺陷的部位。若基础出现不均匀沉降、结构层数超标或危及结构整体安全的重要构件出现变形、开裂等损伤，则需要对结构进行检测和加固后再实施加梯。

2. 加装电梯对既有建筑结构影响

《加装电梯标准》第 4.3.2 条规定，加装电梯的新增结构与既有住宅结构之间可采用脱开、水平拉接或附着等连接方式。加装电梯对既有建筑结构的影响与二者的连接方式有关。

评估方法：首先根据加装电梯的新增结构与既有住宅结构的连接方式进行评估，当加装电梯的新增结构与既有住宅结构之间脱开时，可判定加装电梯对既有结构没有影响。其次，根据加装电梯新增结构与既有结构的刚度比进行评估。对于加装电梯的新增结构与既有住宅结构采用水平拉接或刚性连接时，可根据新增结构的刚度与既有住宅中与电梯相连的一个单元结构的刚度进行比较后确定。当梯井结构采用贴建的四柱钢框架或六柱钢框架时，与既有结构相比，其刚度较小，电梯井道重力荷载代表值约占既有结构的 $1\%\sim3\%$，对既有结构的影响很小。当在既有结构一侧增建面积较大的连廊或平台，新增结构的刚度较大，但与既有结构相比其刚度仍较小，在这种情况下，若既有结构自身安全度较高，也可不考虑新增结构对既有结构的影响；但当既有结构自身安全度较低，则应考虑增设电梯对既有结构的影响。最后，有条件时，可假定加装电梯新增结构与既有住宅结构不同的连接方式，通过建模分析的方法进行评估，选择最合适的加建方式。

评估建议：加装电梯的新增结构对既有结构没有影响或影响很小时，无需对既有结构采取处理措施。当既有结构安全度较低，新增结构刚度较大且与既有结构水平拉接或刚性连接时，应结合具体情况，对既有结构进行加固处理。

7.2.5 地下管线评估

《加装电梯标准》第4.1.4条规定，既有住宅加装电梯应合理避让地下管线。当不能避让时，应按相关规范规定挪移管线或采取电梯基础跨接等措施保证设备管线的正常使用和后期修缮。因燃气涉及安全问题较为严重，因此在改造过程中尤其注意要满足《城镇燃气管道穿跨越工程技术规程》CJJ/T 250等规范的要求。

评估方法：查阅既有建筑图纸、室外管线图纸，现场踏勘、测量现有管线位置，根据拟加装电梯的位置和占地面积，评估地下管线的影响。

评估结论处理：对于加装电梯位置有地下管线的情况，考虑到设备管线可能涉及燃气、电力、供热、通信、给水排水等方面的多个部门，管线挪移的周期长，协调工作量大，若加装电梯影响地下管线，则优先考虑合理避让地下管线；若无法躲避，需先报相关管线的归属部门，对地下管线进行移改后再加装电梯。

7.3 加装电梯建筑方案

加装电梯建筑方案通常需要考虑电梯的入户方式和电梯的布置位置，充分考虑既有建筑的户型特点和周围环境的特殊性，在解决竖向交通问题的同时，尽量减少既有建筑的采光、通风以及对周围环境的影响。

7.3.1 电梯入户方式

既有居住建筑增设电梯，采用的入户方式有平层入户和层间入户两种。平层入户是通过增设连廊（阳台）或利用现有阳台作为电梯候梯厅，电梯停靠即可入户，真正实现了无障碍出行。层间入户是电梯停靠位置在楼梯休息平台，住户可以通过电梯达到临近休息平台，然后步行半层楼梯入户，不能彻底满足无障碍出行的需求。采用平层入户才是真正达到了增设电梯的目的，但有些实际工程受制于楼型、日照、消防等因素只能采用层间入户。

1. 平层入户

平层入户方式较适用于一梯两户的楼型，可能对已有阳台和房间的使用功能造成影响，是最彻底的加梯方式。虽然有改造时间长和改造局限性较大的问题，但由于其一步到位的彻底性和便捷性，建议满足建筑楼梯间一侧道路距离建筑不小于5000mm，且楼梯间净宽度不小于2400mm的一梯两户单元式住宅均采用贴合楼梯间的平层入户进行改造，实现居民生活品质的最大提升。

2. 层间入户

层间入户方式较适用于一梯三户或多户，以及其他无法实现平层入户的楼型，可根据相应户型合理选用。层间入户可以快速解决居民上下楼困难的问题，但不能解决无障碍出行，剩余的半层高差可以配合电动爬楼机进行有针对性的解决。

7.3.2　电梯布置方案

优化电梯布置方案是对原有住宅的场地条件、消防救援通道、环境影响等进行分析，确定增加电梯的合理位置。根据电梯增设位置不同，有内置电梯和外置电梯两种加装方案[2]，内置电梯通常是利用室内空间或梯井空间进行电梯加装，外置电梯包括北向休息平台加建、北向直接入户、南向阳台加建、增加外廊直接入户等形式[3]，各有特点，各有利弊。

电梯布置方案需要考虑以下因素：住宅用地红线之内为建设许可的法定用地范围，加装电梯不应超出住宅用地红线。加装电梯后小区道路宽度应符合《城市居住区规划设计规范》GB 50180 的要求，加装电梯的位置应尽可能避免占用消防车道，如受条件限制需占用现有消防车道的，可以采用消防车道改道等措施，但需满足消防车的原有通行条件。加装的电梯井道、电梯厅及连廊、平台等新建部分，与周边其他建筑之间的防火间距应满足《建筑设计防火规范》GB 50016 的要求。除加装电梯井道外，加装电梯不应降低其原有相邻建筑的日照水平，加装电梯井道应尽量减少对相邻建筑日照的影响。

根据不同的住宅单元户型，确定合理的电梯布设方案。

1. 一梯两户

典型一梯两户户型如 A 类单元户型（图 7.3-1 和图 7.3-2）和 B 类单元户型（图 7.3-5）。此类户型的增设电梯一般布置在单元门处和阳台处。

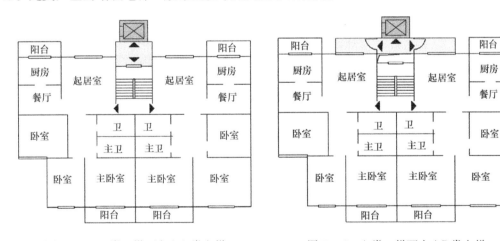

图 7.3-1　A 类一梯两户＋A 类电梯　　　　图 7.3-2　A 类一梯两户＋B 类电梯

A 类单元户型（双跑楼梯）的增设电梯布置在单元门处，可分为层间入户方式（图 7.3-3）和平层入户方式（图 7.3-4）。为确保首层疏散宽度，增设电梯井道应与既有建筑脱开一定距离，可选择的增设电梯类型有四柱结构相离式、六柱结构垂直式以及异型结构。如选用四柱结构相离式和六柱结构，需要向上或向下走半层步行楼梯方能入户，并未实现完全无障碍通行（图 7.3-3）；若选用异形结构，可直接进入起居室，实现完全无障碍通行（图 7.3-4），相对前种方案来说，施工更复杂，造价更高，且对建筑的日照影响较大。但无论选择哪种方案，需注意电梯厅外窗与北侧房间外窗的距离满足防火规范，并且对建筑间距影响均较大。

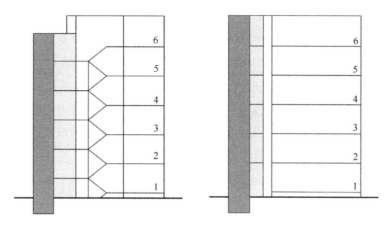

图 7.3-3　层间入户方式　　　　图 7.3-4　平层入户方式

　　针对有阳台的户型，除了在单元门处增设电梯外，还可增设在阳台处，如 B 类单元户型。以阳台作为候梯平台，直接从住户阳台平层进入起居室，实现完全无障碍通行（图7.3-5）。由此，增设电梯井道优先选择四柱结构与既有结构相邻，这种方式对建筑间距、通风、采光影响小。但需对阳台进行封闭改造，施工难度和造价提高，住户的隐私和建筑物的日照均受到一定影响。

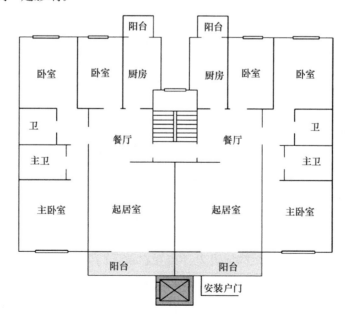

图 7.3-5　B 类一梯两户＋B 类电梯

　　2. 一梯三户和一梯四户

　　典型一梯三户户型如 A 类单元户型（图 7.3-6）和 B 类单元户型（图 7.3-7）。典型一梯四户户型如 A 类单元户型（图 7.3-8）和 B 类单元户型（图 7.3-9）。在没有通廊的情况下，此户型加梯一般布置在单元门处。

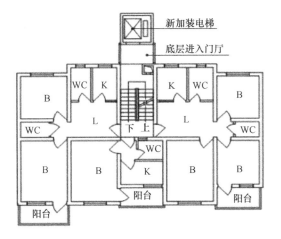

图 7.3-6　B 类一梯三户＋A 类电梯

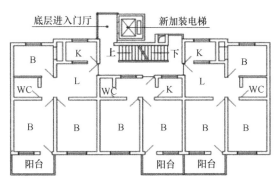

图 7.3-7　B 类一梯三户＋B 类电梯

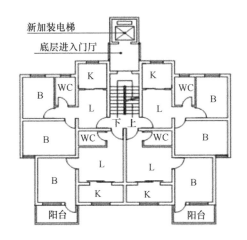

图 7.3-8　A 类一梯四户

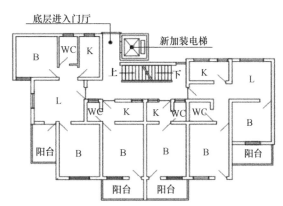

图 7.3-9　B 类一梯四户

　　A 类单元户型（双跑楼梯）增设的电梯（图 7.3-6、图 7.3-8），属于层间入户方式，并未完全达到无障碍通行，为确保首层疏散宽度，增设电梯井道应与既有建筑脱开一定距离，对建筑间的净距影响较大，可能会影响道路宽度并占用绿化面积。另外需注意电梯厅外窗与北侧房间外窗的距离应满足防火规范。由此，可选择的增设电梯井道类型有四柱结构相离式（图 7.4-2）、六柱结构垂直式（图 7.4-4），如果楼梯间的开间足够宽，也可选用六柱结构平行式（如图 7.4-3），但会给其中一户造成压抑感。

　　B 类单元户型（单跑楼梯）增设的电梯（图 7.3-7、图 7.3-9），属于平层入户方式，实现完全无障碍通行。为确保首层正常通行，不过多占用交通道路和绿化面积，可选择六柱结构平行式的增设电梯类型。此方案对建筑间距影响较小，但由于平层入户方式的电梯井道比层间入户方式的电梯井道高出半层，会增加对相邻建筑的日照影响。另需注意电梯厅外窗与北侧房间外窗的距离满足防火规范的要求。由此，为确保首层正常通行，可选择的增设电梯类型有四柱结构相离式（图7.4-2）、六柱结构平行式（图7.4-3）。

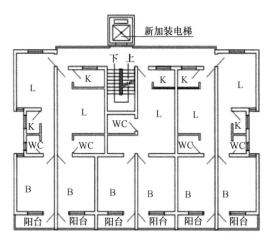

图 7.3-10 A 类通廊式

3. 通廊式

典型通廊式户型如 A 类单元户型（图7.3-10）和 B 类单元户型（图7.3-11）。此户型特点是一梯多户（≥四户），通过通廊进入各户起居室，所以增设电梯一般布置在单元门处为佳。

A 类单元户型（双跑楼梯）和 B 类单元户型（单跑楼梯）增设的电梯，属于平层入户方式，实现完全无障碍通行。为确保不会过多占用交通道路和绿化面积，且对建筑间距影响较小，A 类单元户型选择四柱结构相邻式的电梯类型为最佳。由此不仅方便施工，还降低了造价，一梯多户分摊费较低，利于实施，但同时不能忽略平层入户方式的电梯井道对相邻建筑的日照影响。B 类单元户型选择六柱结构平行式（如图7.4-3）的电梯类型为最佳。因为一梯多户分摊费较低，利于实施，但同时不能忽略平层入户方式的电梯井道对相邻建筑的日照影响。

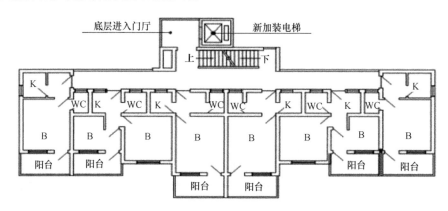

图 7.3-11 B 类通廊式

4. 内置电梯

内置电梯方案示意如图7.3-12所示，其主要特点为楼梯位于建筑内部且为三跑转角楼梯，该位置处的管道井尺寸较大且适用于加建电梯，所以加建电梯可以选择利用管道井的空间实施。

此加建电梯方案，属于平层入户方式，可以实现完全无障碍通行。不会占用既有建筑外部空间，不受采光、日照、通行等外部环境的制约，但施工操作面小，对既有房屋结构影响大，工程量也相对较大且施工周期长。此类户型可以选择四柱结构的电梯类型。

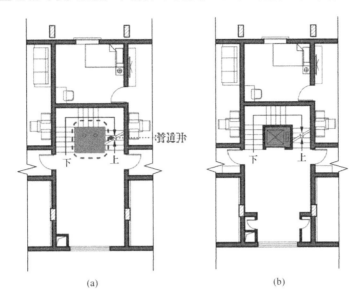

图 7.3-12　利用室内空间加建电梯方案图
（a）改造前；（b）改造后

7.4　加装电梯结构方案

既有住宅加装电梯结构方案需要考虑电梯井道结构及围护、电梯与既有结构连接方式、电梯井道基础等方面，针对不同的既有建筑结构，在电梯设计过程中，充分考虑各种不利因素[4]，满足用户需求，确保其安全性、适用性和经济性。

7.4.1　电梯井道结构及其围护

1. 电梯井道结构类型

电梯井道结构形式选用时，由于抗震、自重、保温、防水和有效使用面积等不利因素的影响，加装电梯的井道已很少使用砖混结构，多为混凝土结构和钢结构。钢结构与混凝土结构相比，施工周期短、结构自重轻，对施工期间居民的生活环境不会产生太大影响。但钢结构需要定期检修，其前期投入和后期维护费用均高于混凝土结构。

1）钢结构井道

钢结构电梯井自重轻，延性好，抗震性能优越，同时还具有便于装配，施工速度快等特点；但钢结构电梯井道存在高宽比大、刚度小的弊端。钢结构电梯井道应满足以下要求：

（1）增设部分的结构形式采用钢结构时，钢柱截面的宽度和高度不宜小于 200mm，钢梁截面的宽度和高度分别不宜小于 150mm 和 200mm。

图 7.4-1 钢结构电梯井道

（2）新增钢结构井道的基础应与原主体建筑物的基础保持相对独立，满足规范中规定的沉降缝要求并留有施工空间。

（3）新增钢结构井道整体平面尺寸较小，由于电梯轨道的要求，钢梁间距一般不超过 2.5m，钢梁间距较密，钢柱不易失稳，可在新增钢结构井道和原有建筑主体结构的各层间设置竖向滑动连接，提高井道的整体稳定性。

（4）由于新增钢结构井道的整体刚度较小，可采取如柱间支撑等可靠的构造措施，加强井道结构的侧向刚度，减小水平位移。

（5）钢结构井道（图 7.4-1）应进行防火处理，使其满足相关防火规范要求，并不得低于既有建筑相应结构构件的耐火等级和耐火极限要求。当设计玻璃幕墙作为围护结构时，应对金属受力构件采取防火隔热措施，并采用夹层玻璃和防护栏杆等安全防护措施。

2）混凝土结构井道

当采用混凝土结构井道加装电梯时，可采钢筋混凝土剪力墙或钢筋混凝土框架结构两种方案。电梯井道设计应符合《混凝土结构设计规范》GB 50010 的要求。

当增设或改造电梯位于既有建筑内部时，采用的混凝土强度等级应比原结构、构件提高一级，且不得低于 C30。增设部分的结构形式采用钢筋混凝土框架结构时，框架柱截面的宽度和高度，抗震等级为一、二、三级且超过 2 层时不宜小于 400mm；圆柱的直径，抗震等级为一、二、三级且超过 2 层时不宜小于 450mm。

2. 电梯井道结构布置方案

在不影响既有结构安全的前提下，增设电梯的结构类型的选择应综合考虑电梯的布置位置、地质条件、建筑规划、日照、消防、交通、施工、造价等因素。现以外置电梯为例，给出几种典型电梯井道结构。

1）四柱结构

四柱结构（图 7.4-2），可分为增设电梯与既有结构相离式和相邻式两种。相离式，即增设电梯井道与既有结构之间需增加连廊相通，适合建设场地不受过多限制。其优点包括布置位置灵活，通风、采光效果较好，而且电梯井道的基础独立，对既有结构的基础影响小，

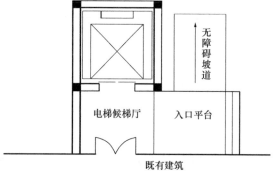

图 7.4-2 四柱结构（相离式）

但会增大建设用地的占用，影响绿化面积和道路宽度。相邻式，即增设电梯井道紧贴既有结构，不需要增加连廊相通，适合既有结构能提供足够的候梯平台。其优点是节约建设用地，不占用过多的道路和绿化面积，但是通风、采光相对于相离方式较差，首层更加显著，并且一般受场地的限制，增设电梯的基础与既有结构的基础十分靠近，甚至在平面和空间上相互干涉，使增设电梯基础设计不仅复杂而且难度大。从适用范围来讲，紧邻式并不适合设置在单元门处。

2）六柱结构

六柱结构的增设电梯的布置方式可分为与既有结构平行式（图7.4-3）和垂直式（图7.4-4）两种。

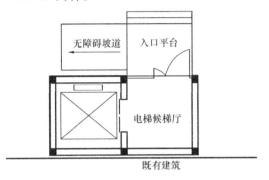

图7.4-3 六柱结构（平行式）

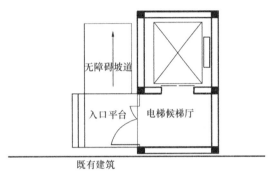

图7.4-4 六柱结构（垂直式）

平行式，即增设电梯井道和候梯厅均与既有结构紧邻，其优点是布置灵活，且对通风影响不大，但对采光效果有一定影响，而且电梯井道的基础与既有结构的基础十分邻近，其不利影响与四柱结构相邻方式相同。

垂直式，即只有增设电梯的候梯厅与既有结构相邻。相对于平行式，垂直式的增设电梯占据较多的建设场地，影响交通道路和绿化等，其他优缺点与平行式类似。

3）异形结构

异型结构增设电梯类型如图7.4-5所示，即增大候梯通廊长

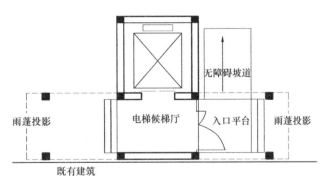

图7.4-5 异形结构

度，使居民直接进入起居室。该方案具有布置位置较灵活，通风、采光效果较好；住户分离，避免人流量集中。但增设电梯的基础与既有结构的基础十分靠近，甚至在平面和空间上相互影响，使增设电梯基础设计较复杂，且难度更大。由于增加了通廊，可能会影响绿化和小区内的道路。

在选择增设电梯井道结构类型时，应了解不同井道结构类型的特点及适用范围。其适用范围如表 7.4-1。

增设电梯结构类型适用范围　　　　　　　表 7.4-1

结构类型		适用范围
四柱结构	相离式	① 受建设场地限制较小； ② 既有结构基础较差； ③ 既有结构无法提供足够的候梯平台空间； ④ 采光、通风要求较高
	相邻式	① 受建设场地限制较大； ② 既有结构基础较好； ③ 既有结构能提供足够的候梯平台空间
六柱结构	平行式	① 受建设场地较大限制； ② 既有结构基础较好； ③ 采光、通风要求较低
	垂直式	① 受建设场地限制较小； ② 既有结构基础较好； ③ 采光、通风要求较高
异形结构		① 受建设场地限制较小； ② 要求完全无障碍通行； ③ 采光、通风要求较高； ④ 要求平层入户

3. 电梯井道围护系统

电梯井道围护系统包括透明围护系统和非透明围护系统。对于框架结构，电梯井道可以采用空心砌块等轻质材料做填充墙，在电梯的轨道固定架位置设置钢筋混凝土圈梁；剪力墙结构的电梯井道一般采用钢筋混凝土墙；对于钢结构的电梯井道，其围护结构的选择较多，大部分选用透明玻璃幕墙作为围护结构，也可采用砌块填充墙或轻质墙体板材。

1）电梯井道围护结构尽量选用轻质材料。

2）加装电梯设计与原有建筑物的设计及周围环境要相互协调。透明围护系统使加装电梯外观轻巧、美观。

3）电梯井道围护系统应为不燃烧体，当与住宅外墙、阳台贴邻时，其耐火极限不应低于 2h。电梯井道围护系统防火方面需满足国家标准《建筑防火设计规范》GB 50016 中的相关规定。

4）梯井围护系统的隔声方面需满足国家标准《民用建筑隔声设计规范》GB 50118 和《民用住宅设计规范》GB 50096 中的相关规定。电梯井道隔声构造参见图集《建筑隔声与吸声构造》08J931。

5）系统采用的玻璃应满足《建筑安全玻璃管理规定》的相关规定，必须使用安全玻璃。粘结材料硅酮结构密封胶的性能应符合《建筑硅酮结构密封胶》GB l6776 的规定。

对不同气候区电梯井道及外围护系统推荐采用的形式如表 7.4-2 所示。

不同气候区电梯井道结构及外围护结构形式对比表　　　　表 7.4-2

主体及外围护结构						
区域	主体结构形式			外围护结构形式			
	钢结构	混凝土结构	砖混结构	玻璃	金属板	外装饰板（带保温）	砌体
严寒地区		▲	▲			▲	▲
寒冷地区	▲	▲		▲	▲	▲	
夏热冬冷地区	▲			▲	▲		
夏热冬暖地区	▲			▲	▲		

7.4.2　电梯井道结构与既有结构连接

电梯井道和既有建筑之间的连接，常见做法有两种：一种是加装电梯结构与原结构脱开，另一种是加装电梯结构与原结构相连[5]。

加装电梯井道与既有结构脱开方案的优点是新增电梯井道结构为独立结构，计算模型简单，传力路径清晰，对原结构不会产生任何影响，不需要对既有结构做抗震鉴定及加固；缺点是由于电梯井道高宽比大，整体刚度小、高度高。当既有住宅结构满足正常使用要求且外观质量良好时，电梯及连廊的部分竖向荷载可附着于主体结构，其他情况电梯结构可采用水平拉接措施与主体结构连接。

加装电梯与既有结构连接方案，应确保沉降均匀、传递水平地震剪力、电梯井结构的稳定。一般电梯井结构柱应与原结构每层梁或板连接，电梯井顶层结构梁或柱应与原结构顶层梁或柱连接，连接构件在施工期间能使电梯井结构自由沉降且能保证施工安全，待电梯井结构沉降稳定后，再连接牢靠，确保原结构与电梯井结构共同作用。植筋连接技术应符合《混凝土结构加固设计规范》GB 50367 的相关规定。主体结构上后置连接件的锚固，可采用特殊倒锥形胶粘型锚栓、有机械锁键效应的后扩底锚栓或钻孔植筋锚固普通螺栓，并应符合现行国家标准《混凝土结构加固设计规范》GB 50367 的相关要求。新增电梯钢立柱与主体结构上后置连接件之间的连接，宜采用普通螺栓。连接焊接应满足相应的连接强度要求，现场焊接的焊缝应进行现场防腐涂装。当邻近新增电梯侧的原结构构件需要为新增电梯井道提供侧向支撑时，且原结构构件侧向刚度或强度较弱时，应对原构件进行加固处理，且应确保侧向力能够在原结构中有效传递，需要对附近的原结构构件进行加固处理。

增设电梯结构形式选用钢结构且与既有结构沉降差异不超过 20mm 时，可采用下列方式与既有结构连接：

（1）当增设电梯结构与既有结构间相邻沉降差异较小时，可采用图 7.4-6 所示的连接方式。

（2）当增设电梯结构与既有结构间相邻沉降差异较大时，可采用图 7.4-7 所示的连接方式。

（3）当增设电梯结构与既有结构间相邻沉降差异较大，且跨度较大时，可采用图 7.4-8 所示的连接方式。

7.4.3 电梯井道基础

加装电梯的基础应当根据岩土工程勘察报告、荷载情况、现场条件等经计算确定。增设电梯的基础设计需要查明既有结构基础埋深及尺寸、场地土和沉降以及室外管线情况，尽量不影响既有结构，当既有结构基础条件较好时，可以利用既有结构基础。无论增设电梯结构与既有结构间是相连接还是脱开，都应该严格控制增设电梯的基础变形量。一般情况下，将新建电梯井道的混凝土桩穿过或避开旧建筑物的基础放大脚，与原有基础底板彻底分开。

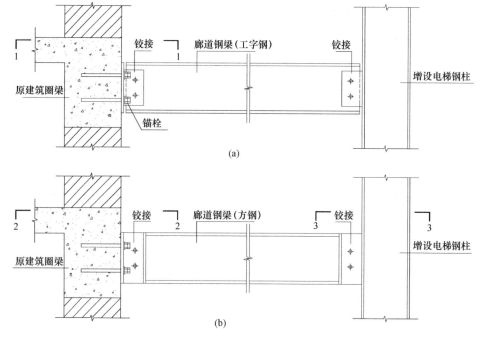

图 7.4-6　钢结构电梯与既有结构连接（一）

（a）连接大样一；（b）连接大样二

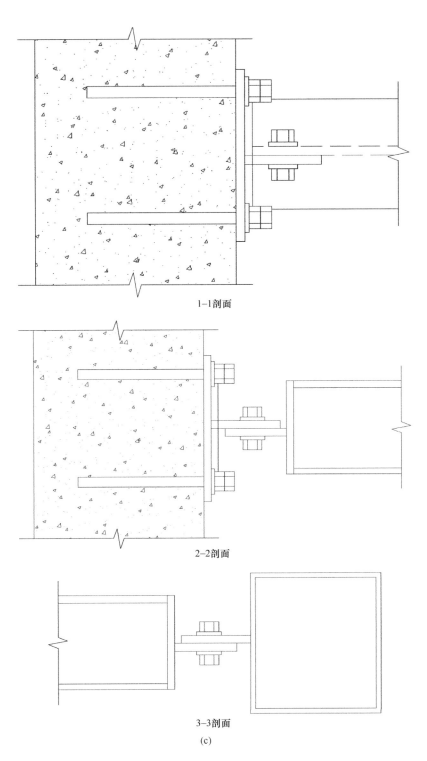

1-1剖面

2-2剖面

3-3剖面

(c)

图 7.4-6 钢结构电梯与既有结构连接（一）（续）

（c）剖面图

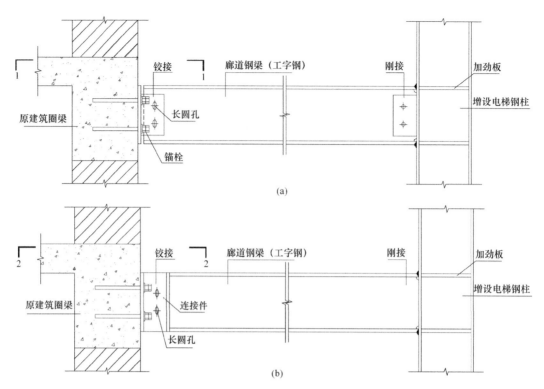

图 7.4-7　钢结构电梯与既有结构连接（二）

（a）连接大样一；（b）连接大样二

注：图中 1-1 剖面、2-2 剖面图见图 7.4-6。

　　增设电梯基础在满足地基承载力和变形要求情况下，宜采用平板式筏板基础。当地基承载力和变形不能满足要求时，可采用截面较小的树根桩、静压锚杆桩（钢筋混凝土桩、钢管桩）等加固地基；也可采用旋喷桩、压密注浆等方法加固地基。确定地基加固方案时，应分析施工条件可行性以及施工工艺和方法对既有建筑附加变形影响。

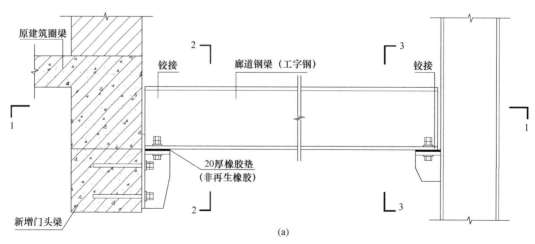

图 7.4-8　钢结构电梯与既有结构连接（三）

（a）连接大样

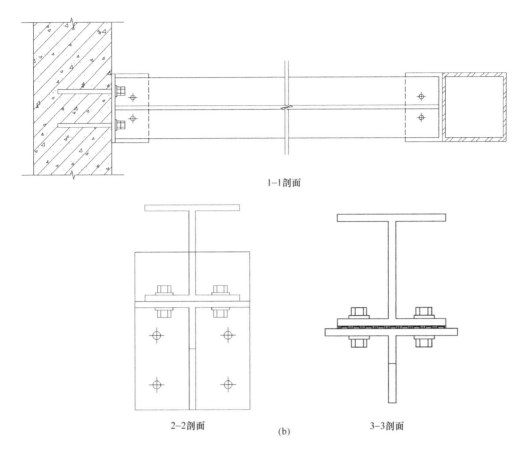

1–1剖面

2–2剖面　　　　　　(b)　　　　　　3–3剖面

图 7.4-8　钢结构电梯与既有结构连接（三）（续）

（b）剖面图

7.5　电梯选型

电梯选型是既有居住建筑加装电梯中的一项重要环节，目前用于既有住宅的加建电梯有普通电梯、模块化钢结构电梯和小型化电梯，其各有特点，应根据用户需求、既有建筑及周围环境等相关因素进行合理选用。

7.5.1　普通电梯

既有多层建筑电梯设备选型配置，应遵循安全、经济、适用原则，在满足国家相关标准的基础上，充分考虑既有多层建筑的结构、乘梯人群类型、人流量、电梯容量等因素。合理选用电动机减少运行噪声对住户的干扰。选型时考虑住户年龄普遍偏大，参照老年人居住建筑设计标准，宜选用低速、变频电梯以减少运行中的眩晕感。在对老旧小区进行电梯加装之前，应选择合适的电梯桥箱，确保电梯厅空间满足老年人以及轮椅使用者的需求。

指标要求：根据《老年人居住建筑设计标准》GB 50340 和《无障碍设计规范》GB

既有居住建筑宜居改造及功能提升技术指南

50763，轿厢净深 1.4m、净宽 1.1m 可以满足轮椅进出；轿厢净深 1.6m、净宽 1.5m 可满足担架进出。新增的电梯井和连廊的尺度以满足基本需要为准：电梯井占地尺寸不超过 2.5m×2.5m；交通连廊净宽不超过 1.2m（与电梯井直接等宽相连的连廊除外）；电梯井若需占用现有通道，应确保剩余的通道宽度（可通过改造方式实现）不小于 1.5m（仅供人行和非机动车通行），供机动车通行不小于 4m。电梯开关宽度控制在 900mm 以内。结合建筑物的实际情况，一般电梯开门宽度不应小于 700mm；另外考虑到我国老龄化程度不断加剧，为了保证老人方便出行并满足突发情况的发生，可以考虑轮椅和担架的通行，可通行轮椅电梯开门宽度不应小于 800m；可搭载担架的电梯开门宽度不应小于 900m，同时适当增加电梯轿厢的深度。

电梯的运行速度需要考虑老年人的身体和心理情况，据研究表明，电梯的运行速度大于 1m/s 时，患有心脏病和高血压的老年人口不会产生较为明显的不适感，同时也可以保证这种速度运行的电梯停止的速度不会太快。电梯门的开启速度应考虑老年人行动迟缓的特点，采用缓慢关闭程序或加装感应装置，留出更多的开启时间便于老年人进出电梯，避免电梯门突然关闭。为了减少对北侧建筑的日照影响，电梯井道尽量不突出原建筑屋顶，宜采用无机房或小机房电梯。

选用无机房电梯，主要部件安装在井道顶部，且采用封闭式控制柜、永磁同步曳引机、静音接触器等零部件，可以将电梯运行噪声控制在最低限度。针对增设电梯运行引起的振动和噪声，采取以下措施进行隔声和减振：电梯井道与原有建筑物之间设置变形缝；电梯井道与原有建筑物采用阻尼连接、滑动支座连接等结构弱连接；电梯导轨与电梯井道壁之间设置隔振垫片。

井道及轿厢尺寸须符合《电梯主参数及轿厢、井道、机房的型式与尺寸 第一部分：Ⅰ、Ⅱ、Ⅲ、Ⅳ类型电梯》GB/T 7025.1 中第 Ⅱ 类电梯的要求，并符合《电梯制造与安装安全规范》GB 7588 的规定。

7.5.2 模块化钢结构电梯

模块化电梯技术是将电梯钢结构井道和电梯零部件（如层门、主机、轨道等）作为整体构件以模块化形式设计、生产，安装现场采用既定的连接方式对整体构件的各模块进行拼装，并与既有居住建筑连接，不需要在现场加工钢结构井道的一种特殊型式的电梯。模块化钢结构电梯将电梯导轨支架、曳引机、外围护结构等与钢结构井道在工厂组装完成，钢结构框架工厂完成 90%、电梯安装量完成 80%，现场只需进行吊装安装调试作业即可（图 7.5-1）。

该技术的核心是采用模块式钢结构井道，钢结构井道从下至上由基座、底层框架、若干个中间层框架、顶层框架和顶盖等组成。各层框架均在工厂车间内加工而成，框架高度可设置对应 1~3 层楼高，以两层楼高为佳。采用钢结构井道与电梯一体化，原有的电梯现场安装工序大部分可以在工厂车间内完成，既容易保证电梯安装质量，又进一步节省现场安装的时间，还能够尽量减少施工扰民问题。在进行设计时，轿厢导轨和对重导轨合并在一个组合型支架上，作为轿厢和对重的接口，供电梯轿厢安装和对重安装，轿厢采用侧置对重的背包架结构，在保证轿厢面积符合规范要求的前提下，尽量减少钢结构井道占地面。通过轿厢及其轿厢架的平面布置的优化设计，使井道容积率区域最大化。

模块化钢结构电梯技术具有以下特点：电梯井采用分段模块式工厂预制，连接方便，现场搭建速度快；电梯基础预制装配式，施工工艺先进，施工快捷；电梯设备及轨道等与电梯井一体化工厂生产，提高安装精度和速度；具有多种电梯洞口与老旧房屋进口的连接平台方案，适应性强；能够实现工业化批量生产，加工质量稳定，且具有成本优势；节省现场安装时间，解决施工扰民问题，社会效益明显。

模块化电梯的设计使用年限不应低于既

图 7.5-1　模块化电梯吊装

有住宅主体结构的后续使用年限，且不得少于 25 年。模块化电梯钢结构的结构、构件和连接，应按现行国家标准《钢结构设计标准》GB 50017 有关规定进行设计计算。无论模块化电梯结构与既有住宅结构间是相连还是脱开，都应严格控制地基变形量，其基础计算沉降量应符合电梯的沉降和垂直度要求，且沉降量不宜大于 50mm，整体倾斜率不应大于 0.2%。

7.5.3　小型化电梯

普通电梯产品尺寸较大，电梯占用空间大，既有多层住宅加装时，可能占用道路致使消防通道不达标、占压地下管线移管线的成本增大等问题。电梯增设占用空间过大已成为影响增设电梯的主要矛盾之一。

为减小加装电梯占用的室外场地，尽量贴近原有建筑进行加建（图 7.5-2）。但由于部分既有住宅之间楼间距较小，加装普通尺寸电梯可以采用加装小型电梯的方法解决。小型电梯载重量可以做到 300kg、450kg，可以容纳 3～5 人，电梯门尺寸 750mm。在设计过程中，可以尽量压缩轿厢与井道尺寸，增大轿厢内尺寸以提高舒适性。同时，由于小型电梯占地面积小，可以最大程度减少和避免室外管线移改。

井道凸出墙面的尺寸尽量控制在 1.8m 以内，避免占用原有楼前道路，也能尽量躲避地下管线。井道围护不应太厚，井道内部尺寸则在保证电梯空间的情况下尽量小。电梯门机选用旁开门，有效减少井道尺寸。老旧小区一层入口高度普遍较低，在 2m 左右，门机也需降低高度，以应对老旧小区空间局促的特点。老旧住宅所加电梯的使用者主要是老年人，使用频率和使用人数也不多，可选用低速低载重量的电梯，减少曳引机尺寸，节省空间。同时，低载重量使得配重体积减小，低速则使配重不容易出现不稳和抖动，可以将配重尽量做薄，进一步减少平面尺寸。

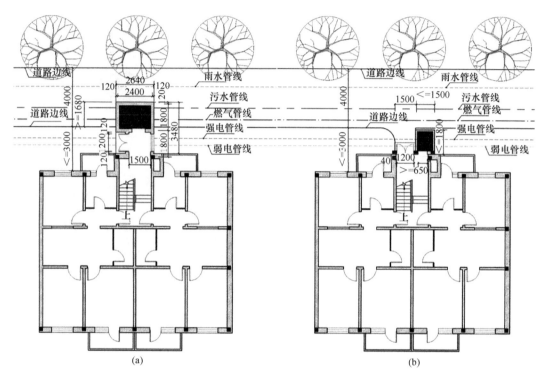

图 7.5-2　常规加梯与小型化电梯优化方案对比

（a）常规方案；（b）优化方案

7.6　加装电梯施工

既有住宅加装电梯工程虽然规模小，但涉及基础、井道结构、围护、电梯设备、各类管线及电气等诸多方面。加装电梯可能还需要对既有住宅进行局部改造，并在住户使用状态下进行施工。因此，应合理组织施工，并制定周密的施工安全措施、保证施工和住户人身财产安全。

7.6.1　基础施工

电梯基础有两种方式：预制基础与现浇基础。场地宽阔道路通畅时优先采用预制基础，可大幅度缩短工期，现阶段可做到单部电梯基础吊装（图 7.6-2）在 2h 内完成。场地、道路等受限，可采用传统方法现场开挖、现浇混凝土的方式。

预制基础施工工艺流程：管线移改（图 7.6-1）→机械开挖→人工清理基坑底→钎探→地勘验槽→浇筑垫层→砂浆粘结层→吊装预制基础→回填夯实（图 7.6-3）。

加装电梯施工前，对施工影响地下管线的情况进行排查，必要时委托第三方单位对施工场地的地下管线探测，加装电梯施工涉及消防管道、水、电、燃气、通信、有线电视等及进行化粪池、

图 7.6-1　管线移改

排污管道等公共管线迁移时，应向相关部门提出申请并办理相关手续，施工过程中加强对已探明的地下管线的保护。

图 7.6-2　预制基础吊装

图 7.6-3　基础回填

预制基础进场前，应提前张贴通知，告知居民挪移车辆，避免造成不必要损失。预制基础吊装前，在吊装作业范围拉好警戒线。基础完成后依照设计要求分层回填，分层碾压夯实。地基基础施工验收应符合现行国家标准《建筑地基基础工程施工质量验收标准》GB 50202 等的要求。

7.6.2　井道结构施工

相对混凝土电梯井道，钢结构电梯井道能够缩短工期，降低部分施工成本。装配式钢结构电梯井道全部在工厂预制生产，根据安装的位置不同，井道分为与基础相连的底坑节、与各个楼层高度匹配的标准节和机房节等部件，楼层高度差部分则单独生产一个非标尺寸节。

钢结构在工厂加工后运至施工现场，钢结构进场前，提前张贴通知，告知居民挪移车辆避免造成不必要损失。预制基础及钢结构吊装前，在吊装作业范围拉好警戒线。钢结构

图 7.6-4　现场焊接

可整体吊装，也可分段吊装。

现场安装时，钢结构主体与基础预留出的钢柱腿焊接（图 7.6-4），焊接时严格遵守作业时间，避免影响居民休息；尽量不在夜间焊接，避免产生光污染。高空焊接设置接火盆和防火毯，下方设置至少一名观火员，防止焊渣意外掉落烫伤居民及引起火灾，施工现场配备足量灭火器和消防水桶等消防设备。

钢结构施工涉及焊接和螺栓连接时，应按规范要求进行高强度螺栓连接副摩擦面抗滑移系数检测、扭矩系数或紧固轴力检测和焊缝的超声波无损探伤检测，钢结构防火和防腐涂料施工质量应符合现行国家标准《钢结构工程施工质量验收标准》GB 50205 等要求。

7.6.3　围护系统施工

井道结构施工验收合格后，进行围护系统施工。

1. 玻璃幕墙

玻璃到达施工现场后，对玻璃的表面质量、公称尺寸进行全检，同时使用玻璃边缘应力仪对玻璃的钢化情况进行全检。玻璃安装顺序先上后下，逐层安装调整。

玻璃垂直运输：采用简易龙门吊，使用重型真空吸盘垂直提升到安装平台上进行定位、安装，在调整过程中减少尺寸积累误差。

在玻璃安装调整后，打胶，使玻璃的缝隙密封，打胶的顺序是先上后下，先竖向后横向。打胶过程中注意：先清洗玻璃，特别是玻璃边部与胶连接处的污迹要清洗擦干；贴胶带纸后要 24h 之内打胶并及时清理；打好的胶不实，在刮胶过程中必须保证横向与纵向胶缝的接口处平滑，如有凸起必须在胶表面硫化前修整好，保证在胶缝处排水通顺，在隔日打胶时，胶缝连接处先清理已打好的胶头，切除圆弧头部以保证两次打胶的连接紧密；在自检中若发现有局部缺胶（气泡、空心等），必须将该部分全部切除清理后再进行补胶。

为防止由于共振、微动、受荷变形等因素对幕墙驳接系统产生影响出现的连接松动，应在幕墙安装结束一段时间内再进行检查、调整。

2. 铝塑板幕墙

铝板幕墙施工关键在于板块加工的表面平整度。加工后的面板，要求表面色彩均匀、无杂质，折边无裂痕。

板块安装由上向下进行，安装时要进行水平、垂直度检测并及时调整，保证板块整体的平整度。

板块安装完毕应进行全面检查调整。铝板之间缝隙用耐候胶嵌缝密封，防止雨水渗漏。打胶时应先塞好泡沫棒后再将耐候胶注入板缝；打胶后及时清洗，保证胶缝平整和光滑；撕掉保护胶带纸，随即擦净污染物；密封胶在未完全硬化前应成品保护，避免沾染灰尘和划伤。

3. 传统围护系统

待钢结构框架安装完成后，搭设安全防护脚手架，进行传统围护系统施工，工序（图7.6-5）包括：砌筑连廊墙体、挂抗裂网、安装连廊窗户、内墙刮腻子、外墙弹涂、焊接玻璃幕墙爪件、安装玻璃幕墙、贴胶带纸、打玻璃胶等。

| 搭设安全防护脚手架 | 砌筑连廊墙体 | 挂抗裂网 | 安装连廊窗户 | 内墙刮腻子 |
| 外墙弹涂 | 焊接玻璃幕墙爪件 | 安装玻璃幕墙 | 贴美纹纸 | 打玻璃胶 |

图 7.6-5　传统围护系统施工

7.6.4　电梯安装

电梯设备应由专业人员安装，主要工艺流程为：施工准备→井道放线→导轨支架、导轨安装→门系统安装→曳引系统安装→对重安装→轿厢安装→安全部件安装→电气装置安装→整机调试运行→交工验收。

电梯安装可采用无脚手架施工技术，与传统改造施工技术差别即在于电梯井道内自始至终不搭设满堂施工脚手架，借用电梯轿厢架及其他相应的附属设施，作为安装施工作业的升降活动平台，进行电梯改造安装施工作业；同时，配备安全锁、防坠器等防止平台坠落的安全装置，确保平台施工的安全性；配套设备有双向导轨吊机，用以辅助进行导轨安装作业。

电梯安装（图 7.6-6～图 7.6-9）应按现行国家标准《电梯安装验收规范》GB/T 10060、《电梯工程施工质量验收规范》GB 50310、《安装于现有建筑物中的新电梯制造与安装安全规范》GB 28621 和厂家技术文件等相关要求进行。

图 7.6-6 顶层控制柜

图 7.6-7 轿厢轨道

图 7.6-8 曳引机安装

图 7.6-9 电梯现场安装

电气系统的接线必须严格按照厂家提供的电气原理图和接线图进行安装，连接牢固，编号齐全准确，不得随意变更线路标号，如根据现场实际必须变更时，应及时会同生产厂家协调处理。电梯电气设备的外露金属部分均应可靠接地。

7.7 电梯运维

既有建筑加装电梯后，应制定并落实保养、维护、维修和年检等日常使用的相关事项和费用分摊方案。电梯移交后，每年的运行费包括电费、维护保养费等，由住户在协商分摊办法后承担。针对电梯的运维，电梯 IC 卡管理系统可以更好的解决运维费用分摊的问题，物联网＋按需维保技术则能更加妥善的处理电梯投入运行后在使用、维护保养以及检查维修等方面的问题。

7.7.1 电梯 IC 卡管理系统

加装电梯采用电梯 IC 卡管理系统（图 7.7-1）可完成电梯自动选择楼层、收费等功能。

1. 主要功能

① 普通用户卡（单层卡），刷卡后直接乘用，无需按电梯按钮。

② VIP 卡（多层卡），可任意选择楼层，在设定时间内（如 3s，时间可任意设置）可选一个到达层。

③ 灵活的黑名单功能，可以通过设置卡管理黑名单，提高整个系统的安全性。

④ 消防功能：在消防状态，电梯可实现消防联动。

⑤ 限次功能：每使用一次会自动减次。卡中次数减少到 0 时将无法使用。当卡中次数小于 10 次时，发出报警。使用管理软件可以反复填充次数。

⑥ 限时功能：在规定的时间内刷卡使用电梯。

⑦ 收费功能：可根据乘梯次数或者时间设置收费标准。

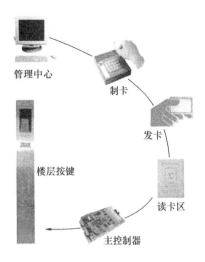

图 7.7-1　电梯 IC 卡管理系统

2. 主要特点

1）节能、经济

由于有效地限制了无权限乘梯人员的乘梯行为，降低了电梯使用频率，最大限度地节省电费开支，有效延长电梯易损件的更换周期，节省电梯的维护费用。

2）安全

有效控制了外来人员的随意出入，可有效避免楼内丢失财物，降低发案率，保证业主的人身财产安全。

3）方便管理

由于只给有权力乘坐电梯的人员发放 IC 卡，从而使随便可以乘坐的公共电梯转变为独享的私家电梯，物业公司可以根据具体情况按层、按次收费，也可以分层分次、按时按段收费，做到人手一卡，先交费后使用，便于管理。

7.7.2　电梯维保新模式

虽然电梯设备各异且使用情况不同，但按传统维保方式电梯维保周期的规定却是一样的。实际上，由于电梯的自身状态和使用情况不同，许多电梯处于欠缺维保的情况，而部分电梯处于过度保养的状态。由于电梯品牌、电梯使用年限、电梯安全状态、电梯使用情况、相同时间电梯运行程度等方面各不相同，如果按照统一时间标准进行电梯维保工作，显然是不合理、不科学的。电梯维保工作既关乎电梯安全，也关乎运维成本、关乎维保企业的工作效益。实施电梯按需维保，既是电梯运维服务科学化的客观需要，也是电梯维保服务行业进步和发展的必然。

电梯按需维保可以根据每个电梯的实际情况，确定是否应该维保，可以避免电梯维保的过度和过欠情况，保证电梯维保工作的科学性，提高电梯维保的效率。电梯按需维保的实施需要由系统和技术进行保障。电梯维保时间，实际上与电梯的梯龄、电梯的安全状态以及电梯运行实际数据相关，专业的数据分析，不同的电梯，按需维保时间应该有所差异。在电梯维保过程中，物联网技术和智能设备能够自动获得相应的工作数据信息，不仅能较好的保障电梯维保工作质量，还可以对维保企业的现场工作管理提供可靠的帮助。

实施电梯按需维保，依赖于电梯物联、数据分析、互联网等技术应用。当前，物联网技术的应用越来越多，电梯作为公共交通工具，也成为物联网技术应用的目标和对象。电梯物联网主要在以下几个方面发挥作用：①电梯运行实时监督。通过实时监测电梯运行情况，记录运行数据，按时或按需对相关人员发送电梯各项数据信息。②电梯安全管理。实时监测电梯运行情况，判断电梯出现的异常和问题，通过各项数据综合分析，对电梯安全性进行准确评价。③电梯维保需求分析。通过对电梯状态、运行数据、问题信息、前次维保时效等相关数据和信息进行综合分析，判断下次电梯维保需求及维保预期时间。④维保工作监督。通过物联网智能监测的方式，获得电梯维保工作的准确数据和信息，通过关联数据的分析，对维保工作过程及工作规范性进行有效监督。

7.8 应用案例

7.8.1 大连某干休所加装电梯工程

1. 项目概况[2]

2009 年后，相继出台军队干休所电梯加装政策，主要内容为，投入专项建设经费，干休所住房 3 层（含）以上可以加装电梯，加装电梯方案要求平层入户，无障碍通行，每套住房新建面积不超过 16m²。

大连某干休所内有 10 栋共 11 单元的多层住宅楼。住户多是离休干部及家属，离休干部平均年龄 80 多岁，加装电梯愿望十分迫切。最终实施加装电梯的 5～10 号楼 6 栋住宅楼的基本情况见表 7.8-1。

加装电梯 5～10 号住宅楼基本情况 表 7.8-1

楼号	建设年代	建筑层数	结构形式	建筑高度（m）	建筑面积（m²）
5 号	1982	3	砖混	8.55	105.78
6 号	1998	5	砖混	14.15	195.02
7 号	1998	6	砖混	16.95	476.52
8 号	1998	3	砖混	8.55	133.5
9 号	1998	3	砖混	8.55	87.3
10 号	1998	5	砖混	14.15	195.02

加装电梯的同时，把室外水电暖、环境绿化等基础设施和部分屋面"平改坡"工程一并进行了综合整治改造。

2. 设计

新建建筑面积 1193.14m²，加装无机房电梯 7 部。建筑工程等级三级，建筑分类三类，设计使用年限 50 年，屋面防水等级Ⅲ级，耐火等级二级，抗震设防烈度 7 度。

场地地形较平坦，中风化石英岩分布连续，厚度大，承载力高，是良好的持力层，建筑条件好。场地地质情况见表 7.8-2。

加装电梯 5～10 号住宅楼地质情况 表 7.8-2

土质类别	素填土	淤泥质粉土	砂砾石	粉质黏土混碎石	中风化石英岩
厚度（m）	0.8～5.9	0.4～8.0	2.6～2.7	0.4～8.0	—
地基承载力（kPa）	不宜做天然地基	120	160	180	1200

为最大程度减少新建部分工程沉降量，受现场施工场地面限制，同时为减少机械施工噪声干扰和对原管线的损坏破坏，采用人工挖孔桩基础施工方案，平均挖孔深度 8～11m。

根据小区住宅间距、采光、通风，以及道路情况，将原北阳台拆除，采用扩建阳台并外置电梯。经日照分析，加装电梯后，对相邻建筑日照情况无较大变化，满足规范要求。7 号楼东侧单元西侧客厅房间的采光受到一定影响，该电梯井道采用钢结构玻璃幕墙方案。其余加建部分均采用砖混结构，混凝土构造柱，现浇楼板。比较有代表性的 7 号楼一层平面设计见图 7.8-1。

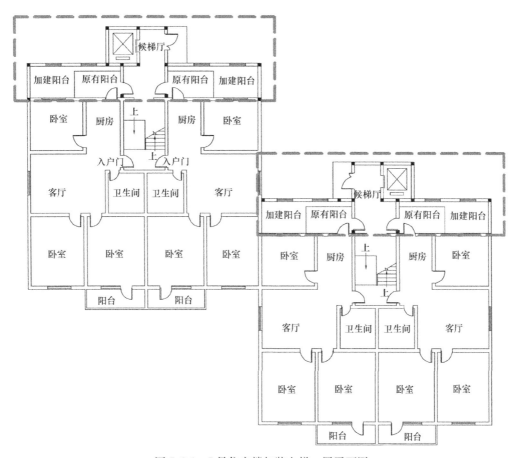

图 7.8-1 7 号住宅楼加装电梯一层平面图

考虑住户年龄普遍偏大，参照现行行业标准《老年人照料设施建筑设计标准》JGJ
450，选用了低速、变频电梯以减少运行中的眩晕感。轿厢尺寸应能满足搬运担架和轮椅
通过的最小尺寸。增设大型显示屏和报层音响装置等无障碍设施。电梯选用情况见
表 7.8-3。

5～10 号住宅楼电梯选用情况 表 7.8-3

楼号	数量	额定载重量（kg）	额定速度（m/s）
5 号	1	600	1.6
6、10 号	2	800	1.6
7 号	2	800	1.6
8 号	1	600	1.6
9 号	1	600	1.6

7.8.2 北京某小区加装电梯工程

1. 项目概况

北京市某小区 22 号楼（图 7.8-2），地上六层，砖混结构，建筑为一字型，共有 5 个
单元，建筑层高 2.7m。建成年代为 20 世纪 80 年代。建筑外墙进行节能改造，采用外保
温涂料墙面，屋顶为现浇钢筋混凝土平屋面。

图 7.8-2　北京市某小区 22 号楼现状

2. 增设电梯方案

为减小加梯对相邻路面的影响，在原有楼梯间位置设置候梯厅，并将电梯设置于候梯厅
的东侧，原有楼梯间疏散门移至候梯厅北侧。电梯停靠 1F/2.5F/3.5F/4.5F/5.5F 共 5 站，
利用楼梯转角平台作为候梯平台，2～6 层住户上下半层入户。外围护结构采用与原有建筑
外立面颜色相近的外装饰保温一体板。井道结构形式采用钢框架结构，平面布置见图 7.8-3。

3. 施工

扣除管线迁移及基础施工时间，钢结构井道施工、电梯安装调试、外围护结构施工
（图 7.8-4）总共 15～20 天，而普通钢结构施工则需要 75～80 天左右，一体化钢结构电梯
总工期可节约 60 天左右。

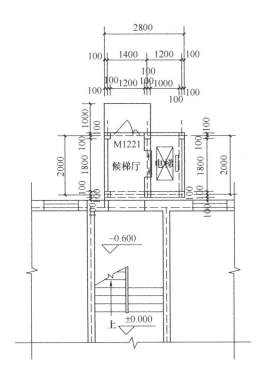

图 7.8-3　电梯平面布置方案

(a)

(b)

(c)

图 7.8-4　加装电梯施工过程

（a）梯井基础施工；（b）电梯安装调试；（c）围护系统防撞墙贴砖

本章参考文献

［1］ 曹嘉明，梁士毅. 多层住宅安装电梯浅析[J]. 建筑学报，2003，(9)：22-23.

［2］ 何爱勇. 既有住宅加装电梯工程实例分析[J]. 中国住宅设施，2015(7)：28-33.

［3］ 岳晓. 西安市单位型住区多层住宅公共空间适老化改造设计研究[D]. 西安建筑科技大学，2015.

［4］ 周万清，陈尧，门梦飞. 既有建筑加装电梯对结构部分构件的影响[J]. 三峡大学学报，2017，(12)：64-67.

［5］ 邓康年，李承铭，杨钦. 既有多层住宅加装电梯中的结构问题研究[J]. 2013年既有建筑功能提升工程技术交流会论文集，2013，43(491)：46-48.

第8章 增建停车设施

8.1 概述

近年来，我国机动车保有量快速增长，根据公安部交通管理局统计，2020年全国机动车保有量达3.72亿辆，其中汽车2.81亿辆，保有量超过100万辆的城市70个。城市老旧住区由于建设时规划标准低、规划车位配比不合理、停车管理手段落后等原因，老旧住区停车位严重不足，停车配套设施落后，占道停车现象严重，不仅影响居民出行安全，停车引起的社会矛盾也愈加突出。

停车是交通出行的必要环节，停车设施是城市基础设施的主要组成部分。对既有住区进行停车设施改造，增设停车空间和停车设施，对解决城市老旧小区停车难题，提升老旧小区居民生活质量，促进城市健康可持续发展具有重要意义。

既有住区增设停车设施涉及规划、道路、地下管线、景观等多个领域，老旧住区增设停车设施前应调研分析停车现状，评估增设停车设施的可行性，结合老旧住区具体情况，从增设地面平层停车、立体机械停车、地下平层停车设施，优化交通流线，加强停车管理等方面选择合适的综合解决办法。

8.2 增设停车设施可行性评估

8.2.1 影响增设停车设施的因素

老旧小区增设停车设施需根据既有住区场地、交通、景观等基本条件评估增设停车设施的可行性。

1. 建设用地

老旧小区增设地面停车设施首先要考虑是否有建设场地，并根据场地实际情况确定合适的增设停车方式。

2. 道路交通

住区内的道路不仅关系到居民的出行安全和出行方便程度，还会影响小区室外环境整体质量和舒适度，特别对于路侧停车，应评估增设车位后对小区道路交通出行的影响。

3. 绿化景观

增设停车设施客观上占用土地资源，一定程度上占用了小区内现有的活动场地和景观绿化，可能会对小区的景观环境造成一定的影响[1]。

4. 地下管线

燃气、电力、供热、给水排水等市政管网错综复杂，管线挪移工作量大、费用高、周期长。因此，地下停车改造前需对现有地下管线进行评估。

8.2.2　增设地面停车设施评估

1. 规划与建筑

1）用地红线

用地红线是各类建筑工程项目用地的使用权属范围的边界线，进行增设地面停车时不应超出用地红线。

评估方法：查阅既有建筑图纸、现场测量用地红线，同时考虑地面停车改造的位置、占地面积以及建筑退让红线的距离，检查现场是否能满足要求。

评估建议：用地红线之内为建设许可的用地范围，进行停车设施改造不应超出法定用地范围。若能满足要求则可以进行停车改造，若不能满足要求则不能实施。

2）日照采光

增设立体机械停车设施时，有可能会对低层住户日照时间造成影响，见图 8.2-1。改造后日照时间应符合《城市居住区规划设计标准》GB 50180－2018 对住宅建筑的日照标准规定（表 8.2-1）。

评估方法：查阅既有建筑图纸、现场测量立体机械停车设施与其相邻建筑的楼间距，根据建筑物所处的位置，采用日照分析软件计算日照时数，并与表 8.2-1 的要求对比。

评估建议：为增加停车位数量，在不影响北侧建筑采光的前提下加建立体机械停车设备。满足当地对居住建筑的日照需求方可增设立体停车设施。

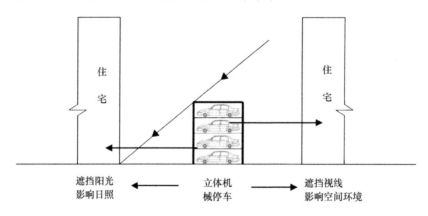

图 8.2-1　停车设施对住宅日照的影响

住宅建筑日照标准　　　　　　　　　　　　　　　表 8.2-1

建筑气候区划	Ⅰ、Ⅱ、Ⅲ、Ⅶ气候区		Ⅳ气候区		Ⅴ、Ⅵ气候区
	大城市	中小城市	大城市	中小城市	
日照标准	大寒日				冬至日
日照时数（h）	≥2		≥3		≥1
有效日照时间带（h）	8~16				9~15
计算起点	底层窗台面				

3）噪声

既有住区增设立体机械停车库，停车设备工作时可能会产生噪声，对居民生活休息造成影响，因此应对停车设备运行时的噪声情况进行评估。

评估方法：停车设备运行时，对停车库周围环境产生的噪声不应大于现行国家标准《声环境质量标准》GB 3096 和《社会生活环境噪声排放标准》GB 22337 的规定值。噪声测点应在立体停车库库房外 1m、高度 1.2m 以上、距任一反射面距离不应小于 1m 的距离。

评估建议：应根据需要，在停车库周围增加围护结构或在靠近住宅楼一侧增加隔声屏障等措施。

2. 道路交通

既有居住建筑进行停车改造不应降低消防车、步行及其他交通方式的原有通行条件，确保步行和自行车路权，制定住宅区内道路拓宽和断面调整方案，适当增设停车位。现行国家标准《建筑防火设计规范》GB 50016 规定，消防车道的净宽度和净空高度均不应小于 4.0m，转弯半径应满足消防车转弯的要求。现行国家标准《民用建筑设计统一标准》GB 50352 规定，人行道路宽度不应小于 1.5m，单车道路宽度不应小于 4m，住宅区内双车道路宽度不应小于 6m。

评估方法：查阅既有建筑图纸、现场踏勘测量，考虑进行停车改造的位置并估算占地面积，核查是否会对场地道路、居民活动等产生影响。规划路面停车位后，分析是否能够保障动态交通有序、安全、顺畅，用于通行的道路宽度必须满足消防通道 4m 的最小宽度要求。

评估建议：若停车改造场地或设备不占用现场道路、绿地及公共空间，则不受影响；若停车改造需要占用消防通道，需要保证改造后消防车道净宽不小于 4m，且能满足消防车最小转弯半径要求，方可进行停车改造。

3. 景观环境

既有居住建筑进行停车改造应综合考虑周边环境，合理规划，减少停车改造对周边场地、空间、绿化的影响。现行国家标准《城市居住区规划设计标准》GB 50180 规定，绿化率不宜低于 25%。

评估方法：查阅既有建筑图纸、现场踏勘测量，考虑停车改造的位置和占地面积，以及对现有的绿化影响。

评估建议：若不占用现有绿地，则不受影响；若占用现有绿地，初步估算需占用绿地的面积，并通过垂直绿化、异地增加绿地面积等方式对占用的绿地进行弥补。

8.2.3 增设地下停车设施评估

1. 地质条件

地质条件对既有住区停车改造的难易程度与可开发深度有较大影响[2]，其影响条件评价包括地下工程地质构造的区域环境稳定性和地下岩土局部环境的工程性能两个方面。

评估方法：根据拟建场地的岩土工程勘察报告，评估工程地质和水文地质条件，评估结果分为四种：（1）良好并适宜于建设；（2）适宜于建设但须进行局部处理；（3）可进行地下空间开发但须进行复杂处理；（4）工程建设条件较差区域。

2. 地下管线

进行地下停车改造时应合理避让地下管线。当不能避让时，应按相关规范规定采取措施确保设备管线的正常使用和后期修缮。

评估方法：查阅既有建筑图纸、室外管线图纸，现场踏勘、测量现有管线位置，根据停车改造的位置和占地面积，评估地下管线的影响。

8.2.4 评估结果应用

当小区空间较为充裕时，增设的停车位不超出用地红线，且不占消防通道，对小区道路交通不产生影响，优先选用地上平层停车的方式增设停车位。

当小区地面有一定空间，但空间较小无法解决大量停车需求，拟改造区域不对建筑产生采光和噪声影响，不占消防通道，对小区道路不产生影响的情况下，可采用增设立体停车的方式增设停车位。

当小区地面没有可用停车改造空间，有较大的活动或绿化场地，且地质条件良好，可考虑建设地下停车库，建成后再恢复地面活动和绿化场地。

8.3 地上平层停车

增设地上平面停车位简单易行，改造成本与维护费用都较低。地上平层停车改造一般分为路面停车和宅间绿地停车两种方式。

8.3.1 路面停车

路内停车是以占用小区内或小区周边市政道路的路面增加停车泊位的停车方式，一般设在组团路或支路旁，宜采用嵌入式布局。路面停车在不影响居住小区道路正常通行的前提下，是一种有效增加停车位的办法，可以解决临时停车位不足的问题。居住小区出入口两侧 10m 以内的路段禁止设置路内停车泊位。

1. 路面停车改造

1）适度拓展道路，增加路边停车空间

统筹考虑城市交通，在确保步行、自行车、公交设施空间的基础上，合理布设路侧路内停车位和出入口。路内停车位的设置不得影响步行和自行车通行，不得侵占消防通道。根据路面宽度和停车位需求进行道路空间优化，提升路面停车数量，可考虑适当减少路面宽度，增加路边停车空间。针对不同的现状道路宽度、拓宽条件及交通组织方式，制定不同的道路宽度标准，见图 8.3-1。

（1）确定路面停车位合理尺寸。

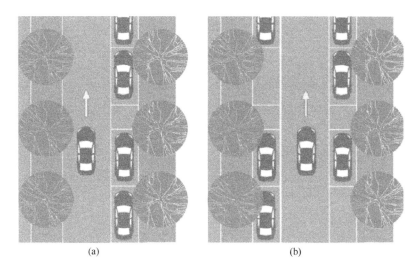

(a)　　　　　　　　　　　　　(b)

图 8.3-1　道路拓宽停车改造示意图

(a) 改造前；(b) 改造后

小汽车的宽度主要以 1.7～1.9m 为主，长度大都在 5m 以内。因此，路面停车位宽度可以控制在不小于 2m，标准泊位长度按照 5.5m 设置，部分区域可以结合树池、草坪等绿化要素，因地制宜地设置长度 4.0～5.5m 不等的非标准车位。

（2）确定道路通行的最小宽度。

有双向通行要求的道路行车宽度应控制在 6m 以上，以满足双向 2 车道的最低宽度要求；有消防通道要求的单向道路宽度不应小于 4m，以满足消防规范强制性要求；无消防通道要求的单向道路宽度不应小于 3m。道路拓宽改造的标准通常有以下类型，见图 8.3-2：

双向通行、双向停车：宽度不小于 10m。通常 8～9m 的道路可以拓宽改造至 10m，实现双侧停车并保障双向通行畅通。

单向通行、双侧停车：宽度不小于 8m。通常 7m 左右的道路可以拓宽改造至 8m 并实施单向通行，实现双侧停车。但根据小区整体交通设计，需要双向通行的道路只能单侧停车。

单向通行、单侧停车：宽度不小于 6m。通常 4～5m 的道路可以拓宽改造至 6m，实现单侧停车且保障消防车道的畅通。

2）降低两侧路牙石高度，双侧停车

道路两侧被车辆占用时，剩余的车辆通行宽度就会变窄，将道路两侧的路牙石降低，汽车一部分可以停放在硬质铺地上，增大道路通行宽度，见图 8.3-3。

3）增设路面夜间临时停车泊位

住宅小区夜间停车位需求大，而夜间交通流量相对较小，可在道路两侧设置夜间临时停车泊位。居住小区的主要道路规划宽度一般为 7.5～8m。在路面上划出宽度约为 2～2.5m 的区域作为占用路面的停车场地，在交通流量不大的时候，作为临时停车场；居住

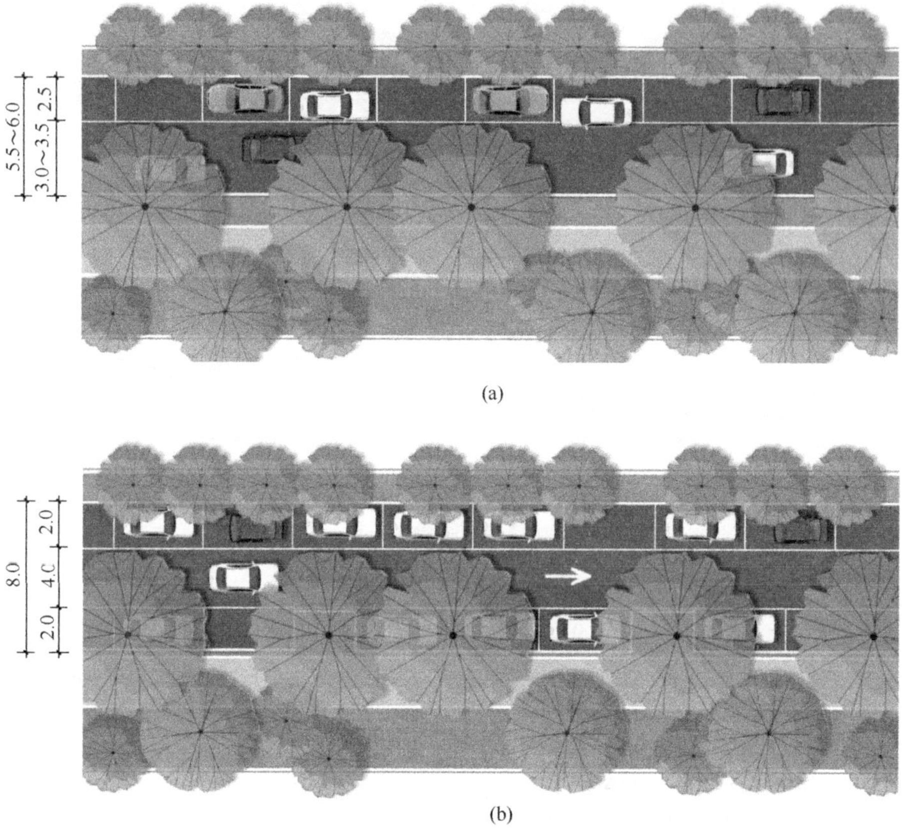

图 8.3-2　改造前后道路标准段平面图（单位：m）

（a）改造前；（b）改造后

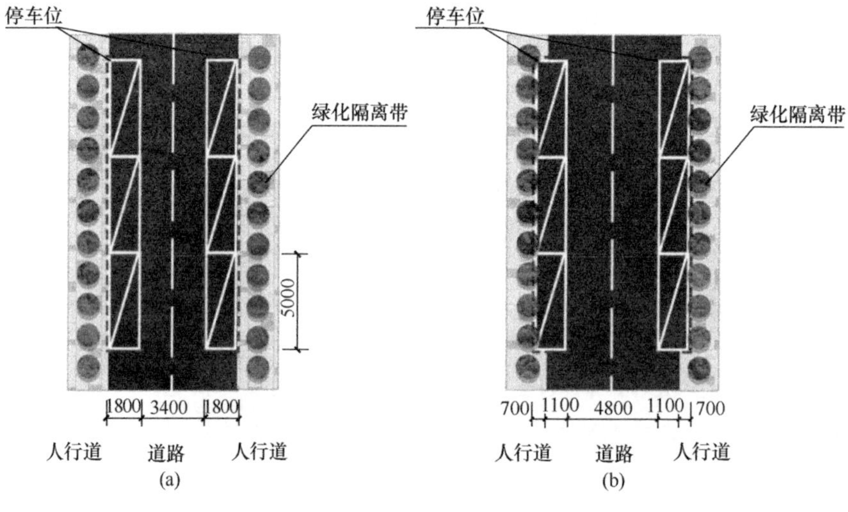

图 8.3-3　降低道路两侧路牙石方式增设路侧停车示意图

（a）改造前；（b）改造后

小区晚上高峰停车时段的路面布局可以转变成道路上单侧停车（2～2.5m 停车道＋5.5m 行车道），如图 8.3-4 所示。居住小区级次要道路规划宽度一般为 5～6m，在路面上划出宽度约为 2～2.5m 的区域作为占用路面的停车场地，在夜间交通流量不大的时段作为居民临时停车场，如图 8.3-5 所示。

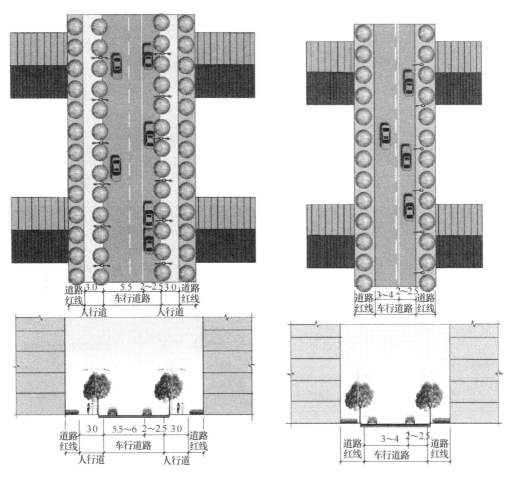

图 8.3-4　居住小区级主要道路内停车改造示意图　图 8.3-5　居住小区级次要道路内停车改造示意图

4）其他方式挖潜增设停车位

居住小区、各居住组团与配套学校等在时间和空间上可共享停车资源。

2. 路面停车位设计

1）总体要求

住宅小区设置路内停车位，应考虑安全因素，消防通道宽度不少于 4m。禁止停车区域宜施划道路网状线，居民楼底层窗前不宜设置停车泊位。在条件允许情况下，住宅小区周边道路上可设置夜间限时段停车泊位，停车泊位标线应采用限时停车泊位标线，并标注允许停车时间。

设置路内停车泊位时，应按照机动车道、停车带、机非隔离带、非机动车道的顺序布置（图8.3-6），在外侧机动车道布置停车位，在保证车辆顺畅通行的同时，还可以减少对行人和自行车的干扰。

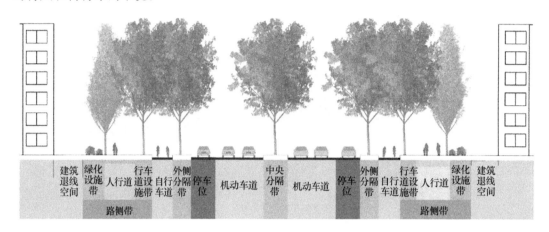

图 8.3-6　路内停车泊位的设计示意图

2）停车方式选择

路边停车根据停车方向与道路的关系，可分为平行式、垂直式和斜列式三种（表8.3-1）。平行式是泊位与道路呈平行排列，垂直式是泊位与道路垂直排列，斜列式是泊位与道路呈一定角度排列，常见的斜列式角度有22.5°、30°、45°和60°几种。不同布置方式占用道路宽度不同，道路的泊位容量不同，结合实际道路情况以及居住区路边停车需求进行合理设计，见图8.3-7。

路内停车泊位布置方式对比　　　　　　　　　　　　　　表8.3-1

方式	平行式	斜列式	垂直式
优点	占用道路宽度小，对相邻车道影响小	车辆停驶耗时短；等长度道路，泊位容量大	等长度道路，泊位容量大；车辆停驶耗时长
缺点	车辆停驶耗时较长；等长度道路，泊位容量少	占用道路宽度较宽；对相邻车道影响较小	占用道路宽度最宽，对相邻车道的影响最大

3）停车泊位平面设计

（1）停车泊位平面空间由车辆本身的尺寸加四周必要的安全间距组成。不同的停车泊位布置方式最小停车尺寸不同（图8.3-8）。

（2）路内平行式和斜列的停车尺寸要求见图8.3-9。

（3）采用平行式时，停车泊位与机动车道间宜留出0.5～1m的开门空间。采用斜列式时，宜标明停车后车头方向朝向行车道，以减小停放车辆与行驶车辆碰撞的概率，如图8.3-10。

（4）多个停车泊位相连组合时，每组长度宜在60m，每组之间应留有不小于4m的间

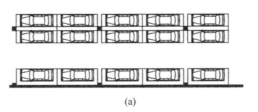

(a)

60°斜列式	45°斜列式	30°斜列式
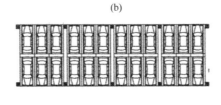		
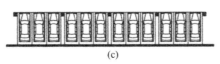		

(b)

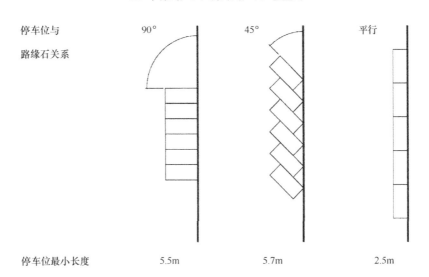

(c)

图 8.3-7 路内停车泊位不同布置方式示意图

（a）平行式；（b）斜列式；（c）垂直式

停车位与路缘石关系	90°	45°	平行
停车位最小长度	5.5m	5.7m	2.5m

图 8.3-8 三种停车方式及最小尺寸要求

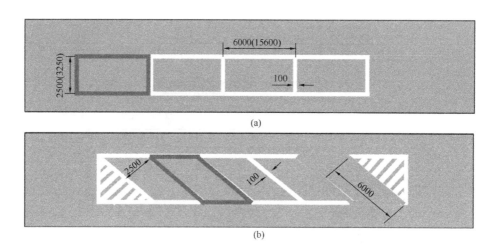

（a）

（b）

图 8.3-9　停车泊位排列方式和尺寸示意图

（a）平行式；（b）斜列式

图 8.3-10　斜列式停车实例（停车后车头方向朝向行车道）

隔。停车泊位组合见图 8.3-11。

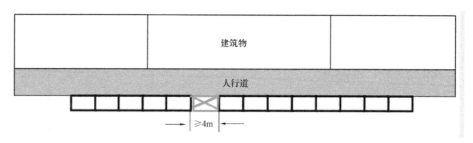

图 8.3-11　停车泊位组合

（5）设置路侧停车泊位时，应按照车行道、停车带、机非隔离带、自行车道的顺序依次布置，禁止占用步行道、减少占用自行车道停放机动车。

（6）路内停车泊位不得侵占行人过街空间或影响行人过街视线，宜在过街两侧 4m 内施划禁止停车标线，或在过街横道处进行路缘石延展设计，见图 8.3-12。

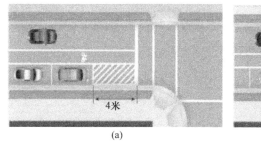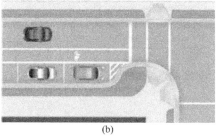

图 8.3-12　过街横道处路内停车泊位设计

（a）过街横道两侧施划禁止停车标线；（b）过街横道处进行路缘石延展设计

3. 标志和标线

1）入口标志

入口应设置停车场入口标志、规则牌、限制速度标志、禁止驶出标志和禁止烟火标志。车行道应设置车行出口引导标志、停车位引导标志、注意行人标志、车行道边缘线和导向箭头。停车区域应设置停车位编号、停车位标线和减速慢行标志。人行通道应设置人行道标志和标线。出口应设置出口指示标志和禁止驶入标志。

2）地面标志

在地面上应用醒目线条标明行驶方向、用 10～15cm 宽线条标明停车位。应将标志设在明亮的地方，保证人们能正常地辨认标志。如在应设置标志的位置附近无法找到明亮地点，则应考虑增加辅助光源或使用灯箱。

3）引导标志

应保证引导标志信息的连续性、设置位置的规律性和引导内容的一致性。在系统内所有节点（如入口、路线上的分岔点或汇合点等）都应设置相应的要素，并应通过标志的设置，对所有可能的目的地以及到达每个目的地的最短或最合适的路线进行引导。

4. 给水排水设施

停车场应设置地漏或排水沟等排水设施，停车场排水设施应满足排放雨水的要求。在可能产生冰冻的停车场，给水排水设施应采取防冻措施。

8.3.2　宅间绿化停车

宅间绿化停车根据住宅楼所围合出来的空间，将宅间绿地与停车设施有效结合。用于停车场的绿化不可避免地会占用一些空间，在进行绿化设置时要综合考虑树种、树池的形状尺寸和停车容量或停车方式等各种因素，应保证车辆出入方便和良好行车通视要求。

1. 宅间绿地停车规划布局

对于居住区内部的道路，通过将道路两旁的草坪、灌木等平面绿化改为间隔合适的高大乔木立体绿化，在避免破坏绿化景观环境的同时创造出树间停车空间，增加路面通行宽度（图 8.3-13）。

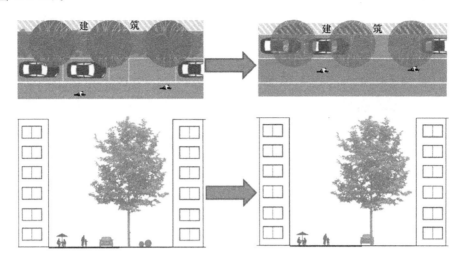

图 8.3-13　行道树间距停车示意图

2. 宅间绿地停车改造泊位设计

根据停车位尺寸并结合实际的宅前绿化空间大小，可采用平行式或 45°角斜角式停车方式。利用植草砖恢复原有绿化空间时，停车位划分要简单，可以适当添加花池、增植灌木减少停车空间对底层住户的影响，见图 8.3-14。

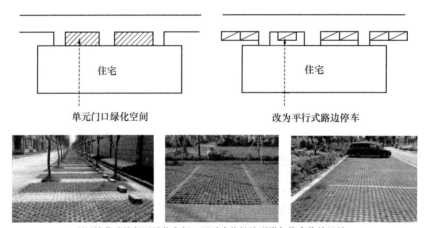

图 8.3-14　宅间绿地停车设施改造示意图

3. 宅间绿地停车改造绿化

宅间绿地停车位采用生态草垫铺砌，草从生态草垫上生长（图 8.3-15），在停车位上加大种植树阵，布置方式可采用 6m×6m 的网格树阵，这样可以适应安放两个停车位并满足车道的尺度要求，设计的时候应选用适当的树冠加以遮阳，两者相结合可有效减少绿化损失保证绿化的效果。

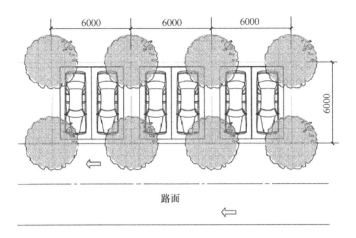

图 8.3-15　宅间绿地停车位设计示意图

此外，还可在宅间绿地设置半室外停车设施，并在半室外停车库上方进行绿化，不仅增加小区停车设施数量，还能够保证小区绿化率，改造示意图见图 8.3-16。

改造后效果

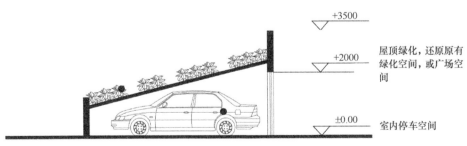

屋顶绿化，还原原有绿化空间，或广场空间

室内停车空间

图 8.3-16　改造车库与绿化的关系

8.3.3　应用案例

杭州塘河新村、余杭塘路社区老旧小区停车改造案例：

1）项目概况

杭州塘河新村、余杭塘路社区位于杭州市拱墅区小河街道，建于 20 世纪 80～90 年代，建筑楼间距小、人口密度高、老年人比例高。总户数为 4088 户，仅有停车位 137 个，现有车辆 800 余辆，停车缺口 600 余个。塘河路、三宝西路、塘河二弄 3 条小区级道路，在城市规划中的用地属性为城市支路，现状车道宽度均为 7m；另有塘河一弄、塘河三弄 2 条组团级道路。3 条支路现状均双侧停车，中间车行通道不足 3m，消防和生命通道得不到保障，早晚高峰拥堵频发，小区内机动车倾轧绿化带的现象普遍。

2）改造技术

城市支路整治：对塘河路、塘河二弄、三宝西路三条道路车行道由 7m 拓宽至 8m，实施双侧停车、单向通行，见图 8.3-17。

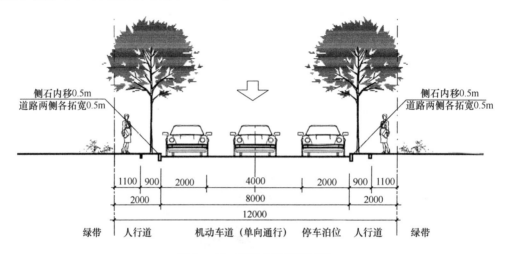

图 8.3-17　道路改造横断面图

交通组织优化：打通小区内各居住组团的封闭小门，在小区塘河路、塘河二弄、三宝西路三条道路上设置收费道闸，并单向循环组织交通。调整后交通循环顺畅，对主干路交通影响小；各方向进入小区各个组团均较为方便，绕行距离短，可以满足居民出行要求。

停车泊位挖潜：通过道路拓宽、利用建筑后退距离、占用少量绿化空间等措施，增加划线停车泊位 276 个。通过错时停车、利用公园绿地等地下空间建设公共停车库等挖掘停车泊位 308 个。同时，通过庭院空间序化等新增划线停车泊位 194 个。

管理信息化建设：建立安防监控系统、停车场管理系统、诱导系统等管理信息系统。建立统一的监控指挥中心，增设 6 个治安岗亭，设置门禁道闸，组建联合共治队伍，实施综合管理。在小区主要路口设置显示屏，显示停车地图和车位信息，减少车主为找车位而在小区内的巡游交通。

完善停车管理：街道组建了一支治安、停车管理队伍，对治理范围实施综合管理。在治理范围内由街道负责停车收费，实行新的杭州市统一停车收费标准，小区内车辆与外来车辆区别对待。推出人性化的亲情卡，对来小区看望父母的子女实行停车优惠。停车收费收入可基本实现运营收支平衡。

3）改造效果

采取以上措施后（图 8.3-18），新增停车泊位 778 个，加上现有泊位，实现了停车供需平衡，完善的停车管理措施也提升了小区管理水平。

图 8.3-18　塘河路改造后街景

8.4　地上立体停车

8.4.1　机械停车类型

1. 地面增设简易机械停车

增设简易机械停车可充分利用小区的零星空地，增设停车后对底层住户一般不会造成采光和噪声影响，见图 8.4-1。该停车改造方式上层停车台外移转动 90°后载车台板降至地面，存取的车辆可直接驶入（出），无须倒车，地面停车位与日常停车相同。其车位长度和地面停车要求一致，通常为 5m，高度为 3.6m，前方通道大于 3.8m 即可，这种方式存取车时间约为 5min。

图 8.4-1　地上简易双层升降式机械停车位示意图

2. 地面增设多层机械停车

升降横移式机械立体车库是目前小区停车改造中使用较多的机械式立体车库，可以实现倒车入库，前进出车，适合小区地面空间充裕的情况。停车设施出入口在地面层，最高层只做升降运动，最底层只做横移运动，中间层既可做升降和横移运动，见图 8.4-2。

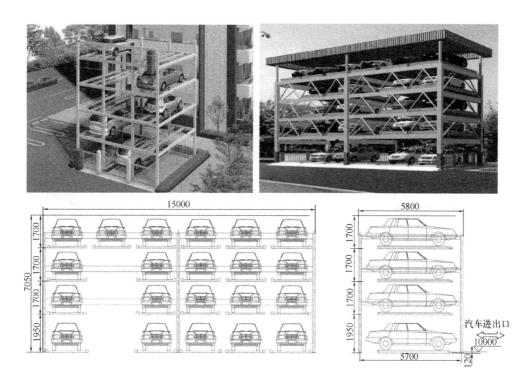

图 8.4-2　地上多层升降横移式停车改造结构图

3. 垂直升降类停车

垂直升降类立体停车改造设施是通过搬运器的垂直升降和载车板的横移来实现车辆的进出停放的一种机械式停车方式，也称塔式立体车库。该停车改造适合地少车多的住区，可利用有限的空间尽可能多的停放车辆。该方式采用全封闭式运行，内置车辆转向台，垂直升降类停车见图 8.4-3、图 8.4-4。

考虑老旧小区的地块特性，结合垂直盾构技术向地下深挖直径 12m 的深井，可以建立"高密度、高效率、高可靠"的智能立体车库（图 8.4-5），其占地面积小，场地适应性强，通常 1 个车位的面积可以停放 5～10 辆车。四立柱中心旋转升降机是直径 12m 深井式智能车库的关键部件，升降机边升降边旋转，动态导轨在升降机升降时处于闭合状态，当升降机到达某车位层时，动态导轨与车位固定导轨、升降机固定导轨组合成一根导轨，车位可以在停车位和升降机之间搬运，车库使用效率提高约 30%。

8.4.2　立体机械停车设计

与普通的停车库相比，机械式立体停车改造方式无需修建匝道和坡道，车辆存取由载车板运送汽车完成，因此不需要预留停车人员进出车库所需要的交通道路设施，只需预留车库工作人员检查维修通道。汽车进入车库的入口，将车停好拉上手刹固定好，即可离开，其后过程由设备自动完成。

1. 车辆尺寸和车位尺寸设计

立体停车库作为一种新型的停车方式，与传统的停车场和车库相比没有设计规范、统

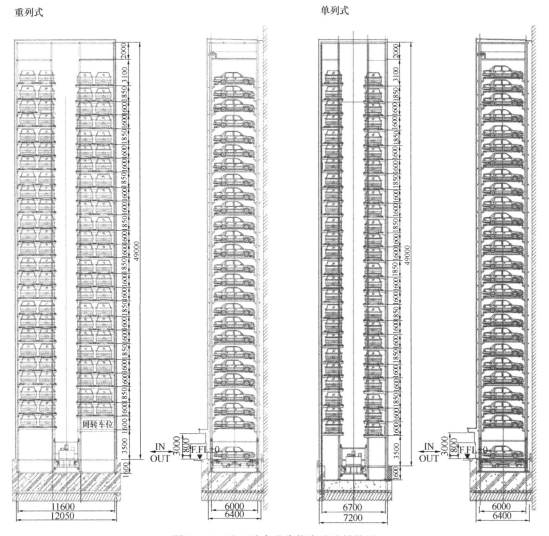

图 8.4-3 地上垂直升降停车改造结构图

一的设计标准，对于与设计有关一些必要数据也没有明文的说明要求。立体停车库的设计应针对大多数的型号的汽车，根据《机械式停车库工程技术规范》JGJ/T 326—2014 机械式停车库的适停车型尺寸及质量可按表 8.4-1 确定。垂直升降类停车库升降井道顶部和底部应设置设备运行缓冲空间，并应符合表 8.4-2 的规定。

适停车尺寸和质量 表 8.4-1

组别代号	车长（mm）×车宽×（mm）×车高（mm）	质量（kg）
X	≤4400×1750×1450	≤1300
Z	≤4700×1800×1450	≤1500
D	≤5000×1850×1550	≤1700
T	≤5300×1900×1550	≤2350
C	≤5600×2050×1550	≤2550
K	≤5000×1850×2050	≤1850

注：X 为小型车；Z 为中型车；D 为大型车；T 为特大型车；C 为超大型车；K 为客车。

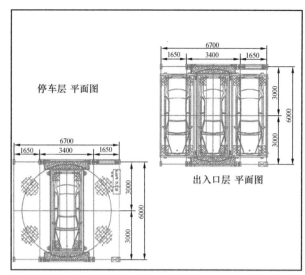

图 8.4-4 地上垂直升降停车改造主要技术参数

总尺寸			特殊说明	
车位数	车位高度mm	设备高度mm	名称	参数及规格
18	22830	23320	传动方式	电机加钢丝绳
20	24440	24930	容车尺寸	长 5000mm
22	26050	26540		宽 1850mm
24	27660	28150		高 1550mm
26	29270	29760		重量 1700kg
28	30880	31370	升降	功率 22-37kW
30	32490	32980		速度 60-110m/min
32	34100	34590	横移	功率 3kW
34	35710	36200		速度 20-30m/min
36	37320	37810	旋转台	功率 3kW
38	38930	39420		速度 2-5mmp
40	40540	41030	控制方式	VVVF&PLC
42	42150	42640	操作方式	刷卡式或按键式
44	43760	44250	电源	220V/380V/50HZ
46	45370	45880	安全装置	进入指示灯
48	46980	47470		应急照明灯
50	48590	49080		到位检测
52	50200	50690		越位检测
54	51810	52300		紧急开关
56	53420	53910		多种检测传感器
58	55030	55520		引导装置
60	56540	57130	门	自动门

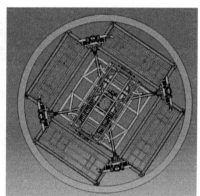

图 8.4-5 深井式智能立体车库示意图

垂直升降类停车库升降井道顶部和底部设备运行缓冲空间   表 8.4-2

升降速度 S（m/min）	最小缓冲距离（mm）	
	顶部间隙	底坑深度
S≤45	1200	1200
45＜S≤60	1400	1500
60＜S≤90	1600	1800
90＜S≤120	1800	2100
120＜S≤150	2000	2400

2. **柱网布置要求**

立体停车库柱网设计时，要满足立体停车库运行对空间的要求，结构上要合理，梁跨度和柱距比例应满足规范要求，在竖向和横向空间上不要占用太多的车库内空间，合理设置结构跨度和构件尺寸。

3. 停车库的消防安全要求

除地下停车库的耐火等级应为一级外，其他停车库的耐火等级不应低于二级；当停车库的停车位数量为 50 个及以下时，其耐火等级可为三级，但其屋顶承重构件应为不燃烧体。各级耐火等级建筑构件的燃烧性能和耐火极限应符合现行国家标准《汽车库、修车库、停车场设计防火规范》GB 50067 的相关规定。停车库内防火分区最大允许建筑面积应符合现行国家标准《汽车库、修车库、停车场设计防火规范》GB 50067 的相关规定。

4. 停车库的结构设计要求

停车库的结构设计应满足相关结构设计规范的规定。

独立停车库构筑物的高宽比，钢筋混凝土结构不宜大于 4∶1，钢结构不宜大于 6.5∶1。附建停车库的构架及停车设备与建筑主体结构脱开时，应作为独立式结构，按相关结构设计规范的规定进行设计。

附建停车库的构架及停车设备与建筑主体结构联结时，必须采取防止停车设备运行时对建筑物产生各种不利影响的措施。预埋件的设置、连接节点的设计必须安全、可靠，符合相关规定。

5. 停车库的安全标识要求

立体机械停车设备的出入口、操作室、检修场所等明显可见处应设置安全标志，并应符合现行国家标准《安全标志及其使用导则》GB 2894 的规定，应设置相应的安全标志。全自动机动车库的设备操作位置应能看到人员和车辆的进出，当不能满足要求时，应设置反射镜、监控器等设施。机械式机动车库一般都有保证安全运转的机电闭锁系统，在起动设备前，还必须确认车是否停好，人员是否已退出，操作位置应设于使操作人员能观察到人及车的进出之处。

8.4.3　应用案例

1. 上海市杨浦区松苑小区立体机械停车改造

1）项目概况[3]

杨浦区松苑小区建于 1996 年，停车位严重不足，居民停车难问题突出。通过调阅松苑小区宗地图，核实小区土地归属情况，为解决立体停车库提供了可能性。立体停车库消除了汽车对一楼生活的干扰，同时考虑对其优惠停车。

2）改造技术

利用小区变电站东侧的空地以及变电站上部空间进行立体停车库加建，立体停车库高度约 24m，共 10 层，停车数量约为 200 辆（目前小区总停车数 184 辆）。为保障车辆出入速度，设置东西两个出入口，同时为避免大体量车库的压迫感，采用环保建材"U 形玻璃"做车库外围护材料。

2. 北京中煤小区机械停车库案例

1）项目概况

中煤小区位于北京市朝阳区定福庄南里4号，小区建成较早，未考虑配建停车位。由于车位的严重不足，导致小区的消防车道被占用停车。综合考虑使用便捷性，结合楼体环境，车位需求及短时间车位需求的增长量，建设了三层简易同升降式机械车位156个，缓解了车位不足的难题。车位平时隐藏在地下，不影响绿化环境美观程度，单车位占地相当于6m²，并且可同时存取52辆车，首层可以停放SUV或是MPV车辆。

2）改造技术

采用了三层简易同升降式机械停车技术，该技术具有以下特点：一是占地面积合理，在既有用地上，停车泊位数量增加了3倍；二是与环境融合较好，平时设备沉入地下，地面和原来保持一致；三是设备降噪处理，采用低噪声电机，且位于地下，使用过程噪声低；四是采用特有防腐技术，防腐年限可达40年；五是方便使用，一车一卡，车位互不影响。沉入地下和升起停车位示意图如图8.4-6所示。

图8.4-6 沉入地下和升起停车位

本项目采用的简易同升降式设备由框架、托板、升降机构、防坠器，以及电气控制系统等组成。标准型设备由3个车位组成，由一个集中控制单元进行控制，也可根据需要将多套标准型设备组合，由一个集中控制单元进行控制。地面层存取车时，可将车辆直接开

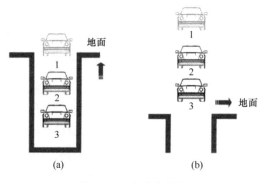

图8.4-7 存取车流程
（a）第一步；（b）第二步

上（开下）托板。要进行下层存取车时，首先在操作箱上刷卡，可编程逻辑控制器识别IC卡对应的车位编号，在电脑的控制下升降托板向上（或下）移动至地面层，整个运动过程由电脑控制自动完成，见图8.4-7。

该小区机械停车库项目已经平稳运行多年，车库沉入地下，与周边环境融合较好。

8.5　地下停车

8.5.1　既有地下车库增设车位

1. 地下两层升降横移停车

地下两层升降横移停车改造方式是目前既有住区停车改造使用较多的类型。此类改造方式造价低，操作简易。既能增加停车空间又能方便车辆进出，是理想的双层式停车改造方式，也可根据场地建成前后两排贯穿式或两边背对背式等组合，特殊情况下也可在3.3m高度条件下做到两层车位。通过载车板的升、降或横移，灵活方便的变换空位，存取车辆，对有限的停车空间增加停车数量。设计示意图见图8.5-1。

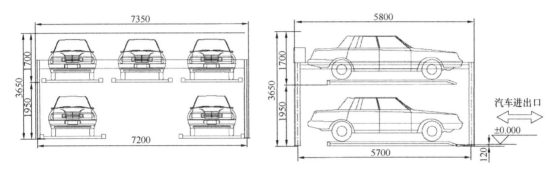

图8.5-1　地下两层升降横移停车改造方式尺寸示意图

2. 半地下三层升降横移停车

半地下三层升降横移类停车适合既有住区中地势平坦、坡度较缓、面积较大、没有不利地质条件且与现有底线管线建设不冲突的区域。该停车改造方式中层设有一个空位，可通过横移变换空位，使上层或下层的载车板升降至地面，而中层载车板上的汽车可直接出车。在半地下多层升降横移停车改造时，根据适用车辆参数确定停车位尺寸，见图8.5-2。

		上、下车位（可选）		下车位
适用车辆参数	车型	D（大型）	K（面包车）	D（大型）
	车辆长（mm）≤	5000		
	车辆宽（mm）≤	1850		
	车辆高（mm）≤	1550	2050	1550
	车辆自重（kg）≤	1700	1850	1700
机坑尺寸	全长（mm）	6000		
	全宽（mm）	2400×车位列数+300		
	深度（mm）	2200		
停车位数		(3×每层车位数)−1		
存取时间（s）		60		
电动机功率	升降（kW）	2.2		
	横移（kW）	0.2		
电源		三相AC380V 50Hz		

图8.5-2　半地下三层升降横移式改造方式土建尺寸示意图及技术参数

8.5.2 异地建设地下车库

部分老旧小区内部没有增设停车位的场地，可考虑利用既有住区周边的市政绿化场地、公共活动场地建设公共地下停车库，施工完成后，地面除了留下停车出入口，其余地面景观和设施恢复原貌，异地建设地下车库也是解决老旧小区停车难的途径之一。

1. 规划设计

1）总平面布局要求

地下停车设施总平面规划应满足现行行业标准《车库建筑设计规范》JGJ 100 的规定。总平面布局、防火间距、消防车道、安全疏散、安全照明、消防给水及电气规划建设，应符合国家标准《建筑设计防火规范》GB 50016 和《汽车库、修车库、停车场设计防火规范》GB 50067 的规定。

2）车位尺寸

地下车库车位尺寸按照分类规定见表 8.5-1。

地下汽车库车位尺寸建议值 表 8.5-1

分级	车位尺寸（单位 mm）
经济档	5300（长）×2400（宽）
中档	5500（长）×2500（宽）
高档	5700（长）×2600（宽）

经济布置车位，垂直行车道双侧布置车位。行车道宽度原则上为 5500mm，有特殊要求可最大调整到 6000mm。

3）轴网选择

轴网尺寸和车库结构形式是影响地下车库造价的主要因素，合理的轴网既能满足停车舒适性要求又能尽可能多地布置停车位。车位最小尺寸为 2.4m×5.3m，该车位可在满足 5.3m 车位进深要求下，依据场地条件和停车数量适当增大面宽，由此，轴网尺寸可大致定出范围(7.8~8.4)m×(7.8~8.1)m，该轴网又可在进深方向分解成更小尺寸轴网，小轴网的尺寸范围可以取(7.8~8.4)m×(4.5~5.1)m，取值范围要充分考虑停车便利性。

停三辆车的柱间净宽应为 7200mm（3×2400mm），若采用 600mm×600mm 的柱子，停三辆车的柱网轴线间宽度至少为 7800mm，考虑到随着车辆大型化的趋势，部分地区交警部门要求车位白线内净宽为 2400mm，则最经济柱净距变成了 7500mm[3×2400mm＋2×150mm(白线宽)]。

柱网进深：当两辆车车位车尾对车尾，车尾距 500mm 可共用时单车进深尺寸位 4800＋500/2＝5050mm，此时最小柱网进深为 5500/2＋5050＝7800mm，见图 8.5-3；当车尾距 500mm 不能共用时，单车进深尺寸位 4800＋500＝5300mm，此时最小柱网进深为 5500/2＋5300＝8050mm，这种情况下行车道也会适当增加，进深为 8100mm 比较合适。

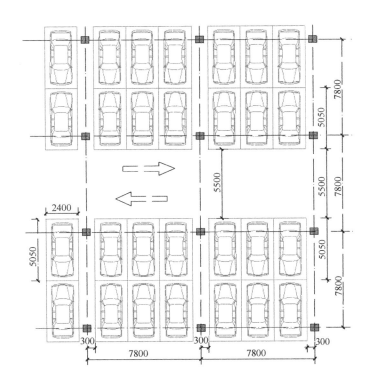

图 8.5-3　柱网尺寸选择

2. 景观设计

1）车库出入口景观设计

（1）总体要求

地下停车库出入口的景观设计要与周边景观环境相协调。车行出入口在构造上主要包括坡道、侧墙、遮雨篷和周围绿化等，遮雨篷和周围绿化是景观处理的重要部分，也可以适当对侧墙和坡道进行景观处理，削弱硬质景观带来的死板。

（2）遮雨篷设计

地下停车库出入口的遮雨篷本身可以作为景观小品来进行设计。近年来随着景观材料的日益丰富，停车场出入口遮雨篷的选材也越来越多。景观张拉膜、防腐木、阳光板等材料均可用于出入口遮雨篷的设计和建造中，丰富了景观环境。

（3）植物配置

地下停车库出入口周围经常用绿植来美化，选择不同的植物类型，可以营造出丰富的植物层次。可根据不同地区不同城市不同气候合理选择立体绿化的植物。地下车库的车辆进出口坡道较长，可利用坡道外部空间进行绿化，采用棚架绿化的方式，坡道两侧可设绿篱，见图 8.5-4。

图 8.5-4　地下停车库出入口的景观设计示意图

2）车库上方景观设计

（1）顶板覆土厚度

地下车库顶板覆土厚度影响车库承受的荷载和车库埋深，是影响地下车库土建造价的重要指标，影响覆土深度的因素主要是管线埋深和绿化要求，需根据相关规范对管线的深度和住宅区绿化率的要求，合理确定车库顶板上部覆土深度（表 8.5-2）。

地下汽车库覆土高度分类　　　　　　表 8.5-2

分级	最小覆土厚度 （mm）	最大覆土厚度 （mm）	备注
经济档	1200	1800	特别关注住宅南北面出入口处标高，应满足最小覆土厚度要求
中档	1500（特殊项目可适当减小但不小于 1200）	2100	
高档	1500（特殊项目可适当减小但不小于 1200）	2400	

（2）植物配置

在地下停车库顶部混凝土结构层上覆土可以作为绿化用地，做到使用功能多样化，提高土地利用率。为了使地下停车库上方形成良好的景观效果，在需要种植乔木的地方，可以采用局部加厚覆土形成小土丘，或设置花坛加大覆土厚度等方法也可局部降低车库顶板标高、形成覆土坑。这种做法不会大面积的增加车库顶板的荷载，节省了造价，也在景观上起到点睛的作用。

为尽量降低结构荷载，覆土平均厚度最小 50cm 左右，但这个覆土厚度只适应种植小型灌木和铺植草皮，不利于形成良好的、多层次的绿化景观。由于多年生木本植物根系对防水层穿透力很强，因此，应根据覆土厚度来确定种植植物品种（表8.5-3）。

适合地下车库上方种植的植物列表   表8.5-3

种植层深度（mm）	适合种植的植物
150～300	冬枯夏荣的一年生草本植物，如草花、药材、蔬菜
300～450	低矮小灌木，如蔷薇科、牡丹、金银藤、夹竹桃、小石榴树等
450～600	大灌木
699～900	浅根乔
900～1500	深根乔

3. 内部设计

1）总体要求

通过对停车库内部的安全、无障碍、标识、环境等方面进行设计，提升地下停车设施使用的人性化和舒适度。具体设计原则见表8.5-4。

地下停车内部设施设计原则   表8.5-4

	分类	内容
安全性原则	加强自然监视	通过一定的设计、管理手段来加强安全，增加人流，以使其能够受到更多的自然监控
	功能共享	引入为停车用户服务和合理布置管理用房，以此来增加地下停车库内的人气
	交通流线合理	使得交通形成环路，避免过多的车辆行驶停顿，形成流畅的交通流线
人性化原则	道路指示系统设计	根据使用用户的文化、体验等设计融自然与人文环境于一体的标识，形成和谐、自然的效果
	无障碍设计	无障碍过道应该与地下车库的景观设计结合起来，在完成无障碍任务的同时，给地下车库带来相应的景观贡献。
物理环境控制原则	采光方面	使用一定的设计方法，在一定的运行成本下，更多地引入自然光线，达到采光需求
	通风方面	使用一定的设计方法，在一定的运行成本下，更多地引入自然通风，提供给用户良好的空气环境
	环境方面	给用户提供一个好的停车环境的同时对居住小区的景观带来贡献

2）标识设计

利用标识对空间内部进行划分时，先划分成若干个区域，利用路径的围合进行区分，最后是在特定的地方设置标志物。在停车库的入口设置标识牌，在车库内部设置导向牌。不同区域推荐使用人体视觉较敏感的黄、绿、橙、紫色等。

3）排水设计

通往地下的坡道底端宜设置截水沟；当地下坡道的敞开段无遮雨设施时，在坡道敞开段的较低处应增设截水沟。通往地下的机动车坡道应设置防雨和防止雨水倒灌至地下车库的设施。敞开式停车库及有排水要求的停车区域楼地面应采取防水措施。

8.5.3 应用案例

1. 厦门市海沧区行政中心周边地下停车库项目

1）项目概况

预制装配沉井式地下机械停车库利用城市老旧小区、公园绿地、商业区等周边地块建设地下停车库以解决停车难问题。海沧区行政中心周边沉井式地下机械停车库项目由两个独立库组成，分别建设在厦门市海沧区文化艺术中心及行政服务中心。单库地下占地面积 380m²，地面占地面积 120m²，作为试点项目，每层库设计 10 个车位，地下 5 层，共 50 个停车位，见图 8.5-5、图 8.5-6。

图 8.5-5　地下机械停车库改造示意图

图 8.5-6　地下机械停车库改造鸟瞰图

2）改造技术

车库库体采用预制装配式技术结合沉井下沉施工技术完成建设，主体施工工期 5 个月。本工程先将井筒沿高度拆分成 6 层，底层为刃脚层，其余 5 层为标准层，每层拆分为 10 块，每块内、外侧墙通过连接肋相互连接。所有内、外侧墙均采用高精度大块定型钢模板在工厂预制，标准化、模块化程度高。

停车时，车辆进入停车门亭，由搬运小车将车辆搬运到沉井中央圆形停车平台上，设备自动旋转向下运输，智能控制定位将车辆停放到地下空余的车位上；取车时，输入车牌号或刷卡，搬运小车将自动行走到相应车位取车，2min 左右送达出口处取车。在中央圆形主升降平台外增设了停车、取车的独立出入口，全程由设备自动搬运，实现无人入库，缩短司机停车等待时间，安全便捷。

采用互联网信息技术，建立区域统一的停车信息管理平台，与动态交通信息联网共享数据，做到停车信息联网联控，诱导信息全方位发布，并通过微信公众号和手机 APP，让市民随时了解停车场位置和停车泊位情况，逐步实现车位预定、错峰停车等业务，盘活停车资源，实现停车资源的科学统筹与精细化管理。

3）改造效果

车库选择在公共绿地地下建设，占地小，对环境影响小，为缓解城市"停车难"问题开辟一个新的解决途径。根据不同人群使用车库的时间不同，实施"错峰停车"，最大限度发挥车库的停车效率和周转率，做到缓解老旧小区、公建配套等停车难问题。

8.6 交通流线组织优化

8.6.1 优化小区出入口流线

小区出入口作为居民和车辆与外部环境过渡的场所，直接与外部城市道路相接，承担着居民出行、车辆进出、出租车上落客点等多种需求。目前老旧小区出入口主要采用人车混流的形式，行人与车辆共同使用一条道路，在车辆出行高峰期时，容易对居民出行安全产生威胁。对于这些问题，可采用以下方式改善：

1. 分设或增设机动车出入口缓解交通压力

开设多个机动车出入口，分散交通流量，缓解小区内车辆出行压力。将小区内道路行驶方式由双向行驶改为单向行驶，机动车入口、出口分开设置，避免出、入车辆集中在一处，影响动态交通的运行。

2. 合理组织出入口缓冲空间交通流线

重新组织出入口处的交通流线；出租车停靠应划定固定区域，宜设置在小区出入口右侧，避免视觉盲点。

3. 访客临时停车空间

设置访客临时停靠区域，车辆在停靠区等待即可，无需进入小区，即不会影响小区交通运行，不占用小区停车空间。

8.6.2 完善小区道路系统

居住区的道路通常分为四级，即居住区级道路、居住小区级道路、居住组团级道路和宅间小路。在居住区规划设计中各级道路宜分级衔接，组成良好的交通组织系统，并构成层次分明的空间领域感。

主干路或居住区内主要环路保证双向行车，利用周边城市路网合理疏通居住区交通。另外，结合既有步行系统，在满足居民日常通行的前提下，重新规划居住区道路，见图8.6-1。

8.6.3 优化车库内部流线组织

1）车库出入口设置应进行交通组织设计，采取单行线、右进右出等方式，减少车流冲突，保证车辆顺畅行驶。

2）车辆出入口宽度，双向行驶时不应小于7m，单向行驶时不应小于4m。

3）交通流线应周转畅通，且应形成上行、下行连续不断的通路，并应防止上、下行车辆交叉。

4）设有道闸的停车库、场，道闸应设置在出入口附近的平坡段上，并应留出方便驾驶员操作的空间。

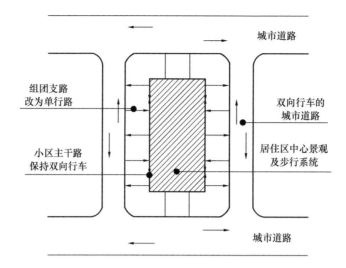

图 8.6-1　居住区道路重新规划

5）停车库、场的人员出入口与车辆出入口应分开设置，机动车升降梯不得替代乘客电梯作为人员出入口，并应设置标识。四层及以上的多层停车库或地下三层及以下停车库应设置乘客电梯。

6）区域或相邻地块地下车库连通，或设置有地下公共通道的，应统筹考虑地下车库出入口设置数量，并应进行交通服务水平评价，合理确定地下车库出入口数量。

7）在出入口位置设置减速带、道闸，起到减速安全设施的作用。

8）机动车流线一般分为主要流线（相当于主干道）和次要流线（相当于次干道），主要流线可贯穿整个车库，一般设计为双行道，便于交叉和会车，该主路径可联系车库主、次要出入口，围绕主路径布置次路径，次路径可循环行车，也可在距离较短时设置为尽端停车。

8.7　停车管理

8.7.1　交通组织管理

通过合理的交通组织，充分利用道路资源，消除拥堵点，有效避免纠纷，确保消防通道畅通。在主要进出道路上设置管理岗亭，有效规范行车秩序。在地面停车或地下车库增设电动车充电桩，方便居民使用，减少火灾风险。

建立以街道为管理主体的集治安、城管、交警为一体的区域共治管理机制，同步完善治安监控、停车诱导等智能管理系统，通过信息化手段保障 24h 不间断管理，全面提升社会基层治理水平。

8.7.2　停车秩序管理

依靠街道办、居委会、业主委员会、物业管理机构等基层组织，加强对居住区停车设施的管理。发挥社区居民自治管理的作用，加大居民在居住区停车设施设置、改造和管理等方面的参与程度。完善居住区停车泊位的标线施划，设置停车指引标志，配备收费、计时、监控、诱导装置等管理设施。

加强小区的物业管理，将小区内停车场设为固定车位，将停车位与车牌号、小区车证相对应。严格保证消防通道的畅通，对小区内部机动车对应的住户门牌号，以及外来访客所拜访的居民门牌号记录，对侵占消防通道的机动车，根据其登记的门牌号上门通知提醒，要求其将机动车移至划线停车位或可停放区域。

8.7.3 错峰停车管理

国家发展改革委等七部委联合下发的《关于加强城市停车设施建设的指导意见》鼓励既有停车资源的开放共享，住房和城乡建设部《关于加强城市停车设施管理的通知》鼓励并引导政府机关、公共机构和企事业单位的内部停车场对外开放。引导有条件的单位在满足本单位停车需求的情况下，将专用停车场向社会开放，实行错时停车。错峰停车能有效扩大停车供给。住宅区的停车需求主要在晚上，与企事业单位和政府部门上班白天停车需求正好错开，如果小区附近有这类单位，可以协商共享车位。具体实施可考虑办理准入许可证的办法，提前做好信息的登记和核对，保证进出单位、小区的车辆和人员可追溯。

通过信息化系统推动错时停车，有效提高车位使用率，实现停车资源共享。规范小区内停车秩序、加快车位循环、提高使用效率。安装地磁传感器，能够实时显示空余车位数。利用GIS结合车载导航系统发布信息，包括位置、剩余泊位数等，能够充分、全面的提供停车泊位供给信息，提高利用率，方便和诱导停车者做出停车选择，促进停车供求平衡。

8.7.4 智慧停车管理

1. 智能停车管理系统

居住小区的智能停车管理系统（图8.7-1），由智能卡、道闸、读卡机、收费显示屏、自动发卡机、管理计算机、图像对比摄像设备系统等组成。运用数字信息化技术，开发停车APP，方便人们通过手机APP实时查询周边停车位状况，建设多级停车信息诱导系统，减少驾驶员寻找车位的行驶成本，引导车辆有序停放。通过视频感应车牌直接抬杆放行、安装智能找车系统等措施，节约通行和找车时间。

 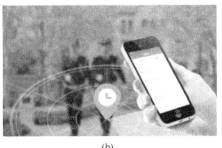

(a) (b)

图8.7-1 物联网智慧停车运营管理系统

（a）车牌识别快速通行系统；（b）手机APP访客管理系统

2. 电子停车收费系统

推广使用停车收费手机管理系统，由停车用户通过电话、短信、移动互联网等通信手段进行停车、取车登记，管理中心从手机终端所对应的预付费或银行账户中扣费。

8.7.5 应用案例

1. 南京金地自在城小区车牌识别系统

1）项目概况

金地自在城住户数量多，周边入驻的商家多，自在城出入口很容易造成拥堵。

2）改造技术

通过对自在城的住户人数、商家数量以及车流量高峰期等调查分析，为实现自在城出入口交通通畅，停车收费便捷和提高停车管理效率等目标，增加了车牌识别系统（图8.7-2、图8.7-3）。在小区入口安装停车场控制机以及智能道闸，当车辆驶近小区入口时，摄像机自动抓拍识别车辆信息并通过智慧网关上传至云服务器，智能道闸随即自动放行。提供多种自助缴费服务，资金直达物业账号，实时生成财务报表，随时随地查账等功能，有效地封堵收费漏洞，提高停车服务质量和智能化管理水平，降低了物业管理成本。

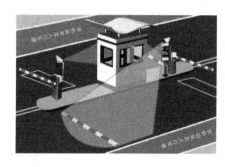

图 8.7-2　车牌识别系统

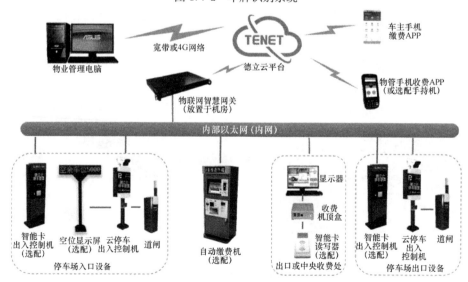

图 8.7-3　车牌识别系统架构

3）改造效果

采用智能车牌识别系统后，管理人员减少 40％，停车收费工作效率提升 40％，通行效率提升 2 倍，停车费收入增长 35％，车主停车体验满意度大幅提高。

2. 广州公园上城小区停车智慧管理平台

1）项目概况

广州公园上城小区一期（约 2000 户）和二期（约 3000 户）两个小区相通，平均每天车流量 6000 车次，有两个大门作为主要出入口，内部有多套传统停车场管理系统。由于小区较大，车流量较多，小区需要提升车辆通行效率，减少管理成本。

2）改造技术

根据物业提供的相关数据信息，为小区安装智慧停车管理系统。在小区入口安装停车场控制机以及智能道闸（图 8.7-4），当车辆驶近小区入口时，摄像机抓拍识别车辆信息并通过智慧网关上传至云服务器，智能道闸随即自动放行。该方案设备安装便捷，系统功能全面而强大，有效解决小区停车场管理问题。

图 8.7-4　停车智慧管理平台案例

本章参考文献

[1] 李志纯，朱道立. 能力约束下的停车行为模型及其求解算法[J]. 中国公路学报，2007，20(5)：89-94.

[2] 万汉斌. 城市高密度地区地下空间开发策略研究[D]. 天津大学，2013.

[3] 全联房地产商会城市更新和既有建筑改造分会. 老旧小区更新改造多渠道资金筹措[J]. 广西城镇建设，2019(1).

第9章 公共设施改造技术

9.1 概述

2020年7月,《国务院办公厅关于全面推进城镇老旧小区改造工作的指导意见》提出,针对建成年代较早、失养失修失管、市政配套设施不完善、社区服务设施不健全、居民改造意愿强烈的住宅小区,重点改造完善小区配套和市政基础设施,提升社区公共服务水平,推动建设安全健康、设施完善、管理有序的完整居住社区[1]。提升小区公共服务配套设施,是改善老旧小区居民生活的重要基础,有利于解决老旧小区公共服务设施人性化不足、便利性不够、实用性不佳、布局不合理等问题,满足人民对美好生活的向往,实现城市可持续发展[2]。

根据《居住区公共服务设施配套指标》,公共设施按照使用性质分为行政办公,金融及基本商业,文化体育,医疗卫生,教育服务,社会福利,应急避难,环境卫生,道路交通等。对于居住小区级的公共设施,可以纳入老旧小区综合改造范围的主要包括便民设施、休憩健身设施、环保设施三大类,下面分别介绍其改造技术。

9.2 便民设施改造技术

9.2.1 概况

根据《城市居住区规划设计标准》GB 50180—2018,便民服务设施是居住街坊内住宅建筑配套建设的基本生活服务设施,主要包括物业管理、便利店、活动场地、生活垃圾收集点等设施。根据对大量老旧小区居民对便民设施需求的调研,便民设施主要对自助快递存取一体机、电子显示屏、电动汽车充电桩以及小区净水机等进行改造。

9.2.2 自助快递存取一体机

快递存取一体机是设立在居民小区用户人群较为集中的地方,供用户24h自助存取快件的服务终端设备。快递存取一体机将快件暂时保存在投递箱内,并将投递信息通过短信等方式发送用户,为用户提供自助取件服务,为解决快件"最后一公里"问题提供了有效的解决方案。快递存取一体机不仅可为业主提供收发快件的便利,使其自由安排取件时间,无须坐等快递上门,而且快递存取一体机还具有信用卡还账、手机充值、代缴水电煤气费、发布生活信息(天气预报、尾号限行、社区通知等)等便民功能,方便了业主的日常生活。

1. 一体机分类与设计

自助快件柜主要有室内型柜机、室外型柜机及冷藏柜机三种类型,见图9.2-1。可根据住区的具体情况和居民需求，合理确定自助快递一体机的类型。

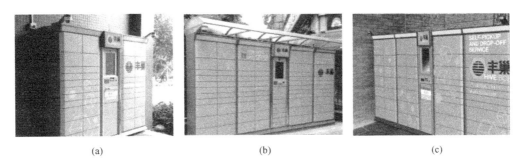

(a)　　　　　　　　　(b)　　　　　　　　　(c)

图 9.2-1　自助快件收件柜类型示意图

(a) 室内型柜机；(b) 室外型柜机；(c) 冷藏柜机

对于小区规模不大，可结合小区物业管理用房、门卫等空间，在小区的入口处集中布置自助快件收件柜，方便快递员集中放置快递和居民取快递。对于规模较大的社区，可根据居住组团规模，结合各单元入口空间，分散布置自助快递存取一体机。

结合既有居住区快递接收情况，合理确定自助快递存取一体机的规格及数量，在保证能够满足居民日常需求的同时，避免空间浪费。

标准柜主要有三种规格的存储格（图 9.2-2），尺寸如下：

小规格存储格：45cm×37cm×8cm(长×宽×高)，限重：1kg；

中规格存储格：45cm×37cm×19cm(长×宽×高)，限重：3kg；

大规格存储格：45cm×37cm×29cm(长×宽×高)，限重：5kg。

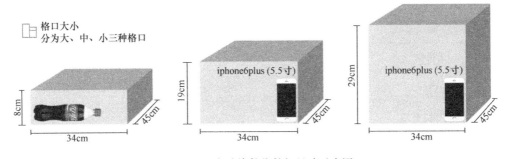

图 9.2-2　自助快件收件柜尺寸示意图

安装快递存取一体机对场地有一定要求，以丰巢为例，标准模块占地面积 2.5m²，场地高×长×宽分别为 2.5m×4.5m×0.55m。

2. 运维管理

快递存取一体机主要向快递公司收取存放费用，并对顾客延期取件收取相应延时费。日常运营管理一般由小区物业管理，如遇到快递柜出现问题，物业反映至快递公司或者厂家，对自动取件柜进行设备维护和管理。也可根据小区实际情况，居民集资或物业管理直接购买，并进行管理。

9.2.3 电子显示屏

老旧小区以传统的社区公告栏为主，信息发布少，信息传播不及时，没有视觉冲击力等。可在小区主要出入口或其他显著位置设置电子显示屏，通过内置的智能模块实现很多传统宣传栏没有的功能，如影音、视频、多媒体发布，电视信号直播，语音播报等，播放一些紧急民情、天气预报等内容。

一般设置在居住区的主要出入口及主要道路旁，并针对不同的出入口设置相应的内容（图9.2-3）。针对居住区的步行出入口进行设置，最大限度地为居民提供信息提示服务。

图 9.2-3　小区 LED 显示屏示意图

小区电子显示屏主要有 6 种安装方式（图 9.2-4），双柱式是较为常见的 LED 显示屏安装方式。

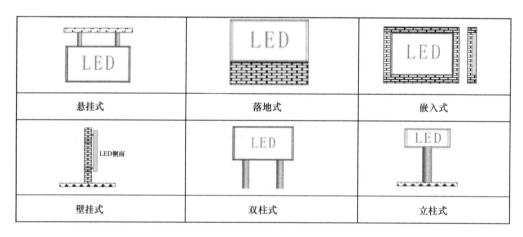

图 9.2-4　小区 LED 显示屏安装方式示意图

根据设置的位置，合理确定显示屏的规格。作为小区内重要信息和通知一类内容的发布，可选用尺寸较大的显示屏。在组团内的显示屏可选用中小尺寸。

9.2.4　电动汽车充电桩

随着新能源汽车的快速发展，电动汽车已成为节能减排的重要措施之一，与之配套的电动车充电站（图9.2-5）也快速发展。2015年10月国务院办公厅发布的《关于加快电动汽车充电基础设施建设的指导意见》中提出：要将充电基础设施专项规划有关内容纳入城乡规划，明确各类建筑物配建停车场及社会公共停车场中充电设施的建设比例或预留建设安装条件要求。地方政府也在相关的文件中就电动车充电设施配建提出了具体实施细则及配置指标，如北京市发布的《北京市居住公共服务设施配置指标实施意见》要求居住类建筑应将18％的配建机动车停车位作为电动车停车位。

1. 线路敷设

1）在小区室外停车场选择合适部位预留户外配电箱等装置，经配电箱分配至各个充电设施。充电设施原则上应当尽可能靠近充电车位，方便充电。

2）在小区地下停车库专门设置的电动汽车停车区域中，配电线路敷设方式应优先选择树干式或放射式，明确线路路由或专门预留电缆桥架，方便物业或电力公司安装充电桩。

3）小区地下停车库中电动汽车停在非指定区域，在要求充电设施全覆盖的情况下，线路敷设应当优先选择插接式母线槽系统，线槽设计插接口，插口可结合电动汽车停车位群组灵活设置，方便用户在变更或新增充电桩位置时就近解决电源供应问题。

2. 运营管理

充电桩日常管理由物业管理部门进行检查和维护，发现问题及时通知相关厂家维修。充电收费一般采用充电卡预存费用使用时刷卡，或扫描二维码等方式收费，也可利用移动互联网智慧云平台，构建居民小区电动车充电服务平台，解决居民小区电动车充电设施存在的充电模式与支付手段单一、缺乏有效的运营管理和服务共享模式等问题，提高了充电

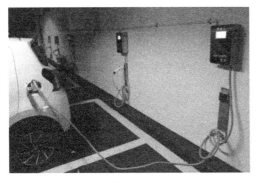

图9.2-5　电动汽车充电桩示意图

设施的利用率，实现充电设施智能化的远程服务和统一管理。

9.2.5 净水机

净水机是一种设置在小区内 24h 供用户自取饮用纯净水的设备，该设备采用过滤净化技术为社区居民提供符合饮用水标准的纯净水。近年来，小区净水设施需求逐渐增多，老旧小区净水设施还未普及。

1. 布设位置

净水机通常设置在物业用房附近，或人流集中的主要道路旁边（图 9.2-6）。净水机不得靠近垃圾桶。

图 9.2-6　小区净水机放置示意图

2. 运维管理

定期抽检。加强对净水机的日常维护，定期对小区净水柜纯净水取样监测，对检测合格的发放合格证，标明检测时间。对检测不合格的，暂停售水服务，整改并查封。确保水质达标、饮水安全。

通过物联网、大数据技术建立运行平台，将实时数据及时发送到运行平台上，运行平台经过数据分析将数据发送到管理端 APP，管理者实时查看辖区内所有净水柜的运行状况、问题故障及滤芯的使用情况等。通过这些数据做出判断是否更换滤芯，并可以通过远程操作直接将问题设备停机，以待维修。

9.3　休憩健身设施改造技术

9.3.1　概况

休憩健身设施分为休憩设施、健身设施及儿童设施三类。休憩设施指居住区户外空间为居民休憩提供的公用设施。健身设施指社区内与居民的体育健身活动有关的公用设施。儿童设施指住区内供儿童活动、游玩等公用设施。

9.3.2　休息座椅

在住区公共环境中，座椅是使用率最高的公共设施，结合改造需求，应重点提升住宅建筑周围的休息停留空间数量及座椅密度。

1. 座椅材质

1）竹木座椅

竹木材料自然质朴，取材方便，造型简单，形态多样化，就座舒适，价格经济，与环境有很大的相融性。但易开裂、腐烂，易被虫蛀，耐久性较差，采用竹木座椅时必须进行防腐处理。

2）石材座椅

石材具有坚硬、耐腐蚀、抗冲击性强、装饰效果好等特点，但由于石材材质和加工技术等原因，座椅样式较少。另外，石材传热系数大，当气温过冷或者过热时，触感较差。

3）金属座椅

金属抗压强度高、可塑性强、价格低廉，可以水刷、水洗。但当气温过冷或者过热，人的触觉感受较差。

4）塑料座椅

塑料易加工、可塑性强、色彩丰富、轻质、防水、易清洗、成本较低。但塑料耐热性较差，用于户外容易老化。

改造时，根据不同类型座椅材质的特点、气候适应性、使用者的行为特点等综合确定。北方冬季寒冷，室外座椅的利用率相对较低，结合气候特点，北方严寒和寒冷地区适合采用木质或塑料材质面板等热传导相对较低的材质，石材和金属座椅触觉比较差，传冷热速度快，不宜在寒冷地区户外使用。木材触感比较好，材料加工性强，但南方多雨，木材公共座椅耐久性差，不宜布置在气候潮湿的区域，在多雨潮湿环境应以抗腐蚀性较强的塑料、不锈钢等材料为主。

2. 座椅尺寸

各类座椅都应根据人体工程学的基本法则，结合人体的生理和心理需求，设计出合理的座椅尺度和空间距离，给使用者最大限度的自由活动空间。国家标准《家具桌、椅、凳类主要尺寸》GB/T 3326—2016（下文简称标准）规定：（1）扶手椅的扶手内宽（扶手间最小的水平距离）应≥480mm，座深（座面前沿至座面与背面相交线的距离）应为400～480mm，扶手高（扶手前沿最高处）应为200～250mm，背长（背面上沿至背面与座面相交线的距离）应≥350mm，座倾角应为1°～4°，背倾角应为95°～100°。（2）靠背椅座前宽（座面前沿的水平宽度）应≥400mm，座深应为340～460mm，背长应≥350mm，座倾角应为1°～4°，背倾角应为95°～100°。（3）长方凳的凳面宽应≥320mm，凳面深应≥240mm，见图9.3-1。根据人体工程学要求，人坐姿需要的座椅尺寸最小值进行户外休憩座椅的设计，在不低于最小值的前提下，根据实际造型设计进行改良，尽量以加宽设计为主，提升休憩座椅的舒适性，具体数值还应根据年龄、性别、体型（尤其是肥胖体型）等多方面因素进行调整。

3. 布置方式

1）结合空间场地布置休憩座椅

借助小区室外活动空间场地高差，结合居民的行为特点，布置兼具休憩、分割空间等

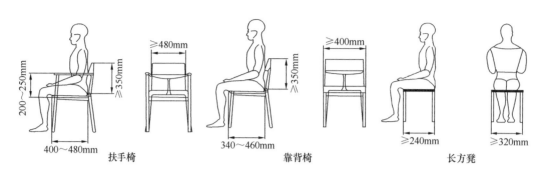

图 9.3-1　人体工程学中坐姿的尺寸界定

功能的设施，充分利用现有场地进行改造，力求用节约且实用的方法增加休憩设施，见图 9.3-2。

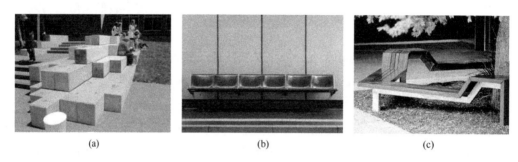

(a)　　　　　　　　　　(b)　　　　　　　　　　(c)

图 9.3-2　休憩设施示意图

（a）台地用于休憩；（b）挡墙用于休憩；（c）树池用于休憩

2）结合景观环境增加休憩座椅

花坛边缘式座椅：在花坛边缘设置石材或木面的环形座椅，这种休息座椅背靠花池，休息的同时能够亲近自然。

水池边缘式座椅：在水池边缘设置的休闲座椅靠近水池，夏天凉爽，深受老人与小孩的喜爱。

背后灌木式座椅：背后灌木式木质座椅背临灌木，可以与后面的景物隔开，较安静；由于后面有灌木遮挡，私密性好。

藤类植物遮阴式座椅：藤类植物遮阴式木质座椅紧邻植物，能够降噪；由于周围有植物环绕，私密性较好。

背后开阔草坪式座椅：背后开阔草坪式座椅设置于草坪前、小区道路旁，私密性较差，但在路旁方便行人就近休息。

植物半围合式座椅：植物半围合式座椅三面都被植物环绕，植物能够吸收噪声，私密性好，环境舒适、雅致，很受居民喜爱。

各种形式座椅见图 9.3-3。

图 9.3-3 各种形式座椅

9.3.3 健身器材

老旧小区普遍存在着健身器材种类配置不全、数量配置不足、布置不合理等问题，还有部分健身器材损坏，年久失修，不能满足居民的健身锻炼需求。

1. 选址原则

小区内的户外健身器材选址需遵循以下原则：

1）在周边环境允许的情况下，健身娱乐活动空间及设施应尽可能多接触阳光，提高户外活动空间的日照时间。

2）考虑小区风道等小气候环境的影响，注意避开风道。

3）远离城市主要道路、道路的交叉口等车流量大的区域，避免噪声干扰。

2. 场地设计

1）结合绿化景观布置健身器材

（1）健身设施需要有一定面积的场地。健身场地与绿化景观应有机结合，并应控制好两者之间的比例关系，不要一味为增加绿化率而缩减户外活动空间的场地。

（2）宅前绿地安置的健身设施应选用相对安静、不扰民的器材类型。由于宅前绿地面积相对较小，适宜布置一些小型健身器械，一方面有利于激活住区宅前绿地的生机与活力，也为运动健身营造了优美健康的环境（图9.3-4）。

图 9.3-4 结合绿色景观设置健身设施

2）拓展纵向空间中的健身设施

在平面空间充分利用的基础上，利用纵向空间来发展供居民运动健身活动的空间，并使其横向空间与纵向空间协同发展，提供更丰富多样的运动健身设施；将不同类型的健身空间在纵向上合理组织，例如将健身步道空间架高抬起，其底部空间可以用来供居民休憩或者进行其他运动健身活动,或者对步道进行抬升,其形成的立面空间也可以提供一些攀爬空间;还利用一些空间中既有的立面墙体或者新建一些立面墙体来设置一些攀爬和攀岩空间,更加充分的利用纵向空间来发展居民的运动健身活动,如图 9.3-5、图 9.3-6 所示。

图 9.3-5　攀爬娱乐健身设施　　　　　　　　　　图 9.3-6　攀岩墙

3)丰富健身场地地面铺装

采用不同地面铺装材料(图 9.3-7)可以有效区分不同户外活动空间,如为老年人健足运动的铺地,一般利用鹅卵石达到按摩穴位的健身效果。在一些儿童开展活动的场地及周边,往往铺设具有保护性措施软质铺地材质,缓解儿童玩耍从游戏设施上跌落的疼痛感。营造丰富多变具有层次感的户外健身娱乐空间,地面铺装的材质选择、平面图形的搭配、质感的差异等都应充分考虑。

图 9.3-7　丰富地面铺装示意图

3. 器材配置

根据室外健身活动人群年龄的差异,合理配置健身器材,增加适合不同年龄人群使用的器材。在住区内设置滑梯、沙坑等供儿童玩耍的设施,在附近结合布置供成年人娱乐的设施,照看儿童的同时可进行活动。协调各年龄段共同使用健身器材,将不同年龄段适合的健身器材合理配置,在同一空间能既有老年人适合的健身器材,又有儿童游乐设施,满足"以老带新、以新顾老"的共同需求,如图 9.3-8 所示。随着人口老龄化问题的日益突出,改造时结合小区实际情况增设适老健身器材,如太极揉推器、腰部按摩器、上肢牵引器、二位蹬力器、室外漫步机、三位扭腰器等,见图 9.3-9。

图 9.3-8 健身设施适合不同年龄层面使用者

名称	太极揉推器	腿部按摩器	腰部按摩器	二位蹬力器
图示				
适老性功能说明	增强肩肘髋部和膝部等部位的肌肉力量和韧带拉伸力量	活动膝关节，并可舒筋活络，缓解腿部疲劳	锻炼腰背部肌肉，缓解腰部疲劳	增强下肢及腰背部力量，强化腿、腰背部力量
名称	上肢牵引器	室外漫步机	三位扭腰器	棋牌桌
图示				
适老性功能说明	锻炼臂力，活动肩部	锻炼下肢肌肉力量，增强心血管系统及心肺呼吸功能	锻炼髋部、腰部力量，增强柔韧性和灵活性	可进行趣味性强的活动，增强大脑运动

图 9.3-9 适老室外健身器材

4. 设计要点

合理配置健身器材，能够将休憩空间丰富化，并将居住外部空间整合，形成趣味性和功能性互补的游憩区，为居民提供方便的健身环境。

1）注重设施的聚合效应

通过设计，积极引导居民进行运动健身活动并为居民提供交往环境，使空间的聚合带来人群的聚合，使居民得到更好的交流体验和运动体验，充分调动居民参与社区户外运动健身活动的积极性，使社区运动健身空间成为居民社区户外的重要聚集场所。在运动设施构建中要尽量形成联合关系，一个可以提供多人共同进行运动健身的设施系统可以方便居民们在进行健身活动的同时更好的交流（图 9.3-10）；根据居民结伴运动的心理，将运动设施成组放置，吸引更多的居民参与健身活动（图 9.3-11）。

图 9.3-10 具有联合关系的运动健身设施   图 9.3-11 成组
放置的器材

2) 优化健身器材的色彩搭配

老旧社区户外运动健身空间设施的色调要与周围的整体环境相协调，充分考虑其与建筑色彩、周围植物色彩之间的关系，达到较为舒适的视觉效果。采用明度和纯度较高的色彩较为明快，具有较强的识别性和吸引力，更能激发居民进行健身活动，将这些色彩与设施的形态、材料、表面肌理等客观因素相配合，可以营造出更加活力、自然和协调的空间环境。但设施的色彩也不要过于浓艳和繁杂，过于夸张的色彩会对居民造成不好的视觉体验，从而影响居民社区户外健身活动的质量。

9.3.4 健康步道

随着生活水平的不断提高，人们不断追求高品质生活，跑步成为一种健身运动新时尚。国家对于健康步道的建设也在不断加强。许多城市公园内设有健康步道，一些新建成的小区内也设置了健康步道。这些健身工程提升了整体居住环境，又增加了运动体验，满足了不同居民的运动需求。但对于老旧小区，通常没有健康步道，有健康步道的也未形成闭合环道，在老旧小区改造时，应结合小区现有实际情况，合理设置健康步道。

1. 改造策略

1) 健康步道与一般道路在路面颜色、材质等方面应有明显区别，一般用能保护锻炼者的材质铺设，并在步道路面及周边设置里程标识、健身指南标识。

2) 健康步道的改造坚持"以人为本"，进行人性化的设计。路面可以采用透水沥青或硅胶颗粒材料，雨水落下后可以做到快速吸收下渗，不产生积水；硅胶路面柔软舒适，可提升运动的舒适感。

3) 步道根据使用功能设置颜色，区分跑步和漫步空间，将"快"与"慢"分隔开，减少拥堵和运动撞伤，见图 9.3-12。

2. 路线规划

结合小区内步行交通系统进行设置，尽可能形成完整的闭合环路，与周围广场等景观相结合，形成体验感丰富的步行系统。对于老旧小区以往没有规划健康步道的空间，可以在既有居住区交通和停车系统改造的基础上，充分考虑人车分行的交通组织方式，选择一

图 9.3-12 健康步道示意图

定宽度范围改造成健康步道。

9.3.5 儿童活动设施

随着国家全面开放三孩的政策实施，儿童人口数量将会增长。在进行老旧小区公共设施改造时，应加强对儿童活动设施的配套。

1. 选址要求

儿童的户外活动以自发性活动和社会性活动为主，儿童活动公共空间的质量是影响儿童户外活动频率的主要因素。场地选址应充分考虑通风、采光、温湿度等气候条件，同时还要考虑周边的交通状况，保证儿童能够在一个安全的环境中进行各种活动。场地选址应满足以下条件：

1) 日照和良好通风

场地应选择在建筑间距较大空间内，场地留有足够的向阳面，保证儿童在冬季能够享受充足的阳光，为儿童营造开阔明媚的空间环境；场地内种植有夏季常绿乔木，能够遮挡夏日强烈的阳光。场地应选择在通风条件良好的位置，保证干爽舒适的空间环境，并在冬季主导风向方向设施设置一定的遮挡屏障。场地尽量避免设置在高层建筑之间的风口位置。

2) 远离噪声及污染

场地应远离主要的交通干道，与车辆出入口、道路交叉口保持一定的距离，营造一个安全的活动环境。远离噪声及其他污染源的影响，并利用具有隔声和吸附粉尘的植物做适当的围挡屏障。场地应选择在较为平整的地面，避免因台阶形成安全隐患。

3) 与住宅保持适当距离

便于儿童从住宅进入活动场地内进行游戏，但不能紧邻住宅，避免影响居民的休息，可与成人的健身活动空间结合设置，方便成人照看儿童。

2. 儿童设施场地设计

住区中的游戏空间改造主要以儿童游戏场地的形式出现，按等级分为组团和院落两个级别。组团绿地中的游戏场地宜结合组团中心绿地进行设置，场地内可放置多种类型的游乐设施，如多功能组装滑梯、锻炼攀爬架、转筒、转伞等。场地允许的情况下可根据年龄段进行游戏分区，为儿童开展群体游戏创造条件。院落中的游戏场地主要设置住宅单元围合的公共空间内，由于场地的限制，可适当设置简单的游乐设施，如沙坑、秋千、跷跷板等。户外公共空间紧缺的小区进行儿童设施改造时，可以考虑利用架空层的空间，改造成为儿童活动场地，这种方式能有效解决因天气原因导致儿童无法进行户外活动的问题。

户外儿童活动场地设计时，应注意以下事项：

1）合理设置场地地形

合理设置儿童活动场地的地形不仅能提高儿童游戏的安全性，还可以增加活动的趣味性。儿童活动场地可结合坡地等有高差而富于变化的地形来设计，营造丰富的景观效果。起伏的草坪比开阔平坦的草坪更有吸引力。场地坡度一般为 $1\%\sim5\%$，利于排水并保持地面的干爽。儿童游乐设施如滑梯，可利用地形直接修建在斜坡上，与周边环境相协调。

2）结合绿化空间设计

利用大自然的中绿化植物的形状、色彩可以刺激儿童的认知需求。儿童活动场地内可以利用天然植物的材质如树干、树枝等设计游乐设施，各级公共绿地内适当种植开花结果及季节变化明显的植物，让儿童增加认知大自然的兴趣，懂得大自然变化的规律。

3）丰富铺装设计

儿童设施场地的主要道路可用沥青类材料，广场或闲坐区可以用混凝土透水砖铺装，此类铺装吸水性好，为儿童提供球类比赛、跳绳等集体活动的场地。软质铺装主要有沙地、木屑地、塑胶地和草坪。此类铺装多设在儿童游戏器械场地，防止儿童在游戏过程中跌落损伤，起到缓冲保护的作用。

儿童活动场地的铺装应有鲜明的色彩组成的各色图案，视觉的刺激能吸引儿童的注意，营造明快、活泼的活动氛围。柔软的草坪是儿童奔跑和打滚的最佳场地，草坪还能改善周边环境，降低地表温度。草坪可设置一定的缓坡，便于排水，还能营造场地的多样变化。草坪内可结合沙坑、秋千等游戏设施，提高活动的趣味性。

3. 儿童器械配置

1）儿童游戏器械

住区内活动场地应提供多种儿童游戏器械选择。游戏器械按性质可分为智力型、体力型和组合型等。智力型的游戏器械主要是以开发儿童智力为出发点，通过游戏可以培养儿童认知的能力和学习的兴趣，如串珠游戏、画板游戏等；体力型游戏器械主要以锻炼儿童体能为出发点，根据儿童的动作特点来设计器械，达到增强儿童体能的目的，如攀岩墙、攀爬架等；组合型是综合智力型和体力型的游戏器械，儿童在游戏的过程既能够学习技能，又能锻炼体能。另外，游戏设施要符合儿童的尺寸，包括儿童攀爬的高度、脚能抬高的尺寸、手握铁管的粗细等。器械最好采用自然式的曲线或圆角，还要按难易程度分级设置，儿童可以随着年龄的增长使用适合身体尺度的游戏器械。

2）儿童体育器材

儿童时期是人身体快速发育成长的阶段，儿童通过运动可以达到锻炼身体、增强体质的目的，同时有利于提高肢体的协调能力。一般的运动场地如篮球场、羽毛球场和游泳场等设施通常设置在居住区或居住小区的中心绿地内。组团绿地内可在儿童活动场地内组合设置游戏和运动相结合的活动设施，如可以在滑梯旁设置攀爬架、攀岩墙等。空间允许的情况下，也可以在组团中心开辟专门的小型的训练场地，如滑轮训练场等。在步行空间方面，可以结合现有的小区道路改造跑步道，以不同材质铺地，区分使用功能。

9.3.6　应用案例

1. 西安市太液坊小区公共设施改造

1）项目概况

小区室外活动空间的使用主体是儿童及其监护人。室外活动围绕小区内的健身器材、休憩座椅和宅前空地展开，小区内的组团绿地空间无人问津，主要原因是由于组团绿地未进行场地环境合理化设计，树木杂乱，停车挤占。

2）改造技术

入口广场：与北侧运动健身场地呼应，以硬质铺装铺地，广场上布置一字型面对面休憩座椅，用以分隔车行空间和广场空间。居民室外活动以静态为主，但入口广场作为活动流线的起始点，应在布设休憩场所的同时注重空间序列的流动性。

树阵游园：结合原有树木，林下布置休憩座椅，供居民休闲放松，看护儿童。铺地为硬质铺装，空间功能可以为小型聚会、表演、广场舞等，从而提高空间利用率。

儿童活动场地：活动场以软质铺装为主，以提高儿童活动的安全性。配置相应的儿童游乐设施，如跷跷板、滑梯等。在西侧、东侧种植灌木树丛，以适度围合的方式来分隔空间保证儿童活动不受行车交通的干扰。

更新改造后的室外活动空间见图 9.3-13。

一字型面对面休憩座椅　　　　　　　林下围合式座椅　　　　　　　　儿童活动场地

图 9.3-13　更新改造后的室外活动空间

2. 上海市翔殷路 491 弄小区儿童设施改造

1）项目概况

小区建于 1993 年，居民以老人、儿童居多，小区内有两处集中绿地，中央绿地设有凉亭和健身设施，居民使用频率较高，小区活动也多在中央绿地举行，北侧的集中绿地规模较小，乔木众多，日照较少，居民使用率低。由于小区健身器材多是供成人使用的，健身设施全部都是按照成人的尺寸设计的。上海市规土局启动了"行走上海 2017—社区空间微更新计划"活动,将翔殷路491弄小区集中绿地进行上报,更新需求是将小区集中绿地改造成供儿童娱乐的户外亲子活动空间。

2)改造技术及效果

小区绿地改建成适合儿童户外娱乐的活动空间,乐园内有滑梯、网道、旋转门、游戏面板、瓢虫雕塑等。乐园的老树得到保护,在其周围设置了圆形座椅。改造后,获得小区居民的一致好评,见图9.3-14。

图9.3-14 改造后的儿童活动空间

9.4 环保设施改造技术

9.4.1 概况

环保设施改造分为垃圾分类与回收、再生资源回收两大类。既有住区推行生活垃圾分类,但是小区提供的分类垃圾箱不全,与生活垃圾分类要求不匹配。再生资源是能够反复加工利用的资源,生活垃圾中的再生资源,通过回收后进行再加工,就能够变成其他可供消费的物品。回收再生资源,是减少生活垃圾产生的重要途径。

9.4.2 垃圾分类与回收

1. 垃圾箱分类

垃圾一般分为可回收垃圾、有害垃圾、不可回收垃圾以及其他垃圾。居住区可以根据场地实际情况,放置分类垃圾回收点。通过兑换小商品等方式,鼓励居民养成垃圾分类的习惯。还可配合垃圾分类宣传栏,提高居民垃圾分类意识,见图9.4-1。

图 9.4-1　垃圾分类

2. 设置位置

垃圾回收点主要设置在小区单元出入口和人流通过的位置，便于居民进行垃圾投放。一般在楼栋单元门附近设置固定的分类垃圾箱，在住区内非生活区的空地进行垃圾集中回收。

3. 日常维护

由物业管理部门或垃圾回收公司进行管理。完善生活垃圾分类目录及投放细则规范，并重点考虑提高居民垃圾分类的便利性及实用性，从而提高居民分类参与率。设立垃圾分类投放监督员，督促居民履行生活垃圾分类义务，监督生活垃圾分类收集、收运、和清洗等。

9.4.3　再生资源回收利用

再生资源一般采用定时定点的方式进行回收。在规定的时间、确定的地点回收再生资源，方便居民投放、再生资源公司回收。

1. 设置资源回收日

由小区物业根据小区居民的需要，可将每周的某一天固定为"资源回收日"，特殊情况，也可不定期的回收再生资源。

2. 设置回收设施位置

住区内按组团设置公共废品回收点，并加强资源回收再利用的宣传教育。到回收再生资源的时间开放，让居民自行将再生资源投放到回收点。再生资源回收点的开放日期要与环保公司协商，确保当天就将回收的再生资源交由环保公司运走，避免在小区堆放。

9.4.4　应用案例

1. 上海虹口区蒋家桥小区环保设施改造

1）项目概况

蒋家桥社区建于 20 世纪 90 年代初，占地面积 4.22 万 m^2，常住人口接近 1800 人。2018 年初，社区作为虹口区第一个"两网融合"试点，引入社会企业运营管理。

2）改造技术

采用"互联网＋分类回收"的模式，利用专业的垃圾分类指导系统，采取智能回收设备、非智能回收箱、定时定点回收和上门回收等模式，通过环保理念宣传、垃圾分类指导、积分兑换和现金回馈体系，降低垃圾分类回收门槛，引导和鼓励居民积极参与垃圾分类，有效解决垃圾围城和资源浪费问题。

在实施两网融合过程中，虹口区绿化和市容管理局出资对垃圾箱房先行进行改造。设置了6组智能垃圾分类桶及1台积分兑换礼品设备。实行每天早、晚各2h的"定时、定点"投放，其他时间关闭投放口的制度。该智能垃圾桶的底部配有自动称重系统，与运营企业的后台数据服务系统相连。居民刷卡投放垃圾后，后台数据系统能查看每户居民垃圾投放的时间点、各类垃圾重量及积分数据。另外，每个垃圾箱都设有满溢报警功能，一旦满溢，系统维护员会及时通知环卫工人进行清运。目前点位分别设置了智能干垃圾桶4个、智能湿垃圾桶3个、智能有害桶1个、智能可回收物桶4个（玻璃类、纸张类、塑料类、金属类回收桶各1个），箱房改造还新增志愿者休息空间。由于干垃圾桶的减少，环卫作业单位相应增加了作业频次和作业时间，见图9.4-2。

图 9.4-2 垃圾箱房改造

3）改造效果

改造后4个月内的统计数据显示，湿垃圾分类交投活跃度77.86%（湿垃圾累积投放次数为30241次，平均每户投放48.85次，2.7天投放1次）较之前该小区湿垃圾分类交投活跃度（23%）显著上升。可回收物交投、分类积分和自助兑换均比较踊跃。

2. 上海黄浦区老西门街道龙门邨小区环保设施改造

1）项目概况

龙门邨小区位于尚文路133弄，始建于1935年，面积23.14亩，共有76幢房屋。1999年龙门邨列为"上海市优秀历史建筑"，2004年被公布为"黄浦区登记不可移动文物"。小区开始建设规划时没有考虑安放垃圾箱房，环卫设施不完备。

2）改造技术

2019年"五一"后，实行生活垃圾定时定点投放，居民志愿者帮助分类。在两处投放点上，原来零星摆放的垃圾桶已撤走，取而代之的，是干湿成组摆放的"两分类"垃圾桶，以及崭新的移动式"四分类"垃圾箱房。其次，每天早上7：30～8：30，晚上6：30～7：30设有两个投放时段，每周四上午增设可回收物、有害垃圾、大件垃圾的投放时间段。投放时间段结束后，由环卫部门安排分类运输车辆分类清运。在非投放时间段，小区内垃圾桶全部撤走，为防止小区内垃圾落地，居委会联合网格工作站、环卫保洁公司等组成巡逻保障志愿者队伍进行巡查，一旦发现落地垃圾，就开始"追根溯源"查找垃圾主人，上门沟通劝解，见图9.4-3。

图 9.4-3　干湿垃圾分类改造

本章参考文献

［1］　国务院办公厅关于全面推进城镇老旧小区改造工作的指导意见（国办发〔2020〕23 号）http：//www. gov. cn/zhengce/content/2020-07/20/content _ 5528320. htm.

［2］　吴晨珏. 基于 15 分钟生活圈的老旧小区公共设施服务水平分析及对策研究［J］. 福建建筑，2021（7）：16-21.

［3］　孙晶. 西安市老旧住区室外环境更新改造策略与方法研究［D］. 西安建筑科技大学，2018.

第四篇

环 境 改 造 篇

第10章 室内环境改造技术

10.1 概述

随着我国经济建设的高速发展和城市化进程的推进，居民生活水平和住宅建造标准的不断提高，老旧小区住宅落后的室内环境已不能满足新时代人民对居住室内环境的更高的需求。室内环境是影响建筑舒适性和健康性的重要方面，因此对既有居住建筑进行室内环境改造不仅能提高居民居住品质，也符合国家大力发展绿色健康建筑要求。

室内环境涉及声、光、湿热环境和室内空气品质等。室内环境改造是利用各种主动、被动技术对室内的声环境、光环境、热湿环境、空气质量和楼内公共空间环境进行相应的改造，达到改善室内空间环境、提升居住舒适性和健康性等目的。

10.2 声环境改造技术

10.2.1 概况

随着我国城市化进程快速发展，外部的交通噪声、施工噪声成为城市噪声污染的主要来源，在建筑内部，空调、水泵等建筑设备也成为室内的噪声来源，同时可能还有邻里之间的噪声干扰。国内受经济水平和技术条件的限制，早期的建筑对室内声环境不够重视，存在不少声学设计缺陷，主要表现在[1]：

1）住宅建设量大，用地紧张，居住密度高，加重了邻里间的相互干扰。

2）建筑墙体隔声性能有所下降。过去多层住宅的分户墙大多为240厚黏土砖墙，双面抹灰，计权隔声量约为53dB，可满足隔声要求；随着对土地资源的保护和建筑工业化的快速发展，国家逐步限制实心黏土砖的使用，由轻质墙体材料代替，这给墙体隔声带来了不利影响。由单一材料、单层结构做成轻质墙体，计权隔声量普遍低于40dB，若用作分户墙则不能达到国家规定的隔声标准。

3）住宅楼板振动传声难以控制。钢筋混凝土楼板厚度一般较薄，隔声性能较弱。

4）公共楼梯间影响居室内声环境。开向楼梯间的入户门隔声性能若不好，则难以隔绝公共空间产生的噪声。

5）电梯、空调室外机等设备的运行产生噪声。若住宅楼内电梯井道未采取降噪或间隔空间措施，电梯运行噪声直接影响到住户的正常生活。

6）厨房、卫生间排水管道未经隔声处理，排水也会产生噪声。

10.2.2 更换高性能外窗

外窗是建筑隔声的薄弱环节，提高外窗的隔声性能是提高建筑隔声性能的重要途径。

节能隔声窗见图 10.2-1。

1. 外窗的选型与设计

影响建筑外窗隔声性能的因素主要包括隔声窗层数、玻璃构造、开启方式与密封形式、窗框型材等。推拉窗由于密封性较差会导致高频漏声；窗框型材厚度增大使窗体、墙体接触面加大，增强窗体密封性，进而提高整窗隔声性能。

隔声改造时，应在室外声环境噪声级监测的基础上测算外窗隔声性能要求值，依次按照窗层数、开启方式、窗框型材与窗玻璃构造进行优化设计。当对建筑隔声性能改造外窗时，可取 $R_w + C_{tr} = 37dB$ 的隔声量作为界限值来确定外窗是单层还是双层窗[2]。在对外窗进行隔声改造设计时，还应注意与噪声特点、建筑性质和房间使用功能相结合，并结合外窗的节能改造等要求确定外窗类型。

2. 外窗改造施工

改造时一般需对原旧窗所依附的墙体凿打后，先拆卸窗外框，对墙体进行修复后，再重新安装新窗。墙体洞口与窗边缝隙先用发泡聚氨酯填塞，窗内外两侧打密封胶，窗内侧包窗套、外面下侧采用导水板等措施解决安装间隙传声的问题[3]。

若要保证原墙体不破坏，在原旧窗外框强度满足的情况下，套以附框再安装新窗[4]，见图 10.2-2，可按以下工艺施工：施工准备→旧框修整→周边卫生清理→安装附框→植入膨胀胶管→新窗产品安装→整窗界面胶打注。

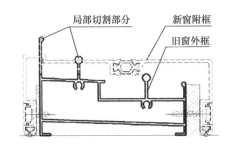

局部切割部分　新窗附框
旧窗外框

图 10.2-1　节能隔声窗　　　　图 10.2-2　外框整体示意图

10.2.3　墙体隔声技术

对于同时要进行节能改造的外墙，由于墙体的面密度较大，聚苯板等保温材料也有一定的隔声功能，一般情况下不需要再对外墙进行隔声处理，因此下面重点阐述内墙的隔声降噪技术。

内墙中的承重墙体以黏土砖、页岩黏土砖、沙岩砖、混凝土实心砌块和现浇钢筋混凝土墙体等为主，具有良好的隔声性能。传统的标准实心黏土砖墙厚一般为240mm，面密度约为 $500kg/m^2$，厚度为240mm的双面抹灰的砖墙计权隔声量约55dB[6]，这类墙体一般也可以不做隔声处理，内墙的隔声改造主要针对非承重轻质内隔墙。

1. 增加墙体面密度

根据隔声的质量定律，增加墙材密度能够提高墙体的隔声效果，单层墙体可以适当增加内外抹灰厚度或铺粘吸声材料，双层墙还可以在中间的空气层填充玻璃棉、岩棉和矿棉毡等多孔吸声材料，轻质墙则可以做成夹层结构，增加空气层厚度，增加墙板密度等。需要注意的是，一般增加墙体面密度会相应增加结构荷载，减少室内使用面积，因此在具体应用时需结合具体情况综合确定。

2. 安装隔声板

切割板材时要保证切边平滑，安装隔声板时较长的边要垂直副龙骨，较短的边则需要错缝安装，如有必要，可在预留的空腔内填充吸声棉。装好之后，使用密封剂将缝隙填充，并适当挤压，确保板间、板墙间的缝隙严密。施工流程如下：墙面清理→测量画线→安装减振器和龙骨→安装吸声板→孔洞和接缝处理→表面装饰。

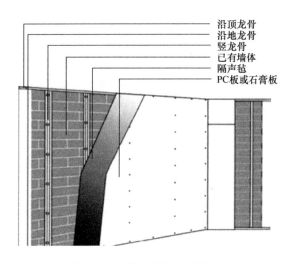

图 10.2-3　隔声毡施工示意图

3. 安装隔声毡

清理完墙面后用专门的胶将隔声毡粘在石膏板等板面上，或在已有墙体上先贴一层隔声毡，然后安装龙骨后（隔声要求高时可在龙骨内填充吸声棉），再平铺隔声毡，见图 10.2-3，之后再安装第二层石膏板、纤维水泥板或隔声板。隔声毡的缝隙中间最好用密封胶密封，以免形成声桥，影响隔声效果。

4. 孔洞和缝隙处理

内墙上往往由于安装电器开关盒、插座盒或埋设管线、穿墙需要打洞，如处理不当，将降低墙体隔声量。当墙上必须留洞穿电缆或其他管线时，可在孔洞处预埋凸出墙面一定长度的管子，当电缆等管线穿好后，再用矿棉、玻璃棉等多孔吸声材料填实管内空隙。

10.2.4　楼板降噪技术

钢筋混凝土材料具有良好的空气声隔声性能，120mm 厚的钢筋混凝土楼板空气声隔声量为 48～50dB，可满足绿色建筑相关标准对室内声环境的要求，但其撞击隔声量为 80～82dB，难以达到标准要求[7]。撞击声的隔绝主要是通过材料的本身性能和构造来消耗振动的能量，从而减小振动的传播来降低噪声，可采取以下措施：

1. 楼面隔声处理

楼面经处理后，在装饰面层直接铺设地毯等弹性材料，或用弹性饰面层如软木地面、塑料地面等，以降低楼板本身的振动，减弱其撞击声的能量。

2. 采用浮筑楼板

浮筑楼板是在楼板与面层之间加弹性垫层（如木丝板、甘蔗板、软木片、玻璃棉、矿棉毡和棉毡等），使楼板与装饰面层完全隔离，该构造措施具有较好的隔声效果，做法可参考图10.2-4。同时，为避免引起墙体振动，在面层和墙体的交接处也应脱开，以避免产生"声桥"。在应用过程中，需注意避免结构楼板基层不平整、混凝土保护层配筋不当、保护层伸缩缝设置不合理等原因造成的保护层开裂。

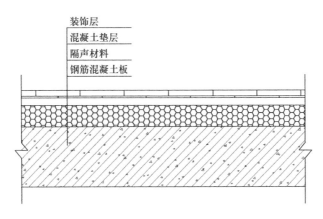

图 10.2-4　浮筑楼板做法示意图

针对需要进行楼面保温改造的建筑，为保证室内净高，可以采用石墨聚苯板、挤塑板、硬泡聚氨酯、聚酯纤维复合卷材、保温隔声砂浆等同时具有保温和隔声的材料来代替弹性垫层。

3. 楼板下加设吊顶

吊顶主要是隔绝楼板层产生的空气传声，主要由减振悬挂件、吊顶龙骨、隔声吸声材料以及石膏板组成，通常吊顶的质量越大，整体性越强，隔声效果越好，吊顶的做法可参考图10.2-5。此外，吊顶与楼板之间如采用弹性连接，则隔声性能大大提高。但增加吊顶会降低室内净高，在既有居住建筑中应用时需要综合考虑。

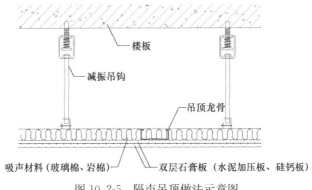

图 10.2-5　隔声吊顶做法示意图

10.2.5 暖通空调降噪技术

暖通空调系统包括空调系统、供暖系统和通风系统。普通住宅的空调系统一般以分体式空调为主，别墅、公寓也可能采用中央空调或多联机空调。在严寒和寒冷地区一般的居住建筑采用集中供暖系统，住宅建筑通风以自然通风为主。暖通空调系统的噪声主要来自暖通设备及管线，这些噪声不仅影响系统的正常运行，也影响住户的生活品质。

1. 优化系统设计

暖通空调系统改造时，可根据原系统使用情况及住户需求进行优化设计，如对风机的风压与送风量进行精确计算，避免预留过多风压或风口面积过小，增加噪声；尽量设置消声弯头，避免使用小半径或直角弯头；为了防止钢板振动引起的噪声，要合理控制风管长度。

2. 安装消声器

对于采用了管道送回风的系统，可以在出风口处安装消声装置，从而有效减少因气体流动而产生的噪声，使其能够符合人们对噪声控制的要求，较好的消声器设备能够将噪声减少到 40dB 左右。消声器应设独立支吊架，安装方向必须正确，与风管的连接应严密。

3. 减振隔振

空调室外机等运转的设备产生振动，形成噪声，或者传给底座和连接的管件，并传到其他房间中。在改造时，可以在设备和基础间设置弹性材料或器件，有效减少固体噪声的传递。风管安装时，在管道支吊架、穿墙处作隔振处理。常见的隔振器主要有金属隔振器、橡胶隔振器和各种隔振垫等。在管路振动最强烈的地方，增加阻尼材料，可以很好地控制管路振动。

4. 选择低噪声设备

空调室外机噪声过大时，可以根据具体原因针对性地维修解决，如在压缩机表面包裹毛毡类的隔声材料来解决压缩机工作时产生的噪声问题。如果暖通空调设备使用年限较长、维修成本过高，可考虑更换成性能更好的低噪声设备。

10.2.6 电梯降噪技术

电梯的噪声来源主要有电梯机房内的曳引机、控制柜的噪声和井道内的振动与噪声。电梯承重钢架与建筑结构刚性连接，电梯运行时产生的固体噪声通过主机机座向楼体及下方楼板传播，再由楼板向下方的住户的卧室墙体及房间传播，造成固体及金属传声，引起楼下住户室内噪声超标，特别是顶层住户和与电梯井道相邻的住户。在电梯噪声治理时，首先要区分空气传导噪声和固体连接传声，哪一种是造成环境噪声超标的主要原因，然后采取有针对性的降噪措施。

1. 机房内振动控制

1）严格控制电动机和曳引轮的动平衡，在曳引孔上设计消声套管，衰减电梯机房噪声向外传播，达到降噪目的。

2）机座采取隔振措施，更换老化的减振器。

3）控制柜底座加装隔离减振器。

2. 机房内噪声控制

1）在电梯机房内的墙壁做隔声和吸声处理，降低机房内驻波混响反射和对房间的空气声传导。

2）对电梯机房地面上的钢缆穿越孔洞（曳引孔）进行消声、隔声处理。

3. 井道内振动控制

1）修整导轨的平整度，导轨接头填补弹性阻尼。

2）改变导轨支架的形式。在不影响导轨的刚度的前提下，在导轨支架增加粘弹性阻尼，当振动能量通过导轨支架，向井道壁传递过程中，将机械能转化为热能耗散掉，从而减轻井道壁振动。

3）导轨由多节钢轨组成，每组钢轨两端刚性固定，涂刷黏弹性阻尼材料，降低振动最大处幅值。

4）加装动力吸振器。测量导轨的一阶频率，在其最大振幅的水平面上加装可调式动力吸振器，通过动力吸振器，提供与运动方向相反的力，抵消部分导轨振动。

5）提高导轨的润滑度。

4. 井道内噪声控制

1）在井道内增设出风口（主要针对高速电梯），减少轿厢活塞运动引起的噪声。

2）通过在重点部位铺设吸声板、吸声棉，可以将井道中的噪声部分吸收，降低电梯运行中产生的噪声。

10.2.7 排水降噪技术

室内排水噪声主要来自卫生器具排水产生的噪声和排水管道排水产生的噪声，排水降噪措施主要有：

1. 选用低噪声的卫生器具

如原有的卫生器具噪声过大又难以进行降噪处理，可以换成节水消声的虹吸式坐便器。卫生器具在地面安装时，应在器具的底部加装弹性橡胶隔振层，在墙面安装时则应在接触墙面部位加装橡胶异形件或者橡胶绝缘层。卫生器具的排水管建议采用柔性接头或者柔性接口，减少噪声的产生。

2. 隔声包扎

排水管道的降噪可以利用橡塑、隔声毡、吸声海绵等材料进行包扎，管道隔声包扎是排水管降噪的一种有效、快速、经济的方法。针对不同材质不同频率的噪声，可以选择相对应的隔声材料[9]：

1）PVC-U 管治理低频时噪声可选择橡塑、吸声海绵；中频噪声时可选择隔声毡、橡塑和 EPDM 橡胶；高频噪声时选择隔声毡。

2) HDPE 管在治理低频时噪声选择橡塑、吸声海绵；中频噪声时选择隔声毡、吸声海绵、橡塑；高频噪声时选择隔声毡、橡塑。

3) 铸铁管在治理低频时噪声选择橡塑和 EPDM 橡胶；中频噪声时选择隔声毡、吸声海绵、EPDM 橡胶；高频噪声时选择隔声毡。

3. 使用内螺旋管和降噪三通

该方法是将各楼层的排水通过横向的支管进入总排水管，连接处有一个连接三通。一般采用普通 T 型三通，而降噪三通使进入总排水管的水旋转流动。水流贴壁向下流动，空气在管中央形成气柱，消除了水舌。各种内螺旋管的作用与之相同。降噪三通产生旋转水流，这种旋转水流进入内螺旋管以后，由于内螺旋的凹纹导向，让旋转水流贯通整个管道（图 10.2-6）。

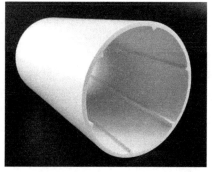

图 10.2-6　内螺旋管和降噪三通

4. 设置适当的通气方式

排水系统的通气方式有双立管排水系统、器具通气排水系统、伸顶通气排水系统和环形通气排水系统。实践表明，排水效果最理想的是双立管排水系统，可明显地加大立管的排水功能，使得立管内的气压得到有效的平衡，减少气塞现象，排水噪声得到有效的控制，适用于高层建筑。当采用单立管排水时，应保留伸顶通气管，在立管与横支管连接的部位加装专用配件，使水流速度得到缓解，减少立管内气压值急剧波动，降低排水噪声。

5. 支吊架减振处理

若排水管与地面或墙面的连接为硬连接，管道的振动会传递到建筑结构上进而产生噪声。可对排水管道的支吊架进行减振处理，还可以对穿墙的管道进行阻尼隔声包扎。

10.2.8　应用案例

1. 上海高架道路边某小区隔声窗改造[5]

1) 项目概况

该小区住宅楼建于 20 世纪 80 年代，靠近高架路的第一排居民住宅楼共 6 层（图 10.2-7）。改造前，住宅入户门多为夹板门，窗户多为单层玻璃钢窗（图 10.2-8），住宅声环境质量较差，其中室外噪声昼间为 67～77dB（A），夜间为 64～72dB（A），不满足规范要求。

2）改造技术

环境噪声对建筑迎声面与背声面影响差异较大。因此针对起居室、卧室、阳台、厨房、卫生间、楼梯间并结合具体朝向分别制定了隔声窗的更换方案，在迎声面的外窗采用双玻塑钢窗（图10.2-9、图10.2-10），入户门更换为密封性能更好的钢质隔声防盗门。

图10.2-7　改造前建筑外立面

图10.2-8　改造前单玻钢窗

图10.2-9　改造后建筑外立面

图10.2-10　改造后隔声窗

3）改造效果

改造后房间隔声降噪效果大大增强，室内外声级差在28.3～38.6dB之间，比改造前的室内外声级差提高了5.4～13.7dB；改造后测试室内噪声，昼间为32.9～39.1dB，夜间为25.0～34.3dB，均低于国家规范规定的室内昼间噪声45dB(A)、夜间噪声37dB(A)的限值要求。

2. 北京某小区 3 号楼电梯噪声改造[8]

1）项目概况

该楼共有电梯 3 台，梯速 1.75m/s，25 层站。电梯运行时在电梯机房实测噪声 75dB（A），电梯轿厢内运行实测最大值为 50dB（A），电梯开关门过程实测最大噪声值 60dB（A），曳引机有明显的振动并通过墙体结构可传导到 18 层住户，18 层至 25 层 14 个住户均受到不同程度影响。25 层的住户客厅中距离井道壁墙面 1m 处，夜间测得噪声值 46dB（A）。18 层住户客厅中距离井道壁墙面 1m 处，夜间测得噪声值为 40dB（A）。

2）改造技术

（1）机房和井道壁加装吸声装置

由于电梯机房的四周墙面和顶面均为平面墙体，对电梯运行噪声吸收能力极差，使机房内的噪声增大。对电梯机房墙面及顶部全部施工成龙骨架结构，龙骨架内装有符合消防安全的低频共振消声层、吸声织物、吸声孔板、镀锌护板等。16 层以上电梯井道四面内壁铺装了具有防火功能的石膏和纤维的混合吸声体。如图 10.2-11 所示，机房墙面铺装混合吸声材料。

（2）切断电梯主机设备刚性连接结构振动的频率途径

① 挪移电梯主机。把主机线的动力线和抱闸线做好标记并拆除，把主机机座的连接螺丝拆除后，将手拉葫芦挂在机房顶板的承重吊钩上，并用钢丝绳把主机捆好吊起来，将主机挪至不妨碍施工的机房地面上。

② 改造电梯主机机座施工。用 2 根 20 号槽钢和机座的 2 根槽钢焊接成长方形的固体机座，作为增加曳引机隔振装置的承重梁。根据电梯机组的频率、承载重量等参数，选择匹配的隔离装置，同时不弃除原有曳引机减振橡胶，目的是让原有减振橡胶起曳引机的 1 次隔振作用，而在底座加装的电梯机组专用隔振装置，起到 2 次隔振作用，见图 10.2-12。

图 10.2-11　机房墙面铺装混合吸声材料

图 10.2-12　改造后的电梯主机

（3）控制柜底座加装隔离减振器

由于控制柜的运行接触器和制动器的接触器会产生振动和噪声，控制柜的底座与机房地面基础结构连接，为了切断噪声的传播途径，在电梯控制柜基座与地面之间加装 4 个隔振装置，隔振层装置是 2 个圆铁板上焊接连接螺栓、中间夹有橡胶层，以阻断减振控制柜振动的传导，如图 10.2-13 所示。

（4）更换机房大门

将电梯机房的防火门更换成隔声防火门。

图 10.2-13 控制柜底座加装隔离减振器

3）改造效果

对噪声和振动的治理后，测试机房噪声 65dB（A），25 层的住户，在其客厅中距离井道壁墙面 1m 处夜间测得噪声，电梯静止时背景噪声为 28dB（A），电梯运行时为 30dB（A）。25 层以下住户客厅内侧电梯静止和运行时实测数据均为 28dB（A）。

10.3 光环境改造技术

10.3.1 概况

老旧小区住宅的户型设计和空间布局已不能满足新时代人们对居住环境和舒适度的要求，特别是老旧住宅窗地比较小，自然采光效果较差，部分客厅在中间无直接采光，厨房和卫生间的自然采光不足。对室内环境改造时，应关注室内光环境的改造，结合具体情况采取对应的解决方案。

10.3.2 自然光

自然光来源有两部分：日光和天空的散光。日光是由太阳直接照射出来的光束，天空的散光是空气中的微粒对阳光的散射。当自然光进入建筑物内部空间时，电光源可以作为补充光源使用。合理利用自然光便能减少对电光源的需要，降低对照明能源的消耗。

1. 增加采光面积

既有居住建筑改造时，可以直接通过计算改造后的窗地比核算房间的采光系数是否达标，在满足窗墙比和开窗位置限值要求的同时，要尽可能地增加采光窗，并优化开窗方向来增加采光面积，例如设置侧窗采光、天窗采光、中庭采光。对于部分地下空间天然采光不足时，可以通过增设采光天窗、设置下沉庭院等方式来改善室内光环境。

2. 采用新型采光系统

当受到建筑本身或周围环境限制无法增加采光面积时，可以采用新型采光系统，将自然光最大限度地引入室内。它是通过反射、折射、衍射等方法，运用导光管、光导纤维、采光隔板、棱镜窗等技术将自然光引入并传输到室内。

1）导光棱镜窗

将窗上的部分普通透光材质换成棱镜，可以改变室外天然光光线的入射方向，使其可以照射进房间的更深处。由于透过棱镜窗所形成的影像是模糊变形的，为了不影响观察的可视度，使用时最好安装在窗户的中上部视线不能达到的地方，如图 10.3-1 所示。

2）导光管

导光管系统主要由集光器、导光管、调光装置和漫射器组成，如图 10.3-2 所示，采光器一般放置于室外楼顶、地坪或室外墙体的侧面等任何能采到光的地方，导光管的安装需要结构开口，因此改造施工时须用不燃材料进行深层封堵并做好室外侧的防水处理，保证系统的保温、防火、防水性能，调光装置安装完成后应对遮光百叶窗的开启、闭合进行调试，漫射器的安装需要注意与吊顶高度的协调，并在漫射器周边与装饰环的接缝处注入硅胶剂密封。

图 10.3-1 导光棱镜窗

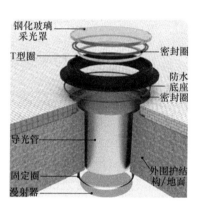

图 10.3-2 导光管系统

3）采光隔板

采光隔板是在侧窗上部安装一个或一组反射装置，使窗口附近的直射阳光经过一次或多次反射进入室内，以提高房间内部照度的采光系统。房间进深不大时，窗口上部安装的反射面将附近的直射阳光反射到房间内部的天花上，再利用天花板的二次反射，提高整个房间的照度和均匀度。采光隔板可以安装窗内侧或外侧，如图 10.3-3 所示，设在外侧时

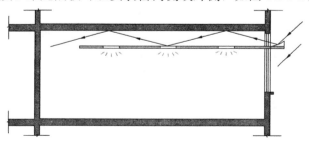

图 10.3-3 采光隔板工作原理示意图

需考虑对建筑外观的影响。

4）光导纤维

光导纤维照明系统主要由聚光器、自动跟踪系统、传光光纤和漫射装置四个主要部分组成，如图 10.3-4 所示。光纤截面尺寸小，直径约为 10mm，所能输送的光通量比导光管小得多，但可以灵活地弯折，而且传光效率比较高，可根据不同的需要使光按照一定规律分布。与导光管采光系统相比，光导纤维采光系统传输距离远，但造价高，施工难度大。

3. 设置外遮阳

遮阳能合理控制太阳光线进入室内，减少建筑空调能耗和照明能耗，改善室内光环境和热环境。根据建筑物所处地域，在不同季节的日照角度、日照时间以及周边环境，通过遮阳角度的合理布置、对光线的反射、折射进行综合考虑及调配，达到对光线的合理运用：夏天，强烈的光线被挡在室外，防止过多的热量进入室内；冬季，温暖的阳光被折射进室内成漫散光状态，改善室内光环境和热环境。外遮阳产品应用于高层住宅建筑或基本风压较大的建筑改造时，必须在改造前进行抗风载荷计算，以满足不同地区、不同高度建筑物的风压要求。

外遮阳根据安装方法可以分为固定式遮阳和活动式遮阳，由于固定式遮阳往往涉及较大的结构和外观改动，因此既有建筑的改造可以考虑采用活动式遮阳，如图 10.3-5 所示。目前常见的活动建筑外遮阳产品有两种，一种是活动外遮阳百叶，另一种是活动外遮阳卷帘。施工时，安装导轨端座，用膨胀螺丝固定后，需对整个导轨进行校正，导轨的准确性直接影响着百叶或卷帘的安装质量。

图 10.3-4　自然光导光纤维

图 10.3-5　外遮阳

10.3.3　反射光

充分利用环境的反射光就是充分利用室内受光面的反射性，从而有效地增加室内的亮度，提高光的利用率。

（1）增设亮瓦和老虎窗

里院建筑为坡屋顶，亮瓦设置的位置和数量可以灵活变化。由于亮瓦的造价低廉，施工技术较为简单，可被广泛地应用。亮瓦不但可以使顶层房间的采光得到补充，提升室内光环境质量，并且不会使建筑的外立面整体风貌受到破坏。老虎窗是里院屋顶常用的开窗形式，可以在内院一侧屋顶上加建改造，成本较高，但是效果明显。这两种方式的局限性在于只能应用于房屋顶层的房间，可根据里院屋顶的情况有选择地应用。

（2）增设亮子和改造入户门

因为里院每户的入户门都朝向里院内部，门开在院内的外廊上，可以对里院入户门增设亮子进行采光优化，亮子与高侧窗的采光效果相似。增加了亮子的入户门，对里院建筑历史风貌影响较小，但是也存在着一定的弊端，亮子会受到建筑层高和门高的双重限制，面积不大，它的采光效率一般。另外，里院的入户门的上半部分改为玻璃和花格窗，或改造成门联窗。

（3）增加反光板辅助采光

反光板置于里院窗口的内外两侧，设置在外侧时，还可以起到遮阳的效果。这种技术应用在里院进深较大房间的外墙窗户上，增加室内天然光的利用率，且不需要高端的设备和复杂的技术。

2）现代采光技术改造方法

（1）更换导光棱镜窗

针对里院进深较大的单侧采光的房间，窗户更换导光棱镜窗。

（2）引入导光管采光

导光管应用在里院里的无采光的房间和地下室，通过导光管技术解决其采光问题，不会对里院建筑的外观历史风貌造成影响。

（3）设置采光隔板

用于层高较高房间和进深较大的里院建筑，也用于建筑的顶层和阁楼。

2. 深圳市福田区某村长租公寓改造[11]

1）项目概况

项目位于深圳市福田区南园街道，占地面积 2.51 万 m²，建筑面积 12.67 万 m²，由经营管理方进行全方位升级改造。该项目建筑布局紧密，巷道狭窄，日照、采光及通风效果差，靠近道路、酒店厨房噪声源，噪声超标。

2）改造技术及效果

该项目内部巷道布置日光照明系统，与灯光照明系统配合使用，白天光照好的条件下由该装置提供照明，光照不足或夜晚则由灯光照明系统提供照明。

门窗面积增加：住宅建筑内不少于 75% 的公共空间采光系数不低于 0.5%，换气次数不低于 2 次/h。该项目对内部空间功能进行整合，将原来采光通风不良的家庭式套型改造为独立式单间个人公寓，餐厨空间一体化设计，部分户型的开窗面积相应增大，采光面积进而增大，大幅改善了室内采光效果。

10.4 湿热环境改造技术

10.4.1 概况

老旧建筑特别是在北方供暖地区在冬季供暖期间，室内达不到舒适温度，这与供暖系统和建筑保温有关。有的建筑即使做了围护结构的保温，但室内仍会有局部发霉结露等问题，主要是因为在做建筑保温时，在其外窗周围、墙角、窗护栏等热桥部位的保温没有做断桥处理，导致局部温度过低而出现发霉结露。室内湿度如果过高，容易引起室内微生物滋生，导致住户过敏，影响了居民的健康。

10.4.2 外保温及断桥技术

外保温位于建筑围护结构的外侧，可缓冲室外温度变化导致的墙体及屋面变形应力，也可有效避免湿循环造成的结构破坏。采用外保温有利于消除"热桥"的影响，既可防止"热桥"部位产生的内墙潮湿结露，又可消除"热桥"造成的附加热损失。

热桥一般发生在内外墙交接处、外墙圈梁、构造柱、框架梁及顶层女儿墙与屋面板交界处等部位。对既有建筑进行断热桥处理有利于室温稳定，墙体潮湿结露情况得以消除，改善室内热环境质量。

1. 外保温材料的选用

应选用具有耐冻、耐暴晒、抗风化、抗降解、耐老化的保温材料，可以按照当地的具体情况选用保温材料。保温材料为 B 级时，应采用 A 级保温材料在每层布置一圈防火隔离带，防火隔离带主要有岩棉板防火隔离带、泡沫混凝土防火隔离带、发泡水泥防火隔离带等。挤塑聚苯板（XPS）具有抗压强度高、不易变形、吸水率低的特点，则适合铺在屋面或地下室外墙上做保温层。不同保温材料的特性详见本指南第 4 章第 4.3.2 小节。

2. 外保温施工

在外保温施工前，需要拆除空调室外机支架、窗护栏、雨落管等外墙上的附着物，避免影响该部位的外保温施工，如有必要，还应拆除原有的外墙和屋面的保温层。伸出外墙面的雨落管、进户管线的连接件应安装完毕并进行断热桥处理，预留出保温层的设计厚度。外保温系统应包覆门窗框外侧洞口、女儿墙、封闭阳台栏板及外挑出部分等热桥部位，外墙管线、空调外机架、防盗护栏、燃气热水器烟道等附着物和各种孔洞应有专项节点设计。外保温在阴阳角的处理可参考图 10.4-1。勒脚部位一般是在保温材料和墙体之间再加上防水材料，同时还可以在保温材料外面做一道防水，减少水汽进入保温材料中。

屋面保温改造一般是直接铺设保温层，即在原屋面上找平后，满铺一层经过憎水处理的保温材料，其厚度应根据热工计算确定，在保温层上做水泥砂浆保护层，并作防水层。也可以在原有屋面防水层较好的前提下，可在其上直接铺设挤塑聚苯乙烯硬性泡沫板或现场发泡聚氨酯等低吸水率的保温材料，其厚度应根据热工计算而定。不同外保温系统的施工要点详见本指南第 4 章第 4.3.2 小节。

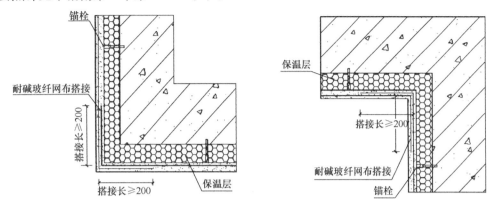

图 10.4-1　外墙阴阳角的处理[12]

3. **断热桥处理**

1）楼梯间隔墙

砖混结构建筑的热桥常出现在楼梯间隔墙等部位。对楼梯间隔墙可以加保温层，从而隔断室内与外界的热流损失，实现建筑整体节能的目的。

2）门窗安装

选用热工性能、气密性良好的门窗，施工时做好门窗的断热桥措施，外墙条件较好时可采用外挂式安装并用保温外包窗框的施工工艺，做法可参考图 10.4-2。

3）悬挑结构

针对悬挑的阳台、雨棚或空调板这类结构性热桥可以用保温材料进行外包处理，采用普通的保温材料使这类构件看起来厚重，影响美观，可以考虑采用真空保温板作为该部位保温材料，做法可参考图 10.4-3。

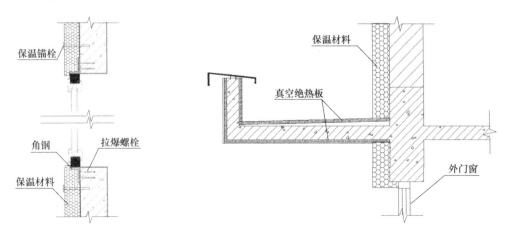

图 10.4-2　外挂窗断热桥做法示意图　　　图 10.4-3　外挑结构断热桥做法示意图

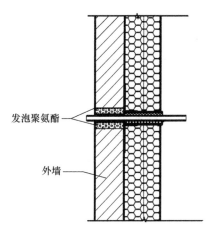

发泡聚氨酯

外墙

图 10.4-4　穿外墙管道断热
桥做法示意图

4）穿外墙管道

管道外壁与洞口内壁之间留有 100～150mm 的空隙。从室内侧向缝隙中注入发泡聚氨酯，对于燃气烟道等温度较高的管道则宜用岩棉等不燃材料填充，待干燥后，清除多余的发泡剂，并采用防水措施进行密封，做法可参考图 10.4-4。

10.4.3　增加改善湿热环境的设施

严寒和寒冷地区易出现室内低湿现象，夏热冬暖、夏热冬冷和温和地区易出现室内高湿现象。要改善室内湿热环境，需要采取对应的措施。

1. 热回收新风系统

热回收新风系统是利用回收排风热量（冷量）来降低室内冷热负荷的新风系统，不仅引进室外清新空气，改善室内湿热环境，还大大降低了能耗。该系统可分为显热回收和全热回收，显热回收新风系统中从室外引进新风经若干过滤装置后在热交换装置与室内回风进行热交换，从而提高（降低）新风温度，在减少室内能耗的情况下提供适宜温度的新风来改善室内温度。而全热回收系统内部的热交换芯材不仅能传递热量，还能够交换湿气以利用排风在夏季时预冷干燥新风，在冬季时预热加湿新风，有效的调节室内空气湿热状况。因此南方潮湿地区的既有建筑在改造时，为降低送风口的湿度，需采用全热回收新风系统。

新风系统的运行模式与控制策略将直接影响风机能耗，可以通过监测室内空气的温湿度、室内外空气的焓值差、室内二氧化碳浓度、室内污染物浓度、通风时间、智能算法和各因素组合联合控制等方式对新风系统的控制策略进行管理，得出相对合理，节能效益好的控制方式。

如果既有建筑的室内净高不够或难以架设新风管道，则可以考虑无管道或只有少量管道的壁挂式、柜式新风系统。

2. 除湿机

在南方梅雨季节时，由于湿度较大，使用空调进行除湿并不太适合，空调机的主要功能是制冷和制热，带独立除湿功能的空调机可以除湿，但除湿量小、除湿慢，而且空调吹出的是冷风，舒适度差，同时会缩短机器的寿命。因此既有建筑的室内湿度较大而热回收新风系统无法满足除湿要求或不能加装时，可以选择除湿机进行除湿，具体的选型可以根据房间面积、使用功能、湿度情况、运行噪声、安全性、价格等方面综合确定。

3. 加湿器

针对北方供暖期间室内干燥等问题，在改造时可以通过设置盆栽、鱼缸等方式进行湿度调节，如湿度过低则可以使用加湿器，从而改善室内湿热环境。使用时需定期清洁加湿器，并且不能直接将自来水加入加湿器，以免污染室内空气。

4. 外遮阳

遮阳阻挡阳光直射辐射和漫辐射得热，控制热量进入室内，降低室温、改善室内热环境。在冬季，温暖的阳光被折射进室内成漫散光状态，也改善室内光环境和热环境。外遮阳根据安装方法可以分为固定式遮阳和活动式遮阳，由于固定式遮阳往往涉及较大的结构和外观改动，因此既有建筑的改造可以考虑采用活动式遮阳。

10.4.4　应用案例

1. 河北省石家庄某老旧小区超低能耗节能改造[13]

1）项目概况

该工程处于寒冷 B 区，两栋住宅楼均建造于 20 世纪 90 年代，均为砌体结构，由于建造时间较早，两栋住宅楼都没有保温措施，能耗高。

该建筑外墙没有任何的保温措施，屋顶的架空层因为年代久远，被破坏的面目全非，没有任何的隔热作用，如图 10.4-5 所示。外窗均为单层玻璃钢窗，部分业主后期装修时自己更换为铝合金窗，剩余仍是最初安装的钢窗，传热系数高，热损失大。有地下室的住宅楼的地下室的地上部分外墙上开有小窗，已经损坏，常年开启。楼梯间的窗户因为业主放置一些物品，也是常年开启的状态。

（a）　　　　　　　　　　　（b）

图 10.4-5　改造前外立面和屋顶

（a）外立面；（b）屋顶

2）改造技术及效果

采用倒置式屋面，把原有屋顶的架空层去除，在屋面既有的防水层上部重新铺设防水材料和保温材料，保温材料为挤塑板，改造后两栋楼的屋顶传热系数分别为 $0.146W/(m^2 \cdot K)$ 和 $0.144W/(m^2 \cdot K)$。外墙采用石墨聚苯板作为保温材料，改造后外墙的传热系数为 $0.145W/(m^2 \cdot K)$，大幅度增加了室内的热舒适性，降低了室内结露的风险。

针对悬挑的阳台，通过在下方砌筑墙体，将阳台封闭起来。地下室一般不作为供暖区域，所以地下室要与上层的供暖区隔离开，在地下室的顶板采取保温隔热措施，将供暖区与非供暖区隔离开。

2. 舟山市某别墅地下室除湿[14]

1）项目概况

该别墅地下室面积为 274m²，设有保姆房、影视厅、娱乐区和恒温恒湿酒窖，净高2.8m。因别墅区三面环海，一面靠山，地下室潮湿发霉情况非常严重。

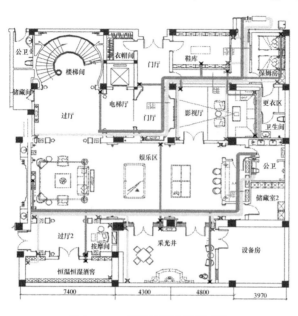

图 10.4-6　别墅地下室除湿系统

2）改造技术

为改善室内湿热环境，在地下室采用了送回风管道系统（图 10.4-6）。

3）改造效果

改造后，在 6 月份的梅雨季节期间对地下室除湿的改造效果进行了实测。由于连续阴雨天气，室外相对湿度一直维持在较高水平，地下室内部未除湿部分的相对湿度较室外相对湿度低，变化规律和室外相对湿度的变化规律基本一致，在时间上有一定的滞后。而地下室内的除湿区域的相对湿度基本控制在 50% 左右，这与先前设定的 50% 相对湿度基本吻合，设备无需人工操作，全屋式除湿机配合数字化控制装置能够自动感应室内湿度，自动调整除湿量和送风速度，室内湿度环境舒适，空气清新。

10.5　改善空气质量措施

10.5.1　概况

居住建筑室内空气污染源主要有以下几个方面：（1）室内装饰材料及家具的污染；（2）建筑物自身的污染，包括来自建筑施工过程加入的化学物质如防冻剂和来自地下土壤和建筑物中的石材；（3）室外空气的污染，室外环境的严重污染及生态环境的破坏，加重了室内环境的污染，特别是在室外污染严重的雾霾天或者是冬季较冷的天气下也无法通过开窗通风来改善室内空气质量；（4）来自于人类自身活动，厨房的油烟和吸食香烟产生的烟雾，含有多种污染成分；（5）家中使用的清洁剂、杀虫剂及家电也会挥发出有机物质。下面从使用绿色建材、增加新风系统、设置空气净化器等三个方面提出改善空气质量的措施。

10.5.2　绿色建材

污染建筑室内环境的污染物主要分为两大类：一类是化学污染物，包括甲醛、氨、苯、挥发性有机化合物；另一类是放射性污染物—氡。改造时应选用绿色环保建筑材料，从源头上对室内污染物进行控制。

（1）在家居设计时，应当轻装修，同时尽量减少地毯、合成家具、合成地板、涂料、壁纸、油漆的使用，尽可能使用绿色天然的原木材料代替胶合板以及纤维板，减少甲醛污染；刷墙尽量选择水性涂料代替油漆，减少苯系物和 TVOC 污染。

（2）选择符合国家相关标准的、高质量的天然石材以及瓷砖，同时注意材料的合理搭配，将地板、墙面裂缝全部填平，减少污染物的挥发。

（3）如必须使用胶粘剂，可采用边缘粘接和点粘接，并提前加工等措施，减小胶粘剂用量，加速污染物释放，降低污染风险。

10.5.3　新风系统

采用新风系统进行室内通风换气可以给室内提供新鲜空气、稀释室内气味和污染物、除去余热和余湿等。目前，我国大部分居住建筑没有设置新风系统，很多既有居住建筑的卧室、起居室等采用自然通风，仅在厨房、卫生间采用机械通风系统。自然通风受季节和气候因素影响大，并且气流不易组织，紊乱气流可把卫生间和厨房异味带入客厅及卧室，夹带大量灰尘，既影响室内清洁卫生，又无法避免室外噪声污染。因此在改造设计时宜采用机械通风，通过设计合理的通风量和气流组织，有效地引入新风稀释污染物浓度，又不会带来新的污染。对于不合理的房间布局及室内布置进行调整优化，保证室内空气流通。

1. 机械进风，机械排风

机械通风方式的进风量和排风量能根据不同的需要进行调节，但室内可能会有管道穿过，需要采用局部吊顶等方式加以装饰。城市居住建筑的层高大多在 2.8m，在房间内设置风管，系统复杂，占据空间，装修困难，普通住宅不宜采用，而对层高较高和空气质量标准要求较高的高级住宅、别墅、酒店等改造中可采用有管道的机械通风方式。

2. 机械进风，自然排风

这种通风方式是风机抽取的空气从室内的进风口进入，污浊空气从浴厕排出，室内成微正压，特别是当自然进风的困难时可采用该系统，不设连续排风的风机盘管加新风系统等属于此种通风方式。该系统可能存在新风在风管内被污染、在卧室等地方的送风速度有时会过大、送风均匀性不好等不足，室内容易出现通风死角。

3. 自然进风，机械排风

这种通风方式主要依靠风机提供动力，通过排风管对房间主动排风造成负压，从而引进新风。新鲜的空气从位于起居室（客厅）及卧室的进气口（带过滤网）进入室内，污浊的空气从浴厕排出。如单向流自平衡式新风系统、湿控式进风口的中央机械通风系统属于此种方式，自然进风的进风口应安装在卧室和客厅的外窗或外墙上，并具有调节进风口面积的功能。浴厕排风机的排风量除了要满足浴厕自身的换气次数外，还应满足其所负担的卧室或客厅的通风，二者取大值。居室需要通风时，打开浴厕排风机和居室的进风阀门，居室和浴厕均处于微负压状态，室外新鲜空气经居室通过门下百叶或门缝流向浴厕，通过排风机排至室外。

10.5.4 空气净化器

目前，改善既有居住建筑空气质量最简便的方法是在室内配置空气净化器。空气净化器是指能够吸附、分解或转化各种空气污染物（一般包括 PM2.5、粉尘、花粉、异味、甲醛之类的装修污染、细菌、过敏源等），有效提高空气清洁度的产品。

空气净化器中有多种空气净化技术和材料，能够向用户提供清洁和安全的空气。常用的空气净化技术有：吸附技术、负（正）离子技术、催化技术、光触媒技术、超结构光矿化技术、HEPA 高效过滤技术、静电集尘技术等；材料技术主要有：光触媒、活性炭、合成纤维、HEAP 高效材料、负离子发生器等。现有的空气净化器多采用复合型，即同时采用了多种净化技术和材料介质。

空气净化器类型较多，选购空气净化器时，应综合考虑室内空间大小、主要清除的有害物质成分等来确定。

10.5.5 应用案例

1. 南宁市某小区大平层建筑通风改造[15]

1）项目概况

本项目位于南宁市某小区，属于临江高层大平层户型（图 10.5-1）。由于坐北朝南三面环江又是高层，该户型的先天的采光和通风条件都很好，但由于近年来城市空气质量不佳，加上江风大，容易给室内带来灰尘，一个近 300m² 的空间打扫起来也非常费力。

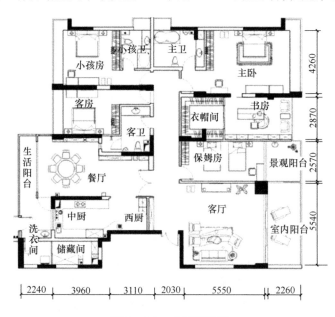

图 10.5-1　户型平面图

2）改造技术及效果

新风系统由于价格高昂而且无法与室内的其他系统很好的融合，因此业主定制了一套自然换风与机械主动式换风相结合的新风系统。房子由于地处西南地区又坐北朝南，春夏南风，秋冬北风。全屋吊顶，为新风系统暗藏的风管全屋互通提供了条件。全屋绝大部分区域的窗户都不需要打开，只在每个房间留下 1～2 个 400mm×600mm 的换气窗。换气窗有三层结构，最外一层是可向外平推开的中空钢化玻璃，可以比较好地控制开合角度，还能有效防止雨水飘入。中间一层是防蚊虫的纱网。最内一层是带过滤网和活性炭滤料的过滤窗。滤网可以阻隔大颗粒的灰尘，活性炭滤料可以吸收大部分有害气体和小颗粒物。纱网和过滤窗可拆卸更换清洗。为保证自然换风时的南北通透，各个门缝的毛条不完全接地，预留一点空隙气流通过，同时在每个房间门上方，接近梁处开一个尺寸为 100mm×400mm 的通气口。为了在主动换气时也能更好的控制风路和气流，卫生间门缝同样采用小门缝的做法。

2. 北京某老旧小区厨房通风改造[16]

住宅厨房是食品加工区，也是住宅室内环境的重要污染源。北京市复兴门外大街某老旧小区的北向厨房，通过外加排气道对厨房通风换气进行了改造（图 10.5-2）。通过植筋、围箍等方式使排气道和建筑主体结构紧密相连，排气道截面尺寸不大，不影响室内的采光和通风，排气道上部安装了风帽，同时每户安装了穿墙式止回阀防止串烟串味。

图 10.5-2　改造后安装排气道的建筑外立面

10.6　楼内公共空间环境改造技术

10.6.1　概况

老旧住宅楼公共空间普遍存在环境质量差、设计空间局限、辅助设施不足等问题，给住户日常生活带来了不便。部分住宅以内廊为主，一梯多户，公共走廊长，公摊面积多，整体环境较差；部分居住者占用走廊和楼梯休息平台摆放杂物；部分楼梯间采光不足，昏暗杂乱。

10.6.2　整洁性改造

楼内公共空间的环境改造主要包括三个步骤：清理、规整、装饰。

（1）清理墙上的小广告、走廊上堆放的杂物，清除违章搭建。

（2）楼内公共空间的线路整理归槽，对于布置不合理、不规整的电表箱或住户私人奶箱等墙上设施统一设置。

（3）对整个楼内公共空间的墙面和地面进行重新装修。

10.6.3 舒适性改造

1. 湿热环境

一般楼梯间公共区域为非供暖空间，温度相对住户室内温度会较低，可采取以下措施改善公共区域的湿热环境。

1）楼梯间的外窗统一更换为高效保温节能窗，楼梯间外墙部分也跟整个外墙一同做保温。

2）单元门采用带保温的防火防盗门，对于频繁开启的外门可加装闭门器。

2. 光环境

公共楼梯间尽量直接采光，增加的照明灯采用节能灯具，同时满足照度和舒适度要求。设置声控开关，延长灯具使用寿命。

3. 空气质量

1）改造时可在楼道内设置禁烟标识。

2）将无盖的垃圾桶替换成带盖的垃圾桶，并且将公共区的垃圾桶放置在楼外。

3）施工时选择绿色环保的涂料、瓷砖等建筑材料。

10.6.4 应用案例

桂城江南名居社区兴业新村楼道改造：

桂城江南名居社区兴业新村 A3 单元建成已 20 多年，共 8 层，随着小区楼龄不断增加，楼梯部分外观、设施开始老化，加上存在乱摆放的情况，不少楼道存在安全隐患（图 10.6-1）。在江南名居社区的鼓励下，A3 座居民自筹资金，对楼道进行改造，改造后楼道见图 10.6-2。

图 10.6-1　改造前楼道　　　　　　　图 10.6-2　改造后楼道

本章参考文献

[1] 魏惠荣. 绿色住宅内声环境控制[J]. 环境科学与管理. 2008(1)：56-58.

［2］ 蔡乐刚，朱杰．既有建筑改造外窗隔声性能选型分析[J].施工技术，2019，48(15)：33-36.

［3］ 钟铁柱．建筑外窗隔声性能浅析[J].技术论坛.2012(3)：37-40.

［4］ 赖卫周．既有建筑外窗改造施工工艺[J].福建建设科技，2018(1)：60-63.

［5］ 陆珏，陈洋，谢巍．高架复合道路周边既有住宅建筑降噪隔声改造设计及应用研究[J].声学技术，2019，38(3)：328-333.

［6］ 张树燕．轻质墙体隔声性能研究[D].西安建筑科技大学，2009.

［7］ 罗进，王滋军，欧阳能．居住建筑中分户楼板保温隔声技术及应用[J].城市住宅，2017，24(8)：97-102＋119.

［8］ 李江．电梯噪声降噪技术与实践[J].设备管理与维修，2014(12)：25-27.

［9］ 张越，吴俊奇，韩芳．浅谈声学材料在排水管道降噪中的应用[J].环境工程，2012，30(S1)：214-216.

［10］ 于红霞，商钰淇，商彤．基于里院光环境的节能改造[J].大连工业大学学报，2018，37(4)：309-312.

［11］ 朱红涛，陈泽广．既有居住建筑室内外环境绿色改造技术策略研究——深圳市福田区某村长租公寓改造实践[J].墙材革新与建筑节能，2019(8)：22-25，65.

［12］ 中华人民共和国行业标准．既有建筑外墙外保温改造技术规程 T/CECS 574—2019[S].北京：中国建筑工业出版社，2019.

［13］ 时元元．寒冷地区既有居住建筑被动式节能改造技术研究[D].燕山大学，2017.

［14］ 于新桥，张艳，韩志．别墅地下室除湿系统及效果分析[J].建筑热能通风空调，2016，35(9)：68-70.

［15］ 宁致远．家装设计的新风系统介绍——以南宁市流沙半岛某小区某大平层装饰工程为例[J].住宅与房地产，2018(8)：117，121.

［16］ 鞠树森．老旧小区厨房空气污染分析及改造措施[J].建设科技，2014(11)：70-72.

第11章　室外环境改造技术

11.1　概述

　　既有居住建筑的改造包括建筑本体和室外环境两大部分。以往的改造重点大都集中在建筑本体性能提升和功能改善上，而对室外环境提升投入不足[1]。老旧小区室外环境改造是既有建筑宜居改造中重要组成部分，室外空间环境品质直接影响着老旧小区的整体面貌和生活品质，也是城市面貌和环境品质提升的基本单元。室外环境改造应以空间布局合理、道路顺畅无破损、植物群落优美、水景水质良好、健身活动设施充足且多样化、照明设施完好、环卫设施齐全、建筑外立面整洁、室外管线有序以及治安管理良好作为改造目标。

　　老旧小区室外环境普遍存在着长期缺乏维护、场地过度硬化、物业管理缺位和私搭乱建等问题，与楼本体相比，既有居住建筑室外环境改造有以下特点：（1）地域性较强。在室外环境改造中，地域性对园林植物选取、园林水景布置、建筑外立面改造都有较大的影响。室外环境改造应因地制宜，根据地域的不同，选择不同的改造措施。（2）改造效果直观。相对于其他改造内容，室外环境改造效果直观性强。通常通过园林绿化的改造，室外小品的布置，室外管线的归槽，建筑外立面的修缮影响人们在室外的整体感受，改造效果表现更直观。

　　室外环境改造内容多，涵盖范围广，本章从道路规划及铺地改造、园林景观改造、建筑外立面改造、室外管线改造四方面提出室外环境改造技术措施。

11.2　道路规划及铺地改造

11.2.1　概况

　　老旧小区由于建设时规范标准要求较低，在道路和停车方面，存在人车混行、停车位缺失、道路规划不尽合理等问题；在道路铺地方面，存在年久失修、路面破损、道路硬化面积过大、渗水能力弱、维护管理不足等问题。本节重点从道路路线移改、道路铺地两个方面进行阐述。

11.2.2　道路路线移改

　　1. 人车分流改造

　　对于未实现人车分流的老旧居住小区，应结合小区实际情况进行人车分流改造。小区不同等级道路类型及宽度要求见表11.2-1。

不同等级道路布置要求 表 11.2-1

道路类型	道路用途	道路宽度
双侧双车道、双侧自行车道与人行道、绿化隔离带道路	用于居住区主干道	27.5～34m
双侧双车道、双侧人行道、绿化隔离带道路	用于居住区主干道	20.5～25m
双侧车道、人行道、绿化隔离带道路	用于小区主入口	16.5～19m
双侧人行道路与双侧绿化隔离带道路	用于小区次入口、人流量较大的小区级及组团级道路	13～13.5m
双侧人行道路与单侧绿化隔离带道路	用于人流量较大的小区级及组团级道路	10.5m
双侧人行与无绿化隔离带道路	用于人车分流系统完善，预计人流量较少的小区级及组团级道路	7.5～9.0m
单侧人行与单侧绿化隔离带道路	用于人流量较少或人流方向在单侧的小区级及组团级道路	7.5～9.0m
单侧人行与无绿化隔离带道路	用于道路红线紧张，人流量较少的小区级及组团级道路	6.0～7.5m
双侧无人行道路	用于人车分流系统完善，预计较少人行的组团级道路	4.5～6.0m

在既有居住区域内实行人车分流路网改造时，应根据小区道路的实际宽度和现实情况，选择适合小区的道路改造方式。小区人车分流改造通常可根据道路宽度，分为以下五类：

1）小区舒适型干道。适用于道路宽度大于 17m 的小区干道，改造宜选用双侧人行和三侧绿化带隔离道路，即 1.5m 人行道×2＋1.5m 绿化种植×2＋4m 车道×2＋3m 隔离带的改造方式。

2）小区标准型干道。适用于道路宽度大于 12m 的小区干道。改造宜选用双侧人行和双侧绿化带隔离道路，即 1.5m 人行道×2＋1.5m 绿化种植×2＋3m 车道×2 的改造方式。

3）小区集约型干道。适用于道路宽度大于 10.5m 的小区干道，改造宜选用双侧人行和单侧绿化带隔离道路，即 1.5m 人行道×2＋1.5m 绿化种植＋3m 车道×2 的改造方式。

4）小区紧张型干道。适用于道路宽度大于 8m 的小区干道，改造宜选用单侧人行和单侧绿化带隔离道路，即 1.5m 人行道＋1.5m 绿化种植＋2.5m 车道×2 的改造方式。

5）小区极紧张型干道及宅间车道。适用于道路宽度大于 4.5～7.5m 的小区干道，宜选用 0.8～1.2m 人行道＋2.9～3.6m 车道的改造方式，此形式适用于较少人行的组团道路，建议通过变换材质或增加色彩的方式，明确人行范围。

2. 消防车道改造

根据国家标准《建筑设计防火规范》GB 50016—2014 的相关规定，消防车道要求如下：

1) 高层建筑的周围，应设环形消防车道。当设环形车道有困难时，可沿高层建筑的两个长边设置消防车道，当建筑的沿街长度超过150m或总长度超过220m时，应在适中位置设置穿过建筑的消防车道。

2) 消防车道的宽度不应小于4.00m。消防车道距高层建筑外墙宜大于5.00m，消防车道上空4.00m以下范围内不应有障碍物。

3) 尽头式消防车道应设有回车道或回车场，回车场不宜小于15m×15m。大型消防车的回车场不宜小于18m×18m。

4) 消防车道下的管道和暗沟等应能承受消防车辆的压力。

5) 穿过高层建筑的消防车道，其净宽和净空高度均不应小于4.00m。

6) 消防车道与高层建筑之间，不应设置妨碍登高消防车操作的树木、架空管线等。

对于存在消防车道规划不合理、宽度不足、防火间距不足、建筑扑救场地长度宽度均不足、扑救场地有障碍物等老旧小区，均应进行消防车道改造，确保满足消防车通行的要求。在进行消防车道改造时，应注意以下几点：

1) 清理小区内环境卫生，对小区内私自搭建、擅自封闭道路、擅自开门开窗，挤占消防车道及公共道路的行为要严加制止。保证小区内存在宽度不小于4m、净空不小于4m的完整环形消防车道，并在地面增加相关消防标识，如图11.2-1所示。

2) 铺设植草砖用于停车，增加小区停车位，把部分不占用消防车道的硬化路面改造成植草砖停车位。在长度超过35m的消防车道末端增设不小于12m×12m的消防回车场，且保证消防回车场内无花坛、路灯、树木等障碍物。

3) 每栋建筑应在一侧结合消防车道增设不少于一块的消防登高场地，且面积不应小于15m×8m。其承载力应能满足大型消防车荷载要求。并在地面增加相关消防标识，如图11.2-2所示。

图11.2-1　消防车道清理及标识示意图

图11.2-2　消防登高面标识示意图

11.2.3　道路铺地改造

1. 道路铺装改造

针对存在铺地老化、年久失修、路面破损、道路坡度设置不合理、高差没有被视觉强化等问题的既有居住小区，可对道路铺地进行改造，改造时应遵循如下原则：

1）对多年未进行修缮，损坏严重的路面进行修整。

2）所有道路路面的铺装都应保持表面平整且防滑，地表不可存在明显的接缝及突起物，还应避免路面材料反光。

3）各活动界面的高差宜采用小坡道解决。若采用台阶，每阶台阶的高度不应高于150mm，且必须在局部使用坡道，确保坡道的始末皆有可供轮椅、婴儿车等活动的平坦界面。对室外踏步进行改造时，应将其改为圆角边，并使用对比色。

2. 道路海绵化改造

道路铺地普遍存在着硬化面积过大且道路渗水能力弱，容易形成积水内涝，对有此类问题的小区道路宜进行道路海绵化改造，将人行道、宅间路、林间路、小区内道路和广场等铺装改为透水铺装。

1）材料选择。透水铺装材料选择应根据居住区场地条件及材料特征进行合理选择。在居住区场地中，适宜选用的透水铺装面层材料见表11.2-2。

透水铺装面层材料居住区场地适用表　　　　　表11.2-2

序号	材料类型	适用场地						
		车道	人行道	停车场	广场	园路	体育场	儿童活动场
1	透水混凝土	✓	✓	✓	✓	✓	✓	✓
2	透水沥青	✓		✓			✓	
3	透水塑胶		✓			✓	✓	✓
4	混凝土透水砖		✓		✓	✓		✓
5	陶瓷透水砖		✓		✓	✓		
6	烧结透水砖		✓		✓	✓		
7	沙基透水砖		✓		✓	✓		
8	植草砖		✓					
9	木质铺装				✓	✓		
10	砾石					✓		
11	砂石							✓

2）适用标准。透水铺装结构应符合现行行业标准《透水砖路面技术规程》CJJ/T 188、《透水沥青路面技术规程》CJJ/T 190 和《透水水泥混凝土路面技术规程》CJJ/T 135 等相关标准的规定。透水铺装还应满足以下要求：

（1）透水铺装对道路路基强度和稳定性的潜在风险较大时，可采用半透水铺装或不透水铺装。

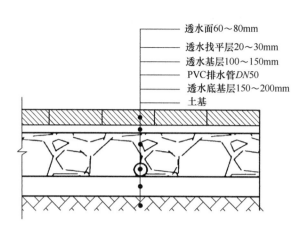

图 11.2-3　透水铺装典型结构示意图

（2）土基透水能力有限时，应在透水铺装的透水基层内设置排水管或排水板。

（3）当透水铺装设置在地下室顶板上时，顶板覆土厚度不应小于 600mm，并应设置排水层。透水砖铺装典型构造如图 11.2-3 所示。

3）透水砖人行道铺装要求。

针对有少量机动车停放、通行的道路，面层透水砖强度等级选取 C40，透水系数≥0.01cm/s；找平层采用中粗砂，找平层下应铺设一层针刺无纺土工布；基层采用多孔隙水泥稳定碎石或透水水泥混凝土；垫层采用 15～25mm 碎石，土基平整夯实。透水砖人行道铺装构造如图 11.2-4 所示。

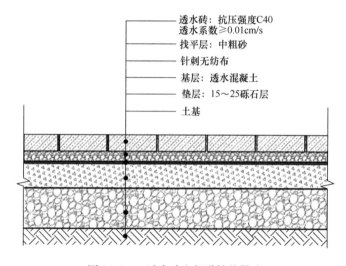

图 11.2-4　透水砖人行道铺装做法

4）透水混凝土人行道铺装。

人行道的面层采用 C40 透水混凝土，也可掺加颜料制成彩色透水混凝土面层；基层材料可根据承载能力的要求，与垫层合并采用级配碎石，或采用多孔隙水泥稳定碎石；垫层一般采用级配碎石；人行道的路基应整平夯实。透水混凝土铺装构造如图 11.2-5 所示。

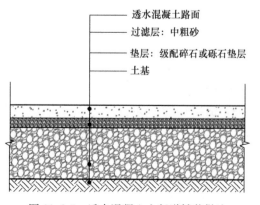

图 11.2-5　透水混凝土人行道铺装做法

11.2.4　应用案例

1. 深圳市岗厦东村消防车道改造

1）项目概况

岗厦东村位于深圳福田区，共有 416 栋建筑，居住了约 6 万人口，建筑密度约 50%，远远高出普通居住小区的人口密度。岗厦东村是城中村的典型代表，由于私房建设缺乏规划，"握手楼"比比皆是，存在很多消防安全隐患。部分高层建筑的楼间距仅有 2m 左右，岗厦村鸟瞰如图 11.2-6 所示。

图 11.2-6　深圳市岗厦村鸟瞰图

从消防车道路网设置看，共有 5 个连接市政道路出入口，并设置了 4m 宽环形主要消防车道及其他穿越片区的次要消防车道。岗厦东村消防应急队的轻型消防车车宽 2.5m，大型的消防车支援则会出现困难。和其他城中村一样，4m 宽消防车道无法提供消防登高场地，临消防车道的建筑不能满足消防登高面的长度要求。两旁建筑均为 9 层以下的多层，消防车道转弯半径多为 4m 左右，转弯半径过小给救援行动开展带来阻碍。

2）改造技术

对部分建筑进行适当拆除和改建，增加楼宇之间道路宽度，增加公共疏散空间的面积和数量，增大转弯半径；整改不合规的道路，包括在拆除部分建筑的同时拓宽部分道路；整改尽头路，设置回车场；对不能直通屋面、楼梯间堆满杂物的房屋进行整改。

3）改造效果

岗厦村消防改造取得了显著的成效，消防车道加宽、消防转弯半径加大、消防通道上的杂物不复存在，轻型消防车进出通畅，给居民的生命财产安全增加了保障[2]。

11.3　园林景观改造技术

11.3.1　概况

园林景观主要包含绿化、水景、景观小品等要素，多数老旧小区园林景观通常存在以

下问题：植物选择不合理，绿化环境普遍较差，绿地率、绿化率等指标比较低；水景由于管理疏忽，年久失修等原因，水体水质较差，水景边的配套设施老化；景观小品没有特色，且出现油漆脱落、局部损坏，部分老旧小区景观现状如图 11.3-1 所示。

本节从园林绿化改造、园林水景改造、园林小品改造三个方面进行阐述。

图 11.3-1　部分老旧小区园林景观现状图

11.3.2　园林绿化改造

对绿量较少甚至没有绿化、植物种类单一的老旧小区，需进行园林绿化改造，可从绿化总量优化、园林植物优化和植物安全性改造三方面入手。

1. 绿化总量优化

通过增加小区的绿地面积，解决绿地率不足的问题：

1）拆除违章建筑，恢复原来被挤占的绿地，并在休息区周围种植一些植物以形成具有围合感的空间。

2）在绿化现状的基础上，运用修补的方式进行绿化改造。对长势不佳的植物进行修复，见缝插绿，利用居民区空闲地或边角处做成绿地，以增加绿地率。

2. 园林植物优化

在改造过程中，修剪与楼房过近的树木，增加室内透光率；保留改造绿地中生长良好的灌木，移栽郁闭度过高区域的乔木；对于园土外露处，补植地被或铺设植草砖；在景观观赏点，增种观赏性植物。绿化改造前后对比如图 11.3-2 所示。

(a)　　　　　　　　　(b)

图 11.3-2　绿化改造

(a) 改造前；(b) 改造后

在植物优化时，应明确行道树下设计连续绿带，绿带宽度应大于 1.2m，植物配置宜采取乔木、灌木、地被植物相结合的方式。乔灌木的种植面积比例控制在 70% 左右，非林下草坪、地被植物种植面积比例宜控制在 30% 左右，常绿乔木与落叶乔木种植数量的比例应控制在 1：3～1：4 之间，慢长树所占比例一般不少于树木总量的 40%。

苗木进场严格按要求操作，土壤按要求改良，地形排水顺畅。小区植物优化后效果如图 11.3-3 所示。

图 11.3-3 既有居住小区植物优化示意图

3. 植物安全性改造

若小区存在有毒性、针刺类、易过敏类园林植物，应对其进行置换。常见的有害植物见表 11.3-1。

有害植物一览表 表 11.3-1

植物分类	植物名称	备注
飞絮类	柳树	有飞絮
	杨树	有飞絮
	法国梧桐	有飞絮，容易使人过敏
针刺类	火棘	易使人误伤
	枸骨	易使人误伤
	凤尾兰	易使人误伤
	黄刺玫	易使人误伤
	月季	易使人误伤
易引起过敏类	漆树	会引起过敏
	乌桕	致癌植物
	紫荆花	会引起过敏
有毒类	夹竹桃	枝叶有毒
	杜鹃花	植株和花有毒
	刺桐	种子有毒
	苦楝	果实有毒
	凤凰木	花及果实有毒
	洋地黄	叶有毒
	相思豆	种子有毒
	黄杨	叶子有毒

11.3.3　园林水景改造

部分既有居住小区内设有水景，大多存在水池不符合安全要求、水体水质较差、水景边的配套设施老化等问题。对于存在问题的小区，应对水景进行改造。

1. 水景的安全改造

根据《居住区环境景观设计导则》，水体的安全改造应满足如下要求：

1）无护栏的水体在近岸 2.0m 范围内，水深不应大于 0.5m。

2）硬底人工水体的近岸 2.0m 范围内的水深，不大于 0.7m，达不到此要求的应设护栏。

3）水池可分水面下涉水和水面上涉水两种。水面下涉水主要用于儿童嬉水，其深度不得超过 0.3m，池底必须进行防滑处理，不能种植苔藻类植物。水面上涉水主要用于跨越水面，应设置安全可靠的踏步平台和踏步石，面积不小于 0.4m×0.4m，并满足连续跨越的要求。

4）泳池根据功能需要，尽可能分为儿童泳池和成人泳池，儿童泳池深度为 0.6～0.9m 为宜，成人泳池深度为 1.2～2.0m。

5）对水景的驳岸进行加固处理，在水池面积和周边条件允许的情况下，可在水池边加设亲水平台、木栈道等基础设施。

2. 水景的水质改造

对于养护费用有限又需要经常换水、清扫的小型池，可安装氧化灭菌装置，考虑到藻类的生长繁殖会污染水质，还应配备过滤装置。池应配备泵房或水下泵井，小型池的泵井规模一般为 1.2m×1.2m，井深 1m 左右。

进行水景水质处理时，可分为以下几步：

1）池底清理：清理底部污物。

2）水面清理：清理将飘浮水面的灰尘树叶等所有漂浮物。

3）沉淀：底部和面部污物沉淀停留。

4）杀菌：高效阻止水中微藻料的生长，解决水池内藻多水绿的问题。

5）水循环：水体日循环流动 10～20 次，与一般泵站、过滤法几天才循环流动一次的情况相比，水流流动速度快了几十倍，真正做到了"流水不腐"。

6）后期监管：定期检查处理过滤后的水池垃圾、污泥等有害物质，定期清理[3]。水景处理前后对比如图 11.3-4 所示。

11.3.4　景观小品改造

景观小品通常分为装饰性景观小品（雕塑、花坛等）、功能性景观小品（宣传栏、垃圾箱等）、照明类景观小品（小区路灯、草坪灯等），若居住区内景观小品有年久失修、局部损坏等情况应及时进行改造或更换。

1. 定期维护景观小品

(a)

(b)

图 11.3-4　水处理前后对比图

（a）处理前；（b）处理后

发现景观小品设施污损，应及时加以修复和清洁。

2. 增设装饰性园林小品

小区雕塑改造时，可结合当地地域文化适当布置一些新颖的雕塑，成为居住小区的新亮点，特色雕塑示意如图 11.3-5 所示。

在增设景观小品的布局方式上，可根据实际情况选用焦点式布局、自由式布局

图 11.3-5　特色景观雕塑示意图

或边界式布局等方式。焦点式布局是把景观小品安置于环境实体空间的中心点，周围的一切事物都是围绕景观小品进行布局。具体位置可以选择在道路交叉口、道路轴线的尽头、开敞草坪中央或广场中央等区域。自由式布局则可以将其安置于非中心点。在草坪上、建筑周边、树荫下、广场中等环境中安置小品都可以采用自由式布局。

3. 完善照明类景观小品

既有居住区普遍存在照明设施配备不足，照明设施损坏等问题，不仅影响美观，也存在一定的安全隐患，应对小区照明设施进行更新改造。

1）小区道路照明设施改造。通常小区道路路宽 2～6m，其照明方式需要综合考虑功能与景观两方面，灯具安装高度可在 4～8m 之间。侧面的眩光可以借树木来遮挡。

2）绿地中照明设施改造。汞灯、金属卤化物灯适用于绿色的树叶、草皮等。使用照明设施照亮植物，但要确定配光和布置时要确保光源的高亮度不干扰观看的居民。植物和灯具之间应该留有一定间距，避免对植物的炙烤和火灾发生。

在照明设施改造时，还应根据不同的空间使用不同强度的光源，在安静休息区的光源可以相对柔和，烘托出安静休闲的氛围；在人流密集的小广场和交流频繁的地方采用的光源数量要相对密集，而且光源的强度较大。

11.3.5 应用案例

1. 大连侯二小区园林景观改造

1) 项目概况

侯二小区位于大连市沙河口区华北东侧，占地面积 7.93 公顷，大部分住宅竣工于 1993～1995 年间，是大连市较早的开放式小区，建筑排布方式以围合式为主，建筑层数多为 7 层，容积率达到 1.0，建筑密度高达 40%，绿化率只有 30%，住区定位为经济适用型普通住宅。该小区绿化率低，室外空间以大面积的硬质铺装为主，绿地呈碎片化布置，生态效益差。集中绿地仅有一处，面积较小，绿化布置单调，景观效果差，居民使用率极低。宅间几乎没有绿地，街道绿地仅小区主干道两侧有分布，其他内部道路街道无绿化。现有景观小品仅有两处分布，十分简陋且缺乏维护，基本处于闲置状态。由于绿化植物极少，植物种类稀少，生态环境很差。

2) 改造内容

首先是确定绿地综合改造策略。第一，植物配置上尽量选用本土植物，易于养护且成本较低；形成乔灌草相结合的稳定的复合生态群落，加强景观层次；注意植物的季相及色彩搭配；采用低成本的野生草花代替传统的草坪，减少维护管理费用。第二，在生态改造层面，集中绿地由于规模较大，可开挖地面建设低成本低维护的小型干塘用于滞留雨水，并作为住区的水体景观，丰富景观元素；宅前绿地可与雨水花园结合，有效排除场地雨水，减少日常灌溉成本，节约饮用水资源。街道绿地包含行道树和绿化隔离带，行道树可采用生态树池、树盒过滤器等，收集雨水用于自身灌溉并有效延长树龄，绿化隔离带采用雨水花园等绿色雨水基础设施。

其次在设计层面，集中绿地的改造需要对内部景观进行重新的规划，设计景观水体，安排合理的游径保证趣味性，内部穿插小广场作为居民游憩停留的空间，适当布置景观座椅和雕塑，提升住区文化氛围，将绿地界面打开，增加景观的可进入性，避免植物过于密闭。将绿地与宅间道路进行有机的穿插，并且布置适量的停车位，加强空间利用的紧凑度和复合度。侯二小区游园改造示意图如图 11.3-6 所示。

3) 改造效果

侯二小区改造后，绿化总量得到了提升，植物种类更加丰富，小区内生物多样性得到提高。增设的景观性和功能性小品，方便了居民的生活，提升了居民的居住幸福感。

2. 上海古南小区景观改造

1) 项目概况

上海古南小区是一个典型的老旧居住区，绿化面积较少，尤其缺少集中绿地。由于最初规划设计的局限性，在道路绿地规划中仅考虑了主路和次路的关系，小区只有简单的楼间绿化，各种景观设施及小品也比较陈旧。

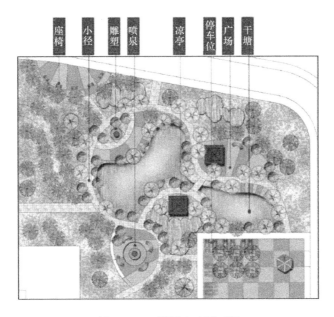

图 11.3-6 游园改造平面图

2）改造内容

首先，增加绿篱。隔离与美化小区居住需要安静的环境，利用绿篱来隔离道路和灰尘，行道树选择水平伸展的乔木，辅以浓密灌木设置的绿色屏障，小区内垃圾站、变电箱、锅炉房等也用灌木和乔木加以隐蔽遮盖。

其次，增加植物围合空间。小区内部的座椅、活动场、停车棚都使用植物进行围合，且围合植物空间作为居住者在室外的半活动空间，有利于小区内场地的小气候调节和整个小区环境的通风，并且能够使小区环境和绿化景观相互渗透。

最后，丰富植物种类。最大限度地保留了原有生长良好的植物，根据场地的特性对一些植物的层次做了更新，增加了层次和色彩的搭配，突出植物的多样化。

3）改造效果

改造后的古南小区成为全体居民的"公共客厅"，景观公共空间开敞，可达性高，每个居民通往小区公共空间无障碍，居住区公共空中的景观小品，使得居民在景观小品前驻足，产生交流交往

图 11.3-7 古南小区改造后实景图

的欲望，从而使得静态的景观活动起来，同时也拉进了人与人之间的距离。古南小区改造后示意图如图 11.3-7 所示。

11.4 建筑外立面改造技术

11.4.1 概况

建筑外立面指建筑的外部空间直接接触的界面以及其展现出来的形象，即肉眼可见的建筑外部最直观体现的部分，比如墙体、门窗、建筑入口、细部等。建筑外立面的设计在不同历史时期和不同环境中有不同的展现方式。建筑外墙立面是建筑的外部形象展示，也体现了城市风貌。老旧小区部分建筑外墙立面陈旧破损，与城市面貌显得有些突兀，很不协调。另外，老旧小区多数都没有考虑到空调室外机位，导致空调室外机无序外挂，部分低层住户自行安装外窗防盗网，缺乏统一管理，外观杂乱。随着人们生活水平的不断提高，人们对建筑外立面的要求也越来越高。在既有居住建筑宜居改造时，通过对建筑外立面进行更新，提升小区环境质量，增强人民的幸福感。

图 11.4-1　广州市某小区屋顶绿化改造工程

11.4.2 屋顶改造

1. 屋顶绿化

屋顶绿化是指在既有建筑结构许可条件下，在原平屋面上进行绿化。该措施能补充城市绿化率的不足，对改善小气候，增强建筑屋顶的热工性能都大有裨益，另外对降低城市热岛效应、降低噪声也有积极作用。屋顶绿化改造如图 11.4-1 所示。

改造时应注意对原有屋顶防水层进行修复或重新铺设；对原有房屋结构重新进行核算，将屋顶承重分为三类进行改造：

1）屋面承重≥1kN/m²，采用蓄水种植屋面；

2）0.5kN/m²≤屋面承重≤1kN/m²，采用浅种植屋面；

3）屋面承重≤0.5kN/m²，采用培养基种植屋面。

屋顶绿化的植物可选取种植佛甲草。在原有平屋面上做好防水处理和阻根处理后，铺设轻质培养基质，种植佛甲草。佛甲草具有极度耐寒、耐旱、可粗放管理、供氧量大等特点，用于屋顶绿化可以吸收部分有害气体，净化空气，释放大量氧气。同时，佛甲草在吸纳噪声、增加空气湿度、减少热辐射和光污染等方面也有很好的作用。该种植屋面在饱水情况下荷载不到 0.7kN/m²（其中佛甲草苗块重量小于 0.15kN/m²，基质厚度 50cm 以下重量小于 0.4kN/m²），一般可用于建筑屋面静荷载大于等于 1kN/m² 的平屋面改造。

改造实施过程中需注意：

1）种植屋面需要在保持原有防水层完好的基础上新增防水层，而且需要重新进行排水设计，并处理好覆土高差，使排水顺畅。

2）选择高温不流淌、低温不碎裂、不易老化、防水效果好的防水材料。刚性多层抹面水泥砂浆防水层宜采用的普通硅酸盐水泥和膨胀水泥，也可采用矿渣硅酸盐水泥。

3）合理选择绿化植物，避免植物根系穿透防水层，另需对防水层进行防穿刺保护处理。

2. 平屋顶改坡屋顶

平屋顶改坡屋顶是指在建筑结构许可的条件下，将多层住宅平屋面改建成坡屋顶形式，一方面解决了原有屋面防水渗漏问题，另一方面提高了建筑外观效果。平改坡技术已较为成熟，具体改造方法可参考国家标准图集《平屋面改坡屋面建筑构造》03J203。实施过程中需注意：

1）住宅建筑"平改坡"，需在不改变原有建筑主体结构及基础的情况下进行，因此坡屋顶需要尽可能采用轻质高强材料，如采用轻钢结构屋架和木桁架结构屋架，尽量减少增加的屋面荷载；

2）屋面需要架设防水层以及保温隔热层；

3）"平改坡"需注意坡度坡向的选择，以及坡顶的高度，注重与周边建筑的协调，屋面瓦片的选择也需统一色调及风格；

4）改造时可统筹考虑屋面与太阳能设备的结合，在坡屋面南侧预留架设太阳能热水器等承重构件。

3. 屋面蓄水改造

通过在原有平屋面上蓄一定高度的水，起到隔热作用的屋面改造措施，即将原有的平屋面改造为蓄水屋面。同前两种改造措施一样，首先考虑的是蓄水后增加的荷载是否在原有屋面的承受范围之内。从造价上看，蓄水屋面要比平改坡和屋面种植两种方式低，具有一定经济性优势，适宜南方不上人屋面的屋顶隔热改造。

通过一定深度的屋面蓄水使屋顶内表面的温度输出和热流响应大幅降低，蓄水层增大了整个屋面的热阻和温度的衰减倍数，从而降低了屋面内表面的最高温度，具有较好的隔热和节能效果。蓄水屋面的顶层住户的夏季平均温度比普通屋面一般可降低2～5℃。

蓄水构造如图11.4-2所示，蓄水深一般在25～40mm，并且仅在夏季蓄水。蓄水后的楼面均布荷载增加值为（按蓄水40mm计算）$0.4kN/m^2$，小于不上人屋面活荷载设计值$0.5kN/m^2$。但注意在40mm高度处的女儿墙上再设置排水孔，防止蓄水过多造成荷载过重而带来安全隐患。

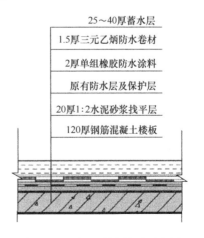

25～40厚蓄水层
1.5厚三元乙丙防水卷材
2厚单组橡胶防水涂料
原有防水层及保护层
20厚1:2水泥砂浆找平层
120厚钢筋混凝土楼板

图11.4-2　屋面蓄水构造示意图

在屋面荷载允许时，可加大蓄水屋面的水深深度，可取200～250mm，同时在水中种植浅水植物（如水浮莲、水葫芦等），丰富屋面景观，同时可以遮挡太阳辐射热，避免直接加热蓄水层，使太阳光通过光合作用被植物吸收，进而降低内外表面温度；此外，在夏季日晒较多的地区，可考虑利用蓄水屋面上被太阳照射加热后的水作为建筑内部温水淋浴等用途，达到隔热和节能双重效果。

11.4.3 外墙改造

外墙是影响建筑立面造型和街道景观的主要因素。外墙改造一般包括以下几个方面：

1. 外墙涂饰改造

用涂料对既有建筑外墙重新粉刷翻新是一种施工简便、造价经济的改造方式。外墙涂料与基层主体结构相结合，分别能满足建筑物防水、耐候、粘结、抗侵蚀、保色等多种性能的要求，同时又起到美化作用，如图 11.4-3 所示。但涂料在质感、纹理等多方面无法取代砖、石、木、金属等其他材料带来的装饰效果，故在主体墙面使用涂料之外，可在局部使用其他材质进行点缀，带来外墙材质上的变化。在更新外墙饰面材料的同时，应按照一定的构图形式来搭配不同的材质与色彩，使外观获得更多的细节体验与变化，丰富立面形象。如两段式和三段式构图中强调的是基座和墙身的变化，在首层外墙面采用重色涂料粉刷，突出基座的效果，使整个立面构图有了重心，同时这一部分也是接近人的尺度的位置，可附以石材等材质。

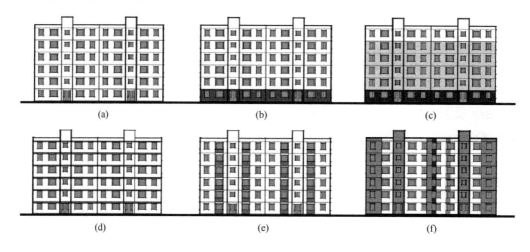

图 11.4-3　典型外墙涂料构图风格

（a）原有墙面、构图单一；（b）两段式，强调基座感；（c）三段式，强调墙身、基座、顶部的三分变化；

（d）线条式，强调线与面的变化；（e）点缀式、形成点与面的变化；（f）成组式，强调面与面的变化

2. 外墙垂直绿化改造

垂直绿化是一种在建筑物或其他构筑物立面上种植绿色植物的新型绿化措施，利用绿色植物作为建筑物"外衣"，一方面能够填补地面绿化的不足，另一方面可以调节微气候，减少建筑能耗和碳排放。

垂直绿化大体可分为攀缘与垂吊式和垂直面栽植槽栽植式两种，两种不同的绿化改造特点对比见表 11.4-1。

不同垂直绿化改造方式的特点比较

表 11.4-1

类别	结构安全性	实施性	经济性
攀缘与垂吊	墙面仅需支托如金属或塑料网等轻质支架，结构安全性无影响	构造简单，易于实施	造价较低，后期维护费用低
垂直面栽植槽栽植	墙面需支撑栽植槽重量，由于是土壤栽培，荷载较重，砖混结构墙体难以支撑	需考虑结构安全性，实施的难度较大	造价较高，后期维护费用低

　　攀缘与垂吊式垂直绿化包括植物自下而上攀缘和植物自上而下垂吊两种方式。常用植物有爬山虎、常春藤、油麻藤、紫藤、扶芳藤、凌霄、蔷薇、藤本月季等。较高的建筑垂直面可选择爬山虎等生长能力强的植物。可以合理地进行搭配，利用植物本身的生态特性进行效果互补，如爬山虎与常春藤合栽，常春藤生于爬山虎下，既满足了爬山虎喜阴的生态特性，在冬季又可弥补其失绿的不足。栽植攀缘和垂吊植物常需要在垂直面设置辅助攀缘设施，以利于植物生长。在墙上可安装一些金属或塑料网格和支架等，支架可由多根钢管焊接在一起或通过螺栓和连接件连接在一起形成，网格铺装在支架上。

　　垂直面栽植槽栽植式在一些坡壁或新建的墙壁上应用较多。垂直面栽植槽类型多样，主要建造方式有：从墙壁上挑出种植槽或金属支架铆接在原有建筑圈梁上，也可采用独立结构支撑的方式，按设计图案种植各种植物；沿垂直面的垂直方向建组合式花槽，把包含底槽托架和多单元连体的花槽依次固定在墙上，槽内装栽培基质；沿垂直面的水平方向镶嵌栽植板形成栽植槽。在垂直面上设置好栽植槽后，选植灌木、花草或者蔓生性强的攀缘植物等，如图 11.4-4 所示。

图 11.4-4　垂直面栽植槽栽植式绿化示意图

11.4.4　外窗及阳台改造

　　作为住宅由内向外延伸的半室外生活空间，阳台也是住宅建筑立面上一个不可或缺的要素。由于老旧住宅套内面积通常较小，大多数居民选择将阳台封闭起来作为储藏室甚至卧室使用，成为老旧小区住宅外立面上的一个普遍现象。但居民在材料选择上颇为随意，例如封闭后的阳台外窗，铝合金窗框及玻璃颜色差异较大。为了节省资金，有些居民直接用砖墙来封闭阳台侧面，不仅严重影响外观的整洁美观，也造成安全隐患。部分阳台如图 11.4-5 所示。

　　1. 外窗改造

　　鉴于外窗不统一，可统一采用外遮阳装置，既能使整体外立面整洁统一，又有遮阳透气的良好性能。外遮阳装置又可分为固定式外遮阳和活动式外遮阳两种。采用固定式外遮

图 11.4-5　老旧住宅阳台现状图

阳改造时，应将遮阳板与空调遮挡机位或雨篷结合起来考虑，注重功能与造型相结合，增加立面的艺术效果和特色，如图 11.4-6 所示。

图 11.4-6　固定式遮阳板与空调遮挡机位结合设置的方式

采用活动式遮阳设施更为灵活，可调节遮阳角度，使用范围广。常见设施有百叶式遮阳和卷帘式遮阳，具有即遮又透的良好性能，市场上有成套产品和技术，可现场拆卸和安装，适合外立面的改造。

2. 阳台改造

现代住宅设计中阳台是立面设计的一个重要造型元素，而老旧宅的阳台基本只呈现功能性的一面，在综合改造时，可结合实际情况对阳台进行改造。

1）阳台室内化

将原本开敞的室外阳台空间封闭，作为内部空间使用，即阳台室内化。通过这一改造措施，可有效地扩大使用面积，还可以将围合后的阳台作为被动式太阳房来利用，有助于冬季室内防寒。在阳台板上安装窗扇，安装时需注意色彩和形式的协调。经过设计的阳台室内化部件，比较巧妙地利用和扩充空间，如用凸窗封闭阳台，为室内争取更多的使用空间，同时丰富了阳台造型特征，如图 11.4-7 所示。

2）阳台栏板的改造

拆除重构：拆除已损坏的阳台栏板，采用预制板或其他轻质板材重新建造。拆除重构阳台栏板需与阳台室内化一起考虑，同时可以适当与空调机位等设施结合设计，将多种功

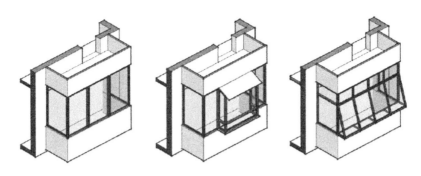

图 11.4-7 阳台室内化常见封闭形式（左）与凸窗封闭形式（中、右）

能整合到阳台内，如图 11.4-8 所示。

表面材料翻新：对阳台栏板外表面磨平后重新进行粉刷或铺贴其他材质，如有保温要求可按外墙外保温构造措施处理。

阳台种植槽再利用：对于花槽式阳台栏板，利用原本种植槽的承载能力，与垂直绿化相结合改造，在种植槽以上部位竖向布置供植物生长攀爬的金属骨架，利用原有种植槽作为土壤容器，从而形成立体绿化景观。另一种改造方式是将花槽作为空调机的承载平台，并竖向设置百叶遮挡，如图 11.4-9 所示。

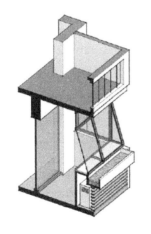
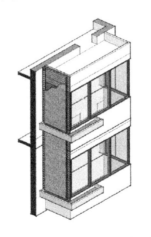
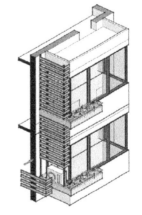

图 11.4-8 阳台栏板拆除重构，
结合空调机位设计

图 11.4-9 阳台花槽再利用的改造方式

11.4.5 应用案例

1. 银川市某小区住宅外立面改造

1）项目概况

以银川市尚待改善的凤凰碑西北角的住宅群为例，由于该住宅区处于银川市主要的交通地段，西临自治区人民政府办公大楼，东靠银川市昊都大酒店，但住区外环境景观的色调陈旧，杂乱无序，与周边环境格格不入，住宅外立面与周边环境严重不协调。

2）改造技术

在改造中，通过涂刷、粘贴外墙饰面，增加门窗饰件，突出入口处理等措施，改善住宅原有层次单一、色调陈旧、千篇一律的外墙面貌，利用色彩、形式变化多样，但基调和谐统一的立面改造手法，增加住区独有的可识别性、归宿感。

图 11.4 10　改造后外立面实景图

图 11.4-10所示。

3）改造效果

融入了代表地域、传统文化特点的设计符号到建筑外立面，使用蕴含地域、传统文化等方面（例如反映西部风情、回乡文化、西夏历史）的设计符号，展现住区外在环境的文化、历史及传统性，协调住区与周边环境的关系。将景观整治与周边环境紧密结合起来，采用对比或统一的设计手法，形成和谐、艺术的城市人空间环境。改造后效果如

11.5　室外管线改造技术

11.5.1　概况

近年来，电力、通信、网络运营商为扩容发展业务，安排施工人员进小区进行架线、铺设电缆、设立配线箱柜，由于缺乏统一规划和管理，运营商各自为政、重复铺设，使得许多老旧小区单元门及楼道墙壁布满粗细不一、颜色各异的各种管线，有些已经老化，既影响环境整洁又存在安全隐患。老旧小区内各种线路涉及多家产权单位，权属不清，杂乱无章，已成为老旧小区提升整治中的一个顽疾。另外，落水管、空调冷凝管等管线布置没有统一规划，外观不美观。这些影响室外环境的管线亟需整治。

11.5.2　强弱电管线改造

1. 强弱电入地改造

1）中压接入

大型既有居住小区原有10kV专用线路供电的，宜采用"线路移交后再改造"的原则，线路改造不宜大拆大建。中压线路建议采用铜芯电缆供电，在能够取得规划批准的路段，其10kV进线电源线路也可采用架空绝缘线路。变压器一般采用预装式箱式变电站供电，既有居住区若条件允许可以采用柱上变压器供电。

2）低压入户

低压采用全电缆线路供电，既有居住区在具备条件时可采用低压架空线路供电，变压器至终端用户的低压供电半径不宜超过250m。低压主干线路电缆建议采用地下排管或电缆沟敷设方式，低压分支线路电缆建议采用架空钢索悬挂敷设方式。

3) 户表配置

按照计量标准，居民住宅用电应实行"一户一表"计量，同时应在变压器低压侧安装采集终端。进出计量装置的连接导线、低压接户线应采用聚氯乙烯绝缘 BV 系列铜芯导线，一般导线截面积不小于 $10mm^2$，既有居住区在户型面积较小时可以采用截面积为 $6mm^2$ 导线。强弱电入地改造实景图如 11.5-1 所示。

图 11.5-1　强弱电入地改造

强弱电入地改造技术要点：

（1）沟槽开挖

机械开挖过程中应严格控制开挖深度，距实际设计标高 20～30cm 时应采用人工开挖的方式开挖至设计标高。

（2）电缆沟及电缆井施工

开挖成型的沟槽进行夯实加固处理，确保基层密实。在电缆沟底板施工过程中应做好钢筋网铺设工作，且在侧墙施工位置预留钢筋接头。底板施工完成后支侧模进行电缆沟侧墙施工。井壁设立供作业人员进出的扶梯并做好防水抹面工作，确保井壁不渗水。

（3）电缆支架安装与电缆敷设施工

电缆沟及电缆井收浆抹面工程结束以后即可进入电缆支架搭设工作。通常电缆支架由槽钢与角钢焊接而成。为缩短施工周期，支架可根据设计图纸要求在预制场预制后直接固定在沟壁侧墙上并连接镀锌扁钢进行有效接地。支架安装间距应与设计图纸标记一致，支架安装完成后可进行电缆敷设安装。

（4）电缆沟盖板及回填施工

应保证盖板之间缝隙连接紧密，并采用防渗材料做好缝隙密封工作。盖板施工完成后进行土方回填。管沟以上 50cm 内严禁采用重型碾压设备碾压，同时做好标记[4]。

2. 老旧管线归槽改造

要实现强弱电入地改造并解决老旧小区室外管线脏乱差的问题，必须先解决地下管线布置需求与地下空间之间存在的矛盾。根据《城市工程综合规划规范》GB 50289—2016，在管线改造设计时，地下管线之间需要适当减小管线之间的水平净距，通过设置套管或砌筑隔离墙等措施，达到相关要求。

1) 拉管工艺

拉管法又称定向钻进拖拉法，是定向钻进敷设排水管道的施工方法之一。定向钻机设在地面上，在表层开槽、清除杂填土后，采用雷达探测仪导向，控制钻头按管道设计轴线钻进，经多级扩孔后，将管道回拉就位，完成管道敷设的施工方法。

2）胀、扩管工艺

非开挖静压胀管技术是一种先进的非开挖铺管技术。它主要用来更换、修复和扩大城市各种地下旧有管线，利用先进的胀管技术在原有管线路径不变的情况下进行地下管线的更换、扩孔，已经成为当今城市管线建设的必要手段。胀管法可对既有管线进行整体更换，通常直径可增加 20%～30%，条件许可最大可增加原来尺寸的 150%，每节连续更换长度最长可达 200m。由于用原有管道作引导，因而不会造成对其他相邻管线的损坏，也不会使新管受到污染。当管道出现局部破损、缺损、渗漏、堵塞、错位时，或者原有管道已不堪负荷需要加大口径时，使用此方法最为合适。

3. 集成管线装饰线条

模块化可拆分内置集成管线装饰线条[5]（图 11.5-2），包括装饰面板，线条底板，底板预留与面板灵活拼接拆分的连接键，以及底板内部均匀的设置孔洞以方便与基层墙体的连接，形成一种可隐藏集成管线、模块化拼装于一体的新型建筑装饰线条。为了快速安装稳定的安装线条，该线条进行模块化处理成底板、面板、可灵活拆分的连接，工程现场附着安装在建筑楼梯间和房间墙角内侧，面板和底板之间灵活拆开和拼接，以便于布线和维修，与墙体边缘融合一体形成一种复合内置集成管线装饰线条。可广泛应用于民用建筑管线的布置与装饰隐藏，大幅提升建筑美观。模块化拼装、可拆分结构可快速施工，尤其适合既有居住建筑的综合管线的整理装饰与改造。

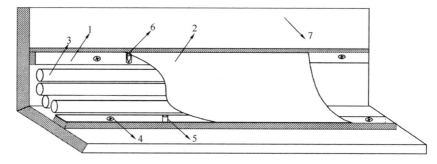

图 11.5-2 模块化可拆分内置集成管线装饰线条图

1—线条底板；2—装饰面板；3—内置管线通道；4—孔洞；5—基座；6—钉；7—基墙

通过模块化拆分技术，将线条拆分为底板和面板，有利于对管线的布线，以及后期的维修和更替。该线条包括线条底板、装饰面板、内置管线通道、基座、钉和基墙；线条底板为两块，分别贴合安装在墙角的两面基墙上，线条底板上预留有与基墙连接的孔洞，线条底板通过穿过孔洞的螺钉或螺栓固定在基墙上；线条底板上安装有与装饰面板灵活拆接的基座，装饰面板通过与基座灵活拆接的钉与线条底板连接，装饰面板为具有弧度的曲面，该曲面是按照双曲面弧度设计，与线条底板紧密的贴合；线条底板、装饰面板和基墙围成的内部空间内设置有内置管线通道。内置管线通道可为预制的硬管，也可以是软管，便于快速安装。内置集成管线通道可以整理与布置宽带信号线、电视信号线、强电线以及其他管线。

11.5.3 雨落管与空调冷凝管改造

1. 雨落管与地面衔接处改造

对多、高层既有建筑的屋面雨水进行消能处理，调整地面衔接处的高度和坡度，周边合理配置植物。对土壤渗透性较好的场地，坡度≤15％即可衔接屋面断接的雨水。要避免侵蚀土壤和损坏植被，最好选择本土、耐淹、非丛生类的植物。典型的雨落管断接方式如图 11.5-3 所示。

当断接的雨水排入绿地时，断接处最好与墙体保持一定间距，一般应大于 0.6m。一些特殊建筑应做针对性改造，如高层既有建筑的断接应设置布水消能措施，防止对绿地造成侵蚀。

图 11.5-3 典型的雨落管断接方式

改造时，断接处应充分考虑场地竖向关系、坡度、汇水区的划分等，形式可灵活多样，接纳雨水的低影响开发设施位置一般应尽量靠雨水口或地势低洼区，避免大范围的竖向调整。

2. 空调冷凝管改造

冷凝水管应当尽量隐蔽设置，避免暴露在立面核心的位置。可以在建筑外立面后加一层"透气的表皮"，将空调室外机以及管线隐藏在表皮之内。也可以与立体绿化相结合，在建筑外立面装有空调冷凝管的位置加建独特的网架结构，使得植物攀爬在支撑网架结构上，形成大面积的绿化效果。这种方法不仅能对建筑起到保温隔热、净化环境的作用，同时能较好地改善室外空调管线杂乱的问题。

3. 预制保温装饰柱[6]

外立面外露的管线可以采用内设管线桥架及管线的预制保温装饰柱代替，内置管线的预制保温装饰柱构造见图 11.5-4，包括装饰柱结构层、绝热材料、保护面层、管线桥架、连接件、锚固件、填充保温材料和防水嵌缝材料等；采用半封闭空心体截面，装饰柱结构层作为装饰柱的受力层采用异形薄壁结构，绝热材料作为装饰柱的保温层粘贴在装饰柱结构层外侧，保温层外设保护面层；装饰柱内设管线桥架便于管线的排设；装饰柱沿高度方向间隔设置连接件以便锚固件与外墙连接固定，装饰柱与外墙保温系统交接处设变形缝并填充保温材料和防水嵌缝材料；装饰柱采用干法装配方式，采用锚固件沿高度方向附着式安装在外墙外侧，相邻上下柱交接处设接缝，内置相邻上下管道在接缝处设管道接头预先进行连接，上下柱接缝采用柔性胶结材料、填充保温材料和防水嵌缝材料进行处理。

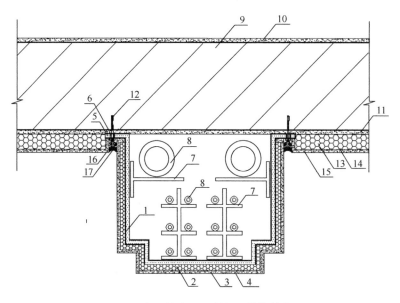

图 11.5-4　内置管线的预制保温装饰柱构造图

1—装饰柱结构层；2—绝热材料；3—保护面层（抗裂层）；4—增强网（耐碱玻纤网布或钢丝网）；

5—连接件；6—孔洞；7—管线桥架；8—管道管线；9—外墙；10—外墙内粉刷层；11—外墙外粉刷层；

12—锚固件；13—外墙外保温层；14—外墙保温系统抹面层；15—外墙保温系统网格布；16—保温材料；

17—防水嵌缝材料

本章参考文献

[1]　张险峰. 老旧小区室外空间环境品质提升的技术与政策思考. https：//www.sohu.com/a/ 315548440＿120051682.

[2]　陈静嫒，潘星婷. 城中村的消防安全现状及改进策略——以深圳市岗厦东村为例[J]. 消防界，2016(6)：67-68.

[3]　兰小春. 水景技术在园林景观施工中的应用[J]. 河南建材，2018(7)：451-452.

[4]　罗荣祥，刘启明，周剑. 重庆城区改建中地下管线综合设计[J]. 中国市政工程，2008(12)：55-56.

[5]　江苏省建筑科学研究院有限公司. 一种模块化可拆分内置集成管线装饰线条：中国，201822193176. X[P/OL]. 2019-10-29.

[6]　江苏省建筑科学研究院有限公司. 一种内置管线的预制保温装饰柱及其安装施工方法：中国，201810891560.9[P/OL]. 2018-11-30.